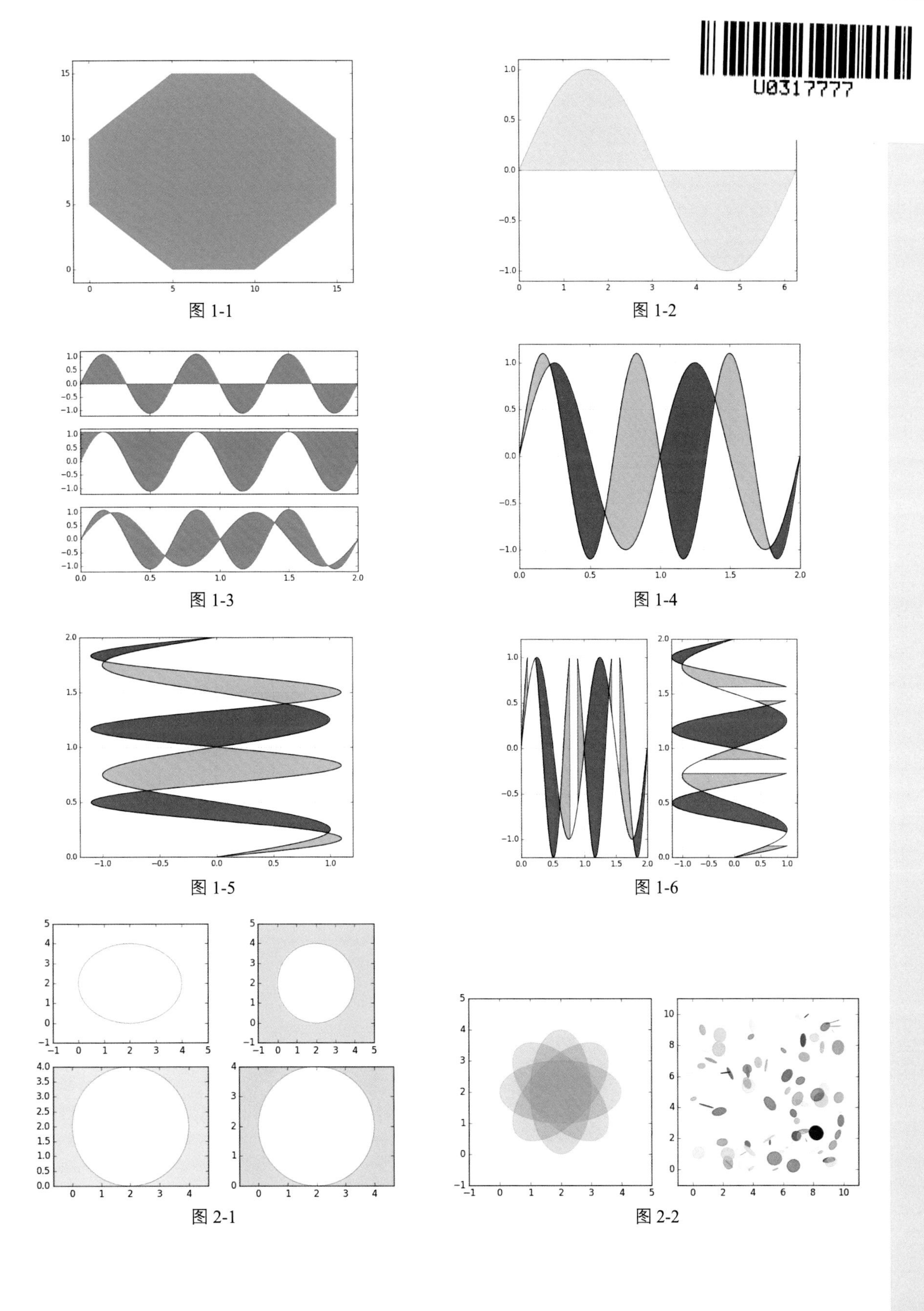

图 1-1

图 1-2

图 1-3

图 1-4

图 1-5

图 1-6

图 2-1

图 2-2

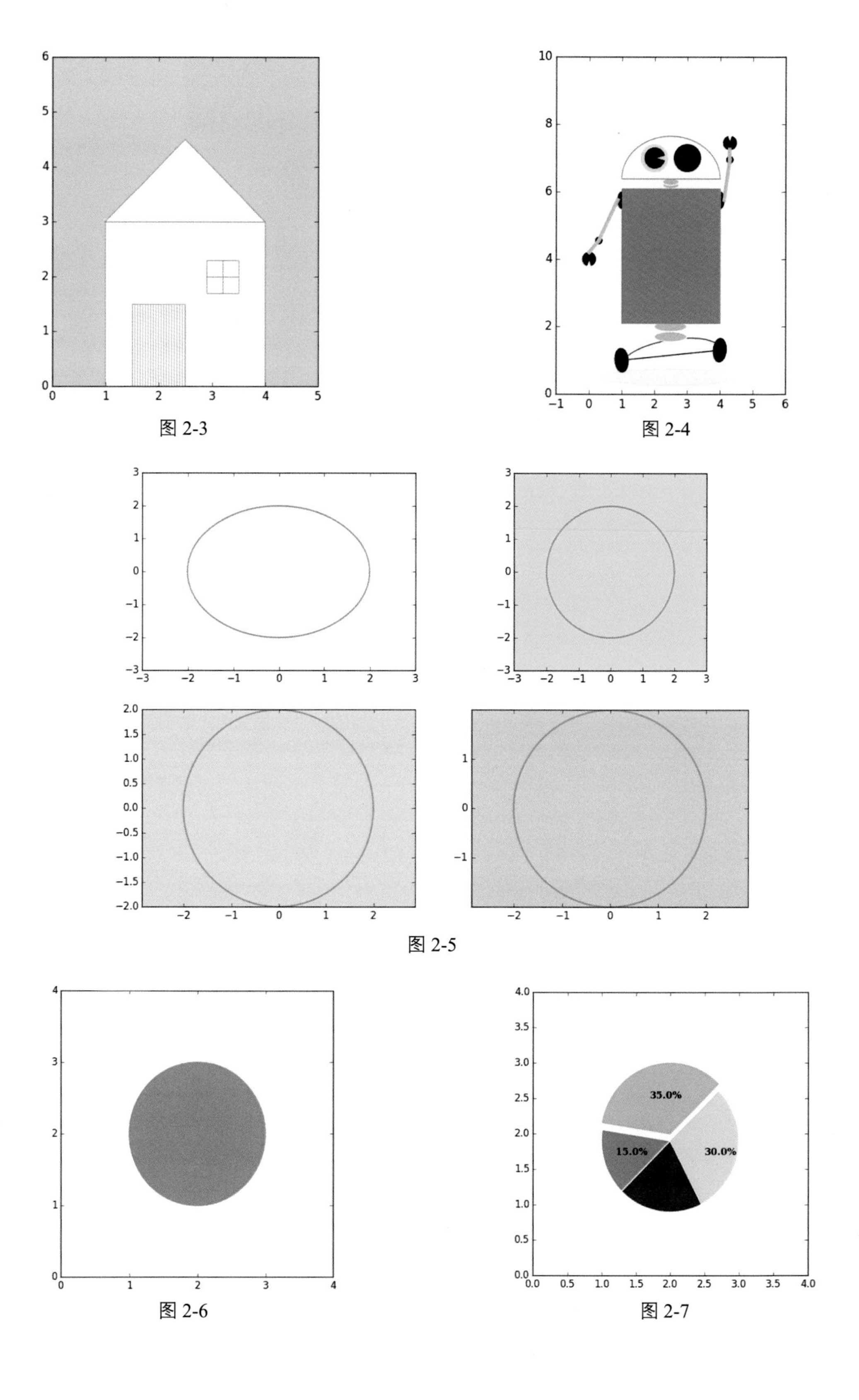

图 2-3

图 2-4

图 2-5

图 2-6

图 2-7

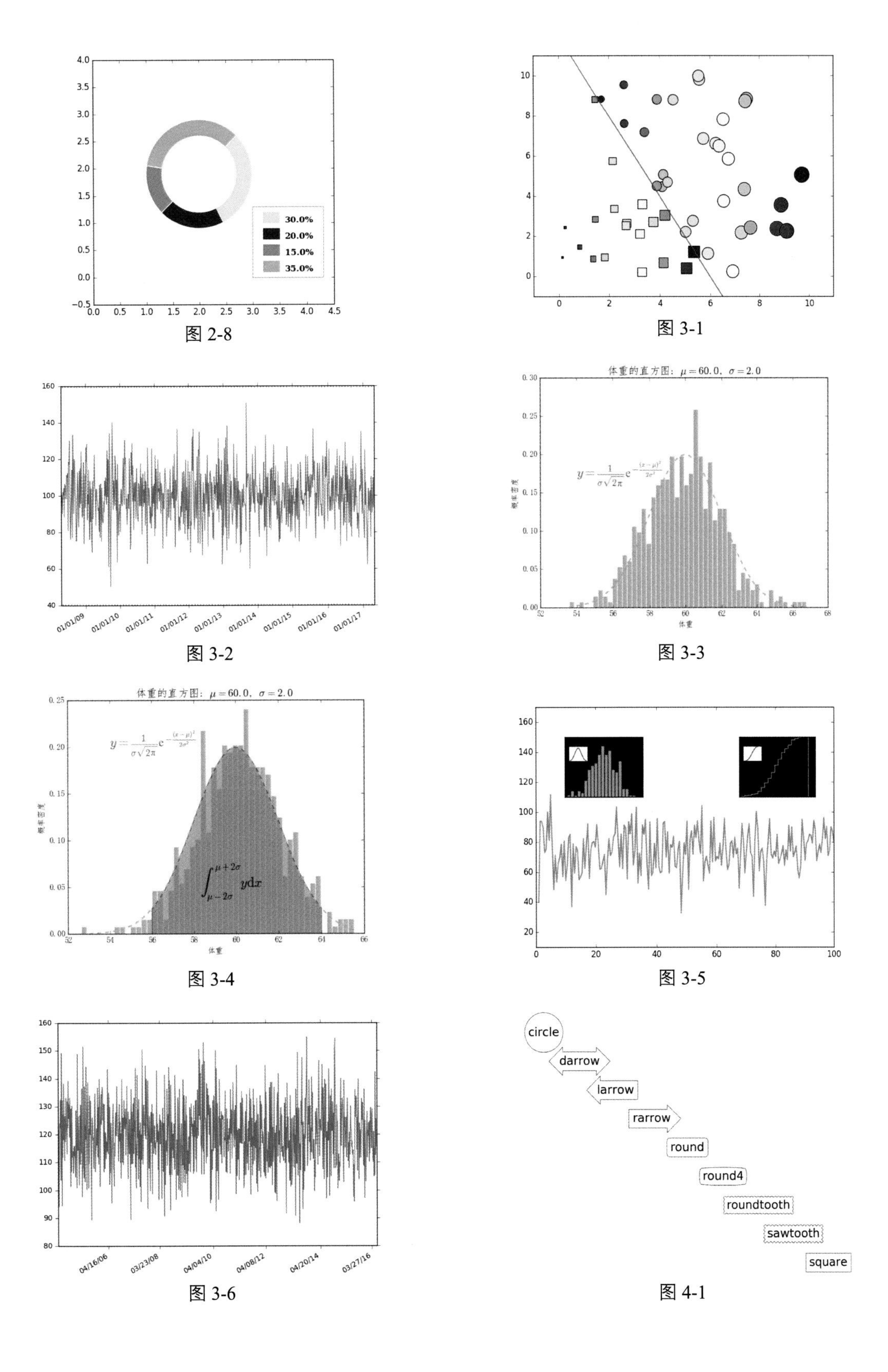

图 2-8

图 3-1

图 3-2

图 3-3

图 3-4

图 3-5

图 3-6

图 4-1

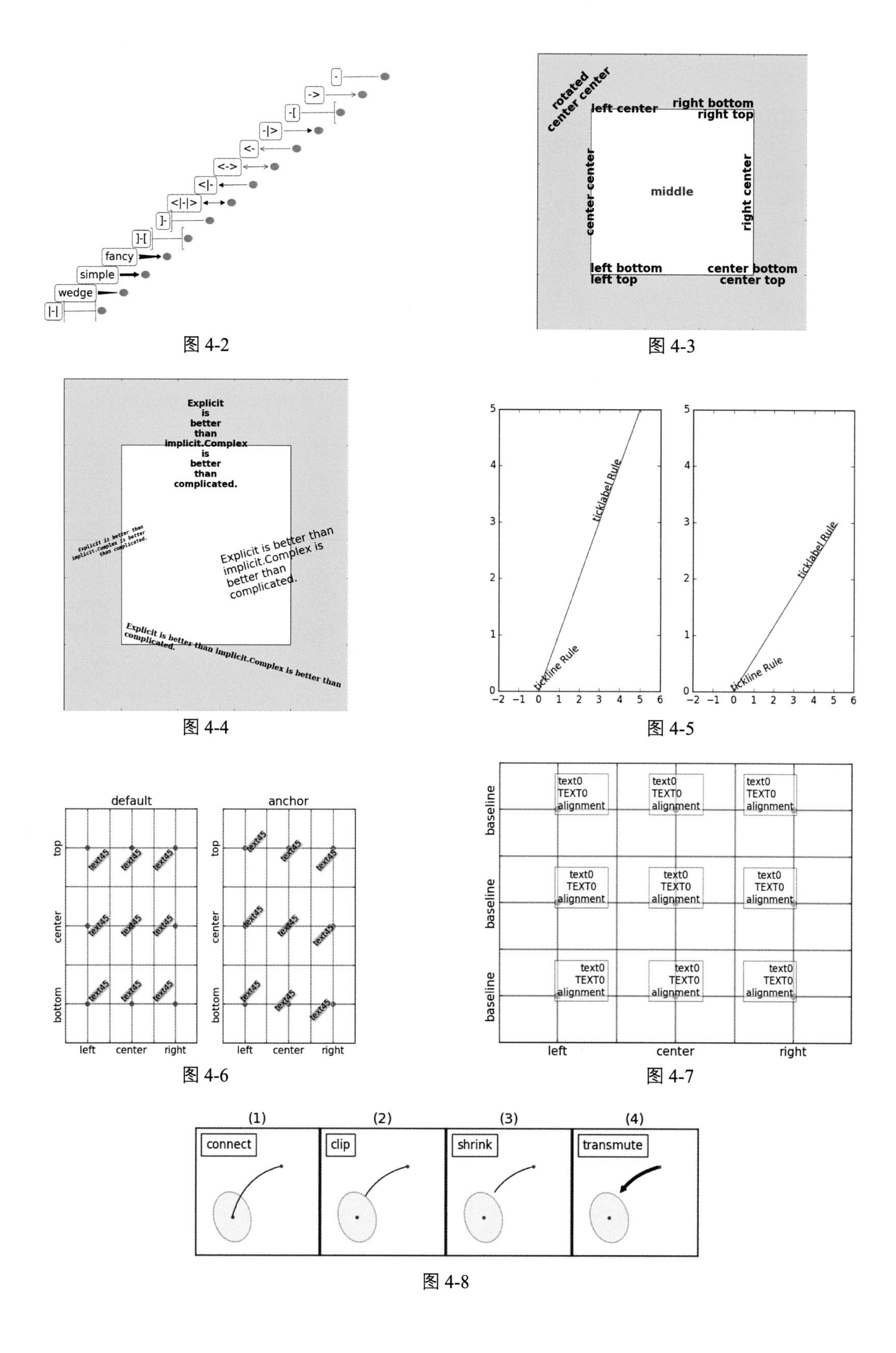

图 4-2

图 4-3

图 4-4

图 4-5

图 4-6

图 4-7

图 4-8

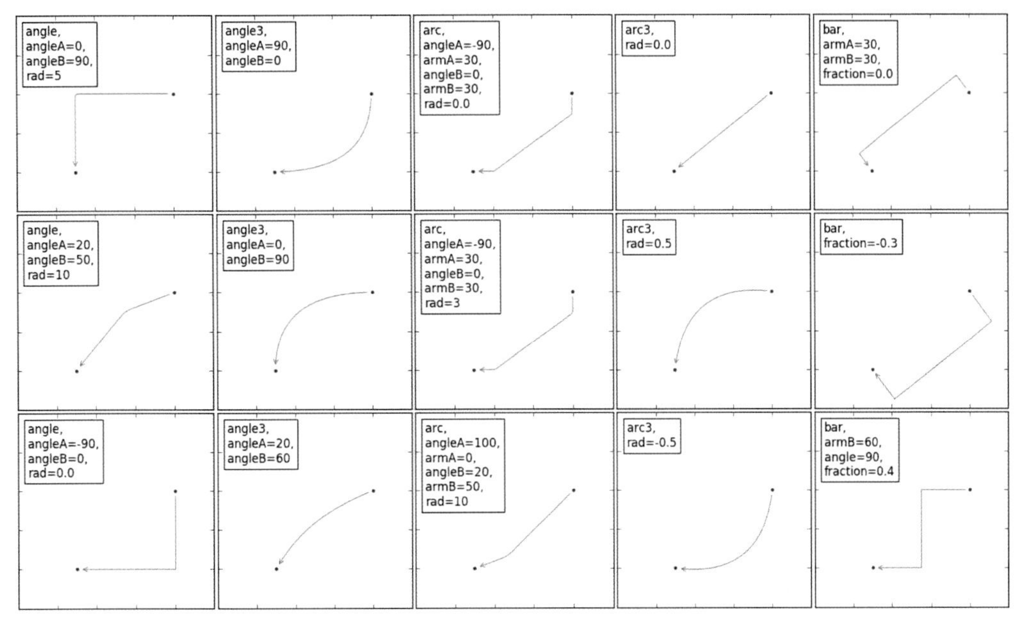

图 4-9

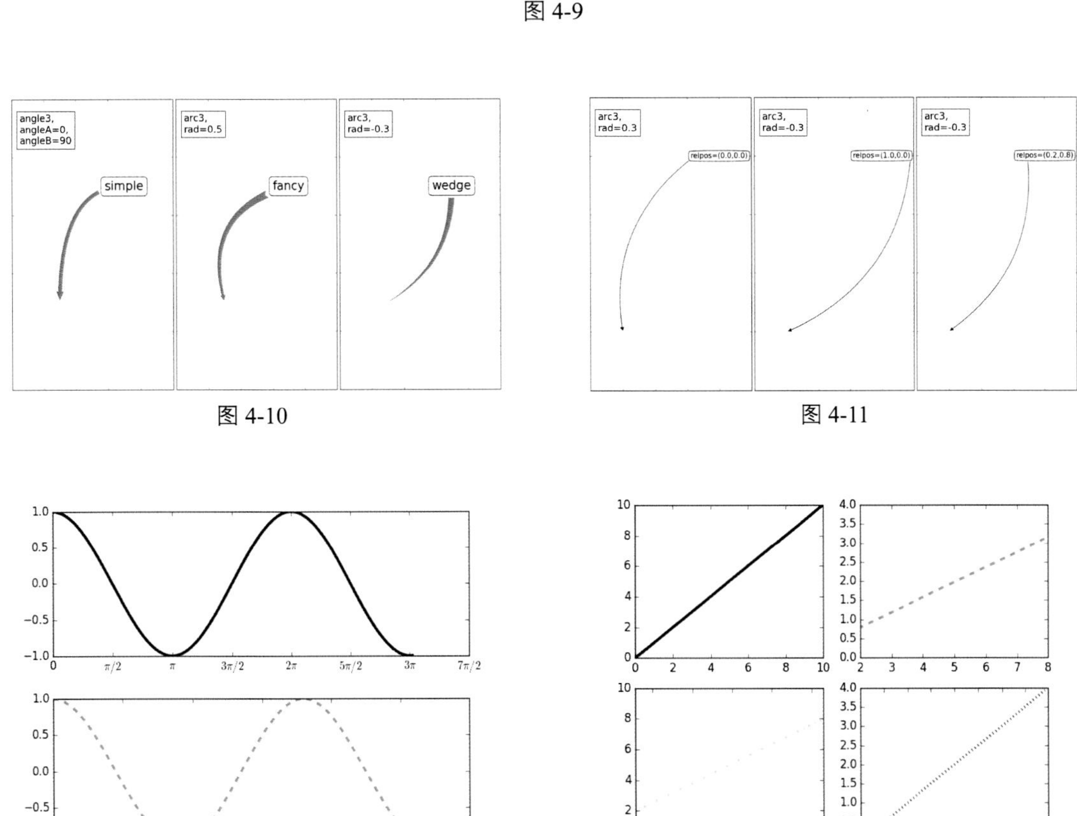

图 4-10

图 4-11

图 5-1

图 5-2

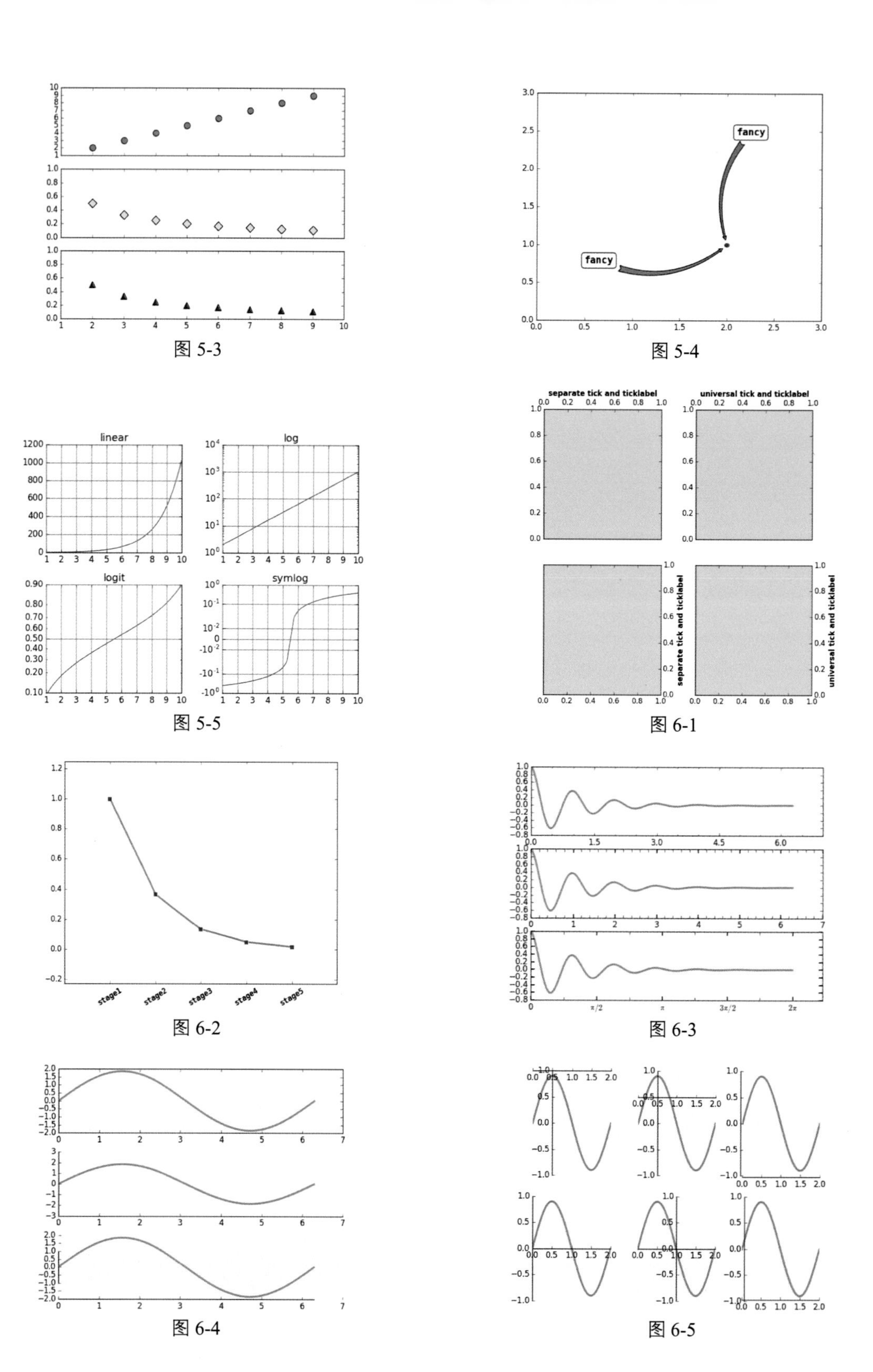

图 5-3

图 5-4

图 5-5

图 6-1

图 6-2

图 6-3

图 6-4

图 6-5

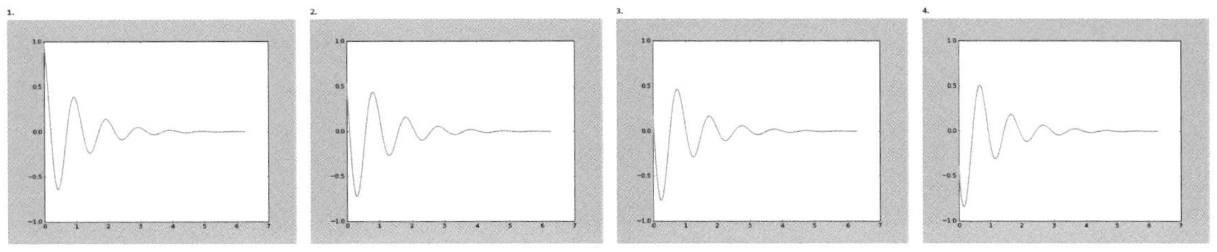

图 7-1

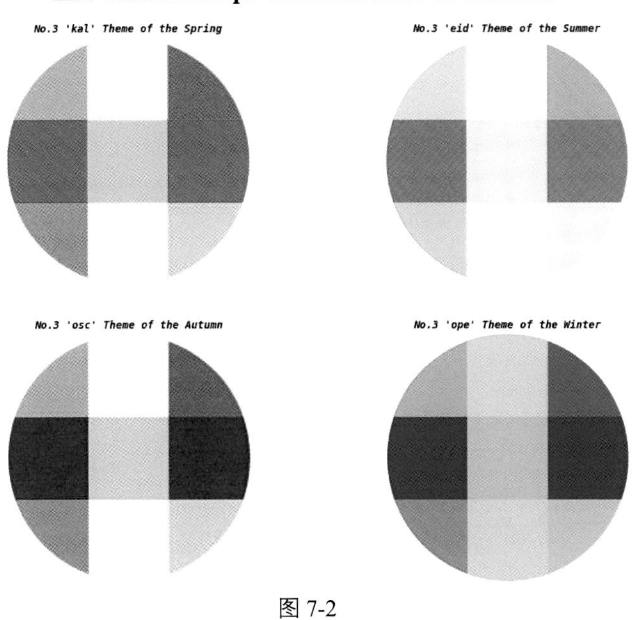

图 7-2

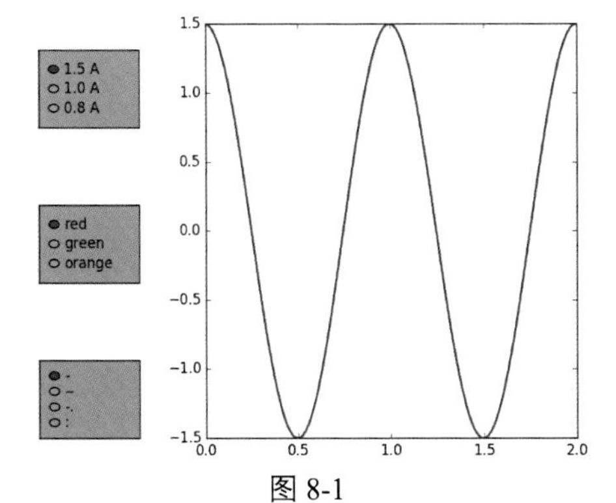

图 8-1

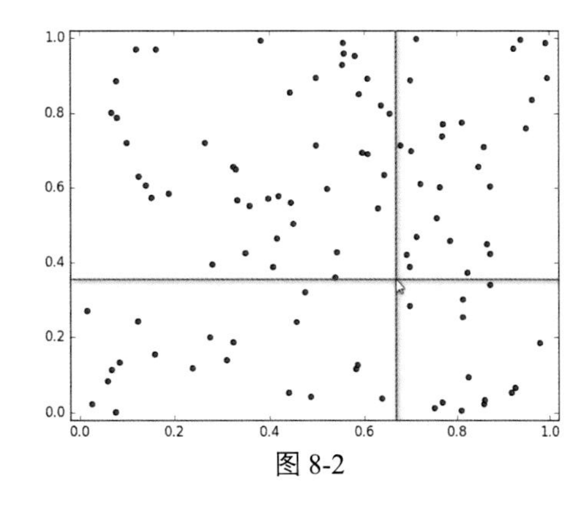

图 8-2

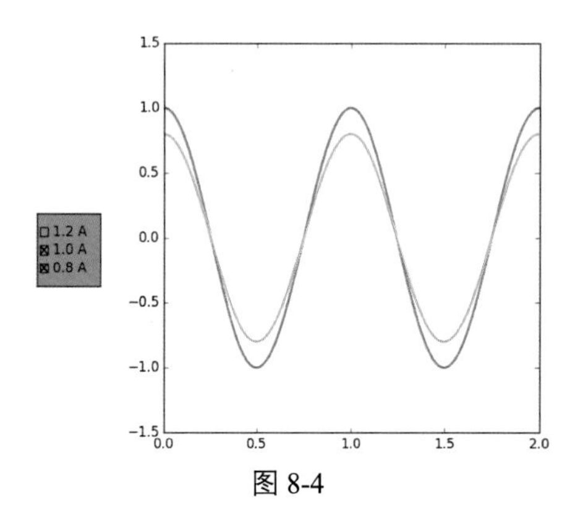

图 8-4

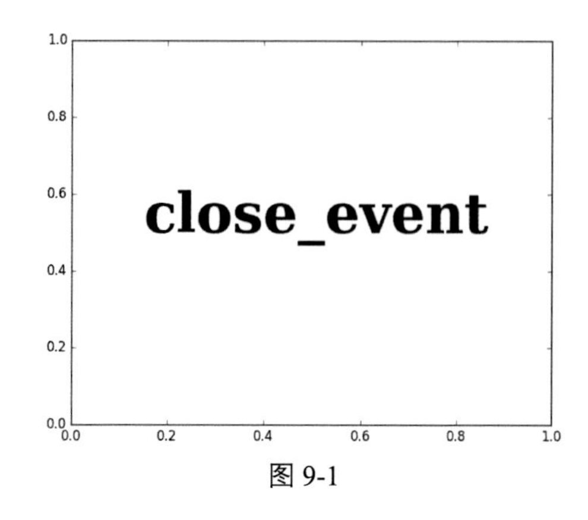

图 9-1

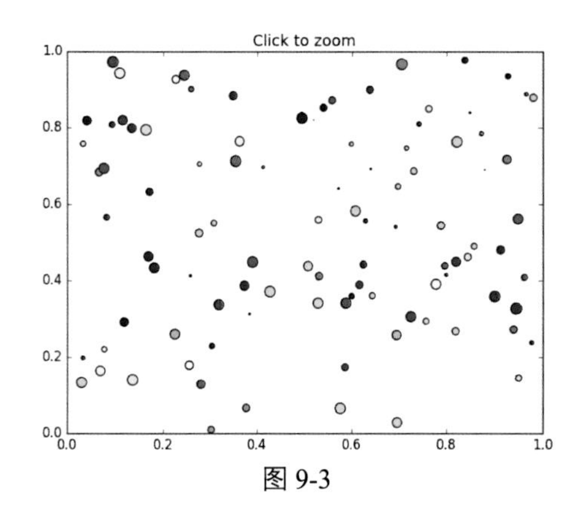

图 9-3

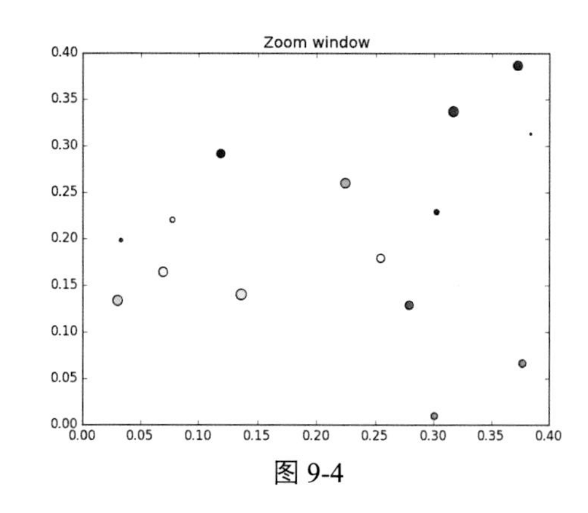

图 9-4

图 10-1

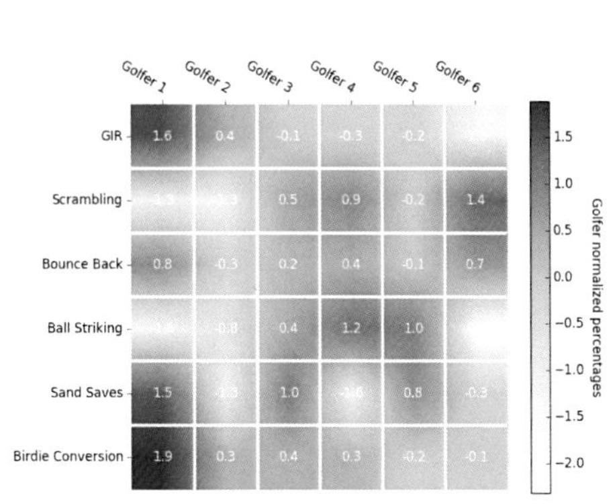

图 10-2

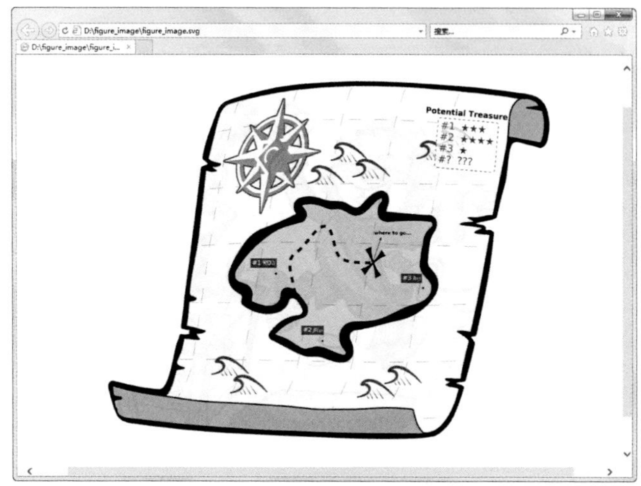

图 10-4

图 10-5

图 10-7

图 10-8

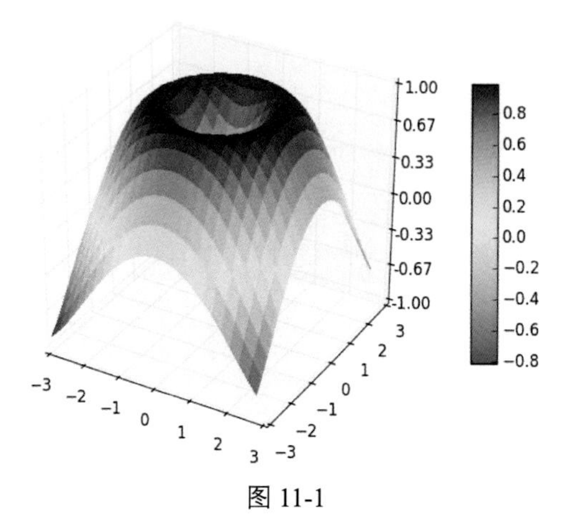

图 11-1

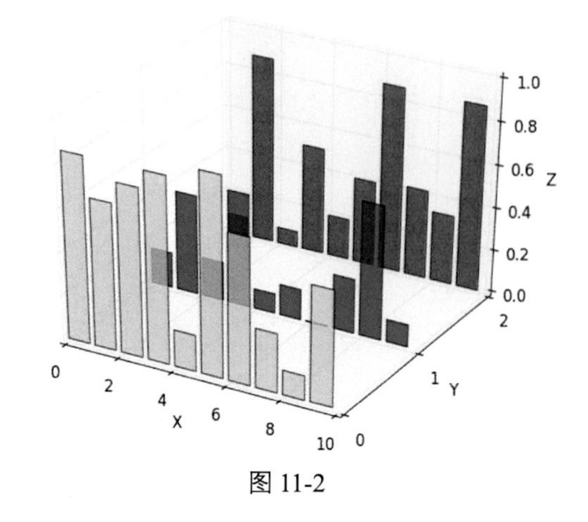

图 11-2

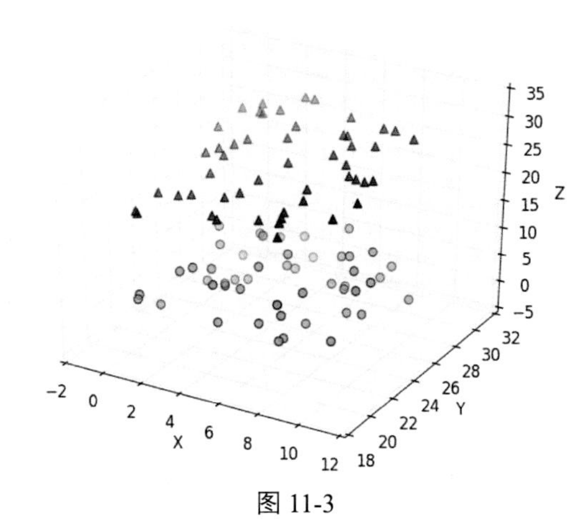

图 11-3

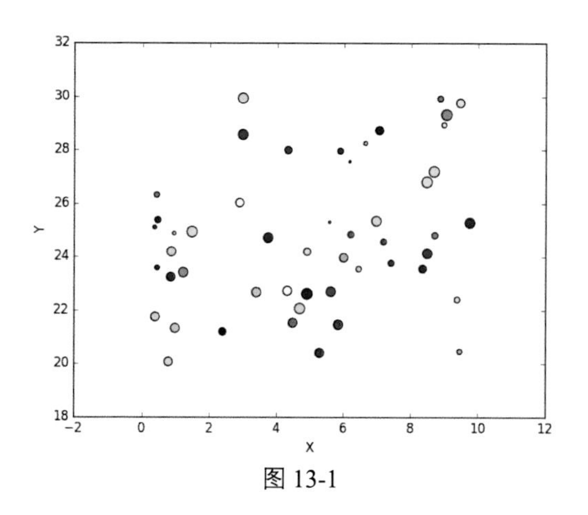

图 13-1

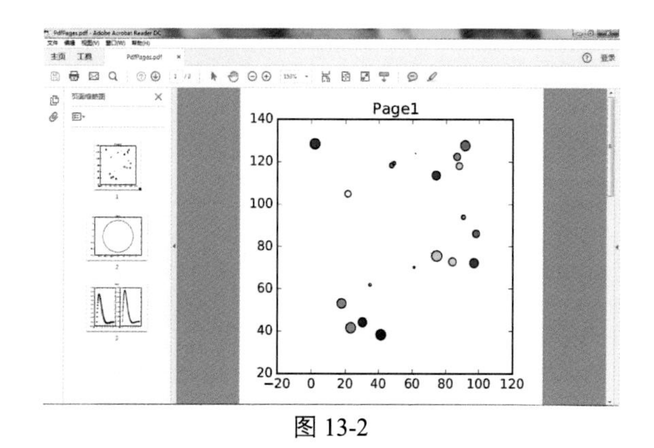

图 13-2

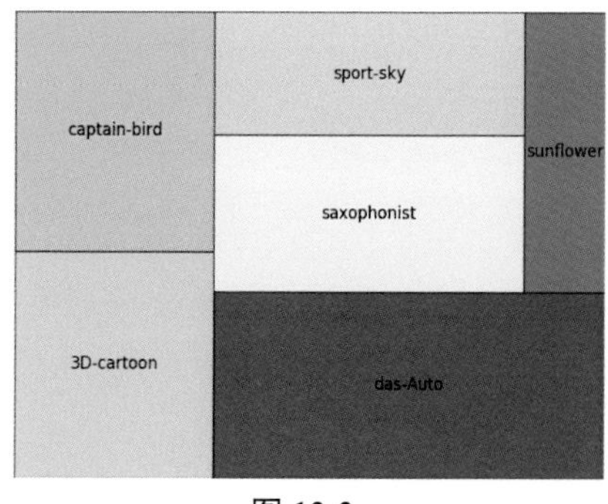

图 13-3

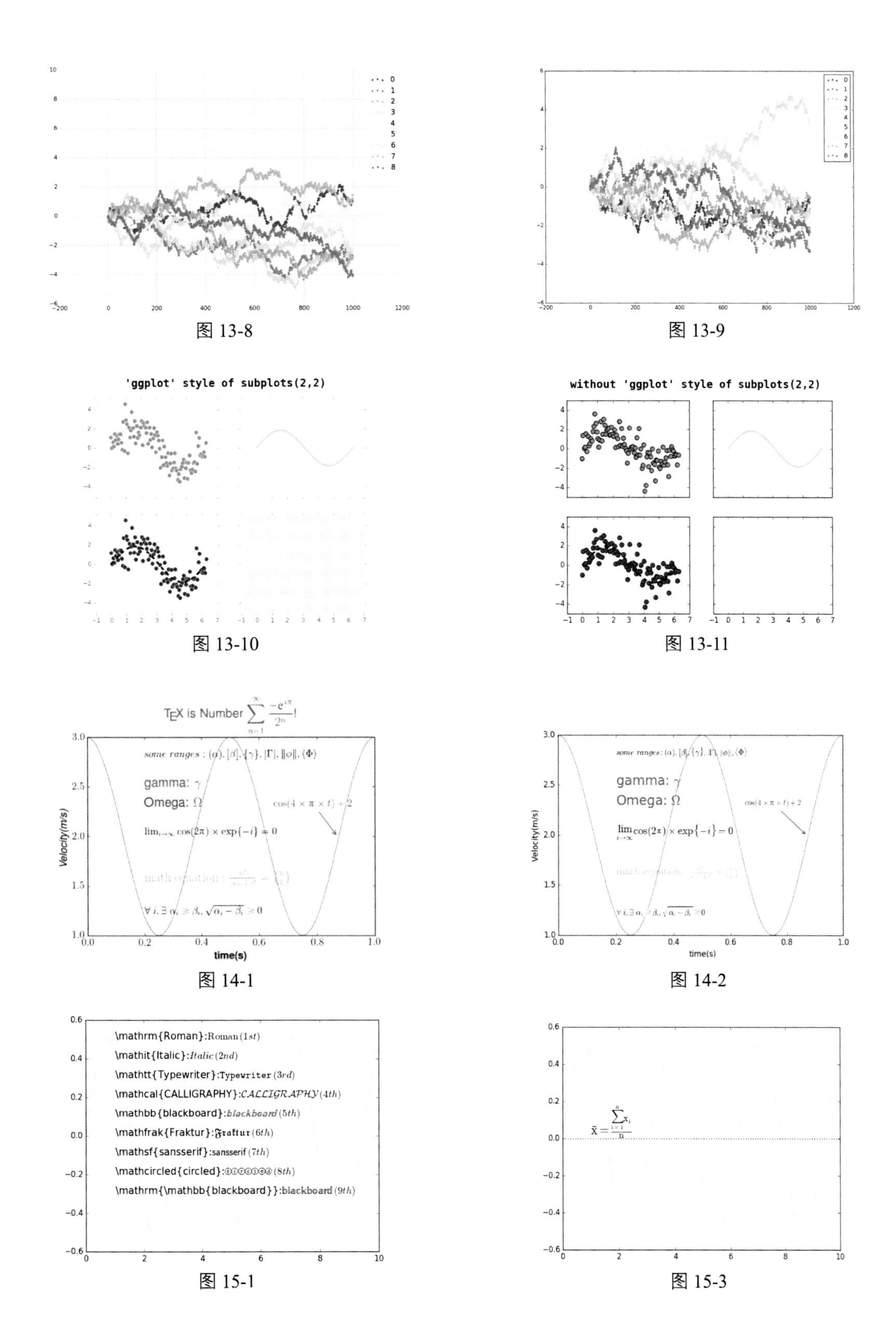

图 13-8

图 13-9

图 13-10

图 13-11

图 14-1

图 14-2

图 15-1

图 15-3

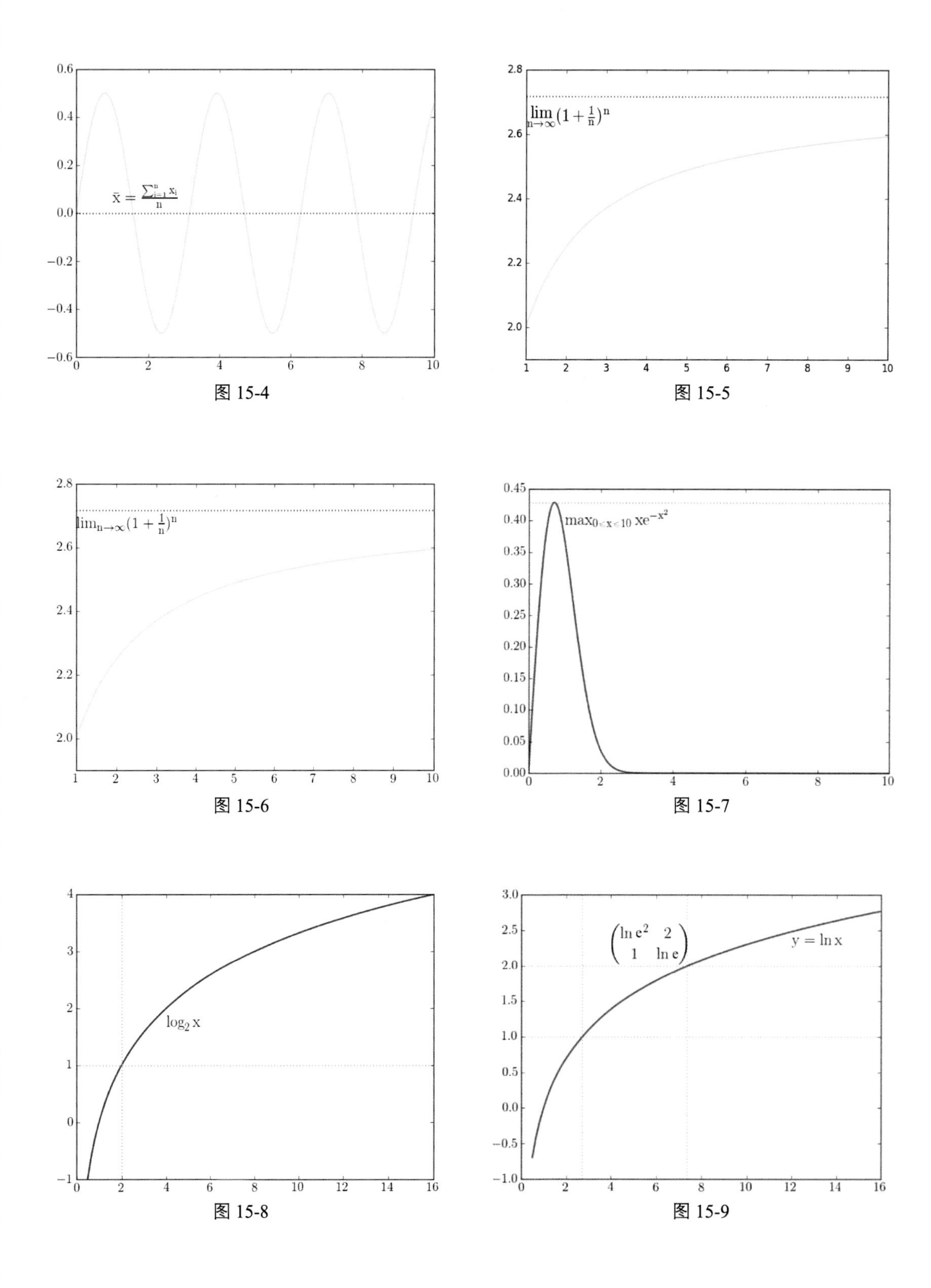

图 15-4

图 15-5

图 15-6

图 15-7

图 15-8

图 15-9

·数据分析从入门到实战系列·

Python数据可视化之 matplotlib 精进

刘大成 / 著

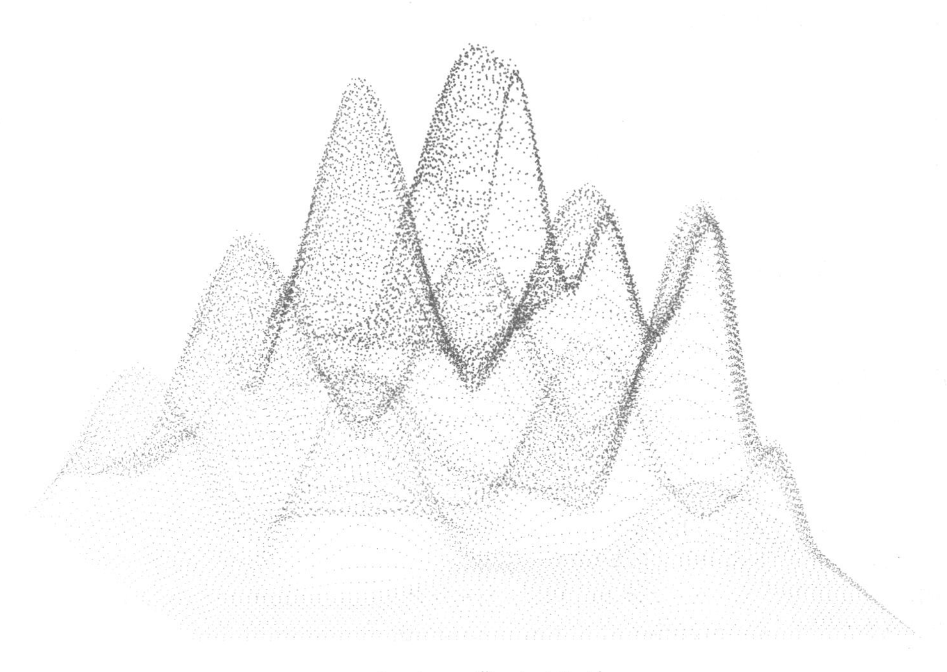

電子工業出版社
Publishing House of Electronics Industry
北京·BEIJING

内 容 简 介

本书使用大量的 matplotlib 实用案例讲解 Python 数据可视化在各个应用方向上的实现方法。通过学习这些实用案例，读者可以更好地掌握 Python 数据可视化的高级技能。本书主要由图形、元素、交互、探索和拓展 5 部分组成，每部分的实用案例都有利于拓展 matplotlib 的应用视野，而且案例中的示例代码只涉及 Python 的基础知识。这样，在 Python 数据可视化的实践中，有利于读者将时间和精力放在系统掌握 matplotlib 知识和技能上面，全面提高对 matplotlib 的理解程度及应用水平。

图书在版编目（CIP）数据

Python 数据可视化之 matplotlib 精进 / 刘大成著. —北京：电子工业出版社，2019.5

（数据分析从入门到实战系列）

ISBN 978-7-121-36218-7

Ⅰ. ①P… Ⅱ. ①刘… Ⅲ. ①软件工具－程序设计 Ⅳ. ①TP311.561

中国版本图书馆 CIP 数据核字（2019）第 059662 号

策划编辑：石　倩
责任编辑：牛　勇　　特约编辑：田学清
印　　刷：北京捷迅佳彩印刷有限公司
装　　订：北京捷迅佳彩印刷有限公司
出版发行：电子工业出版社
　　　　　北京市海淀区万寿路 173 信箱　　邮编：100036
开　　本：787×980　1/16　印张：15.5　字数：416 千字　彩插：6
版　　次：2019 年 5 月第 1 版
印　　次：2024 年 5 月第 14 次印刷
定　　价：69.00 元

凡所购买电子工业出版社图书有缺损问题，请向购买书店调换。若书店售缺，请与本社发行部联系，联系及邮购电话：（010）88254888，88258888。

质量投诉请发邮件至 zlts@phei.com.cn，盗版侵权举报请发邮件至 dbqq@phei.com.cn。

本书咨询联系方式：010-51260888-819，faq@phei.com.cn。

前　言

通过对本书的学习，读者可以根据自身的实际项目和任务需求，同时结合在 matplotlib 实用案例中介绍的应用方向和实现方法，灵活地应用 Python 数据可视化的实用技能。具体而言，这些应用方向主要包括图形、元素、交互、探索和拓展。在这些应用方向中，又从不同方面和角度深入讲解了每个应用方向的实用案例，使读者对每个应用方向的实现方法都有一个相对系统的掌握，从而帮助读者建立 matplotlib 的知识体系、拓宽 matplotlib 的应用视野和掌握 matplotlib 的操作要领，搭建起一条立体式的 Python 数据可视化的精进之路。

本书主要内容

第 1 篇：图形（第 1～3 章）。首先讲解向多边形和交叉曲线等几何图形里填充颜色的实现方法；其次讲解使用模块 patches 绘制几何图形的实现方法，这些几何图形包括圆、椭圆、矩形、圆弧、楔形等；最后讲解组合展示统计图形的实现方法，包括判别分析示意图、时间序列图、概率密度曲线等。

第 2 篇：元素（第 4～6 章）。主要讲解图形组成元素的设置方法，包括文本内容、计量单位、刻度线、刻度标签和轴脊等，具体内容包括设置文本内容的样式和布局，调整计量单位和计量方法，调整刻度线和刻度标签，以及轴脊的展示效果。

第 3 篇：交互（第 7～9 章）。主要讲解具有交互效果的图形的实现方法，包括绘制动态图形（动画）的方法，以及实现 GUI 效果和事件处理效果的方法。

第 4 篇：探索（第 10～13 章）。主要讲解从外部导入图像加载到绘图区域的实现方法，绘制 3D 图形和地图的方法，以及结合前面章节介绍的应用方向，讲解综合交叉的应用场景。

第 5 篇：拓展（第 14、15 章）。主要讲解使用 LaTeX 和 matplotlib 自带的 TeX 功能渲染文本内容的方法，以及使用 matplotlib 书写数学表达式的方法和技巧。

本书特色

在《Python 之禅》（*The Zen of Python*）中，有一句话是“Now is better than never”，强调实践是掌握一门语言的不二法则。实践不仅是学习外语的必由之路，也是掌握技能的关键环节。因此，在本书的编写过程中，将实践作为中心内容来组织素材和编排章节。这样，在内容的选择上，使用大量的 matplotlib 实用案例，讲解 Python 数据可视化在各个方向上的应用和实现方法。通过学习这些实用案例，读者可以更好地掌握 Python 数据可视化的实用技能，拓展 Python 数据可视化的应用视野。

与此同时，读者可以拓展对 matplotlib 的理解深度和广度，以及更好地掌握 matplotlib 的语法精要和操作要领，从而全面提高对 matplotlib 的掌握程度和加深对 matplotlib 的理解程度。

阅读建议

本书的示例代码都比较简单易懂，而且代码量都很适中，只有非常少的示例代码的代码量比较大，相信读者的学习热情和学习态度可以极大地帮助读者度过相对枯燥的编辑脚本的阶段。事物总是相对的，虽然编辑脚本的过程略显枯燥，但是也可以培养关注细节的做事态度。希望读者可以带着好奇心，独立地敲入完整的代码，真正动手实践书中讲过的每个示例，探索每个示例，钻研每个示例，真正实现"授之以渔"的学习效果。而且，通过动手实践的学习方式，既可以更好地掌握 matplotlib 的使用方法，也可以更好地理解 matplotlib 的内容精华。正如谚语所言，"眼过千遍，不如手过一遍"，从而更好地平衡 matplotlib 在实践和理论之间的比例关系，也就是说，既侧重实用案例的讲解，又兼顾理论内容的介绍。本书列举了大量的 matplotlib 实用案例，涵盖 Python 数据可视化的各个应用方向。因此，本书既可以作为简要而全面的 matplotlib 参考资料，也可以作为 Python 数据可视化的实用工具书。

本书的示例代码都是基于 Python 3.6、basemap 1.2.0、imageio 2.4.1、matplotlib 1.5.3、NumPy 1.15.4、Pillow 5.3.0、SciPy 1.1.0 和 squarify 0.3.0 实现的，同时也考虑了使用 Python 2.x 的读者。无论是在 Python 2.x 还是在 Python 3.x 的环境下，对于使用 matplotlib 2.0.0 及以上版本的读者而言，需要将示例代码中的属性 axis_bgcolor 和 axisbg 变更为 facecolor，将实例方法 set_axis_bgcolor()变更为 set_facecolor()。对于使用 matplotlib 2.0.0 以下版本的读者而言，无论是在 Python 2.x 还是在 Python 3.x 的环境下，示例代码都不需要做任何变更。在"内容补充"部分，对于"代码实现"部分的示例代码而言，会给出需要做示例代码变更的修改建议和修改方法，或者给出一些具有启发意义的实用操作指南。

读者对象

如果读者了解 Python 的一些基础编程知识，则会非常有利于学习 matplotlib 的实用案例。但是，如果读者不了解 Python 编程知识，那么也不会对学习 matplotlib 造成太大的困难。因为书中的 Python 示例代码都是使用非常基础的语法知识进行编写的，而且对示例代码中的难点语句和重点语句都会进行详细讲解，因此，示例代码的可读程度非常高。与此同时，对于在相关章节中出现的统计学概念和数学概念，也都会详细地讲解其计算原理和计算方法。当然，这些概念都是浅显易懂的。这样，有利于读者将宝贵的时间和精力放在 matplotlib 实用案例的学习上面。

从 matplotlib 的学习阶段来讲，读者最好具备 matplotlib 基础知识，这样可以更快地学习和实践 matplotlib 实用案例。从 matplotlib 的使用目的来讲，读者可以将阅读重点放在 Python 数据可视化的应用场景上面，掌握 Python 数据可视化的不同应用方向的实现思路和实现方法。因此，读者既可以是数据分析师、大数据工程师、机器学习工程师、数据挖掘工程师、人工智能专家、运维工程师、系统和性能优化工程师、软件测试工程师，也可以是用户体验设计师、交互设计师或数据产品经理，以及对 Python 数据可视化感兴趣的各个行业的从业者。

联系与反馈

由于本人的学识和能力有限，书中存在疏漏之处在所难免，欢迎广大读者针对书中的错误、阅读体会和建议等给予反馈。如果读者对 matplotlib 也有自己的见解和研究兴趣，欢迎与我联系。请将反馈信息发送到电子邮箱 pdmp100@163.com。

致谢

谈到本书的出版，深受我父亲的影响，主要是他对木工技艺的执着追求和不断探索，让我明白了精益求精的深刻内涵。由此，我在 matplotlib 实践的基础上继续探索 Python 数据可视化的高级技能，以求实现 matplotlib 技术精进的提升目标。

在写作本书的过程中，我得到了很多人的帮助和支持。首先，要感谢我朴实、善良的父母，他们一如既往地支持我的事业。其次，在本书的编辑和出版过程中，得到了电子工业出版社石倩编辑的耐心指导和帮助。最后，要感谢我的妻子一直以来对我事业的理解和支持，没有她的默默陪伴，就不会有书稿的完成。

时光飞逝，努力成为更好的自己！

作者

轻松注册成为博文视点社区用户（www.broadview.com.cn），扫码直达本书页面。

- **下载资源**：本书如提供示例代码及资源文件，均可在 下载资源 处下载。
- **提交勘误**：您对书中内容的修改意见可在 提交勘误 处提交，若被采纳，将获赠博文视点社区积分（在您购买电子书时，积分可用来抵扣相应金额）。
- **交流互动**：在页面下方 读者评论 处留下您的疑问或观点，与我们和其他读者一同学习交流。

页面入口：*http://www.broadview.com.cn/36218*

目　　录

第 1 篇　图　　形

第2篇　元　　素

第3篇　交　　互

第 4 篇 探 索

第5篇 拓 展

第 1 篇

图形

The greatest value of a picture is when it forces us to notice what we never expected to see.

——John W. Tukey

本篇首先讲解向多边形和交叉曲线等几何图形里填充颜色的实现方法；其次讲解使用模块 patches 绘制几何图形的实现方法，这些几何图形包括圆、椭圆、矩形、圆弧、楔形等；最后讲解组合展示统计图形的实现方法，包括判别分析示意图、时间序列图、概率密度曲线等。

第 1 章

向几何图形里填充颜色

颜色填充主要涉及多边形和交叉曲线的颜色填充。下面，我们通过具体案例来讲解每种颜色填充模式的实现方法，以方便读者根据实际项目和任务需求合理使用相应的实现方法。

1.1 多边形的颜色填充

多边形的颜色填充就是将封闭区域用指定颜色进行覆盖，从而实现不同几何图形的彩色展示。下面，我们分别从规则多边形和不规则多边形两个方面讲解实现多边形颜色填充的方法。

1.1.1 规则多边形的颜色填充

规则多边形主要指矩形、菱形、圆形等几何图形。这些图形的颜色填充主要是借助有序数对形成封闭式的几何路径实现的。下面,我们就通过具体代码来探讨规则多边形的颜色填充的实现方法。示例代码见 figure_1_1.py 文件。一方面，存储示例代码的文件都是以图形编号命名的，也就是说，文件名称是与图形编号一一对应的，例如，文件“figure_1_1.py”是与“图 1-1”对应的，其他示例文件的命名方法也采用这种命名规则。另一方面，存储示例文件的文件夹的命名方法是使用章和节的序号，例如，文件夹名称“Chapter10”表示第 10 章，文件夹名称“10_4”表示 10.4 节。因此，在以下的章节中，就不再具体说明示例代码的存储名称和存储位置了。

1. 代码实现

```
import matplotlib.pyplot as plt
import numpy as np

x = [0,0,5,10,15,15,10,5]
y = [5,10,15,15,10,5,0,0]

plt.fill(x,y,color="cornflowerblue")

plt.xlim(-1,16)
plt.ylim(-1,16)

plt.xticks(np.arange(0,16,5))
plt.yticks(np.arange(0,16,5))

plt.show()
```

2. 运行结果（见图 1-1）

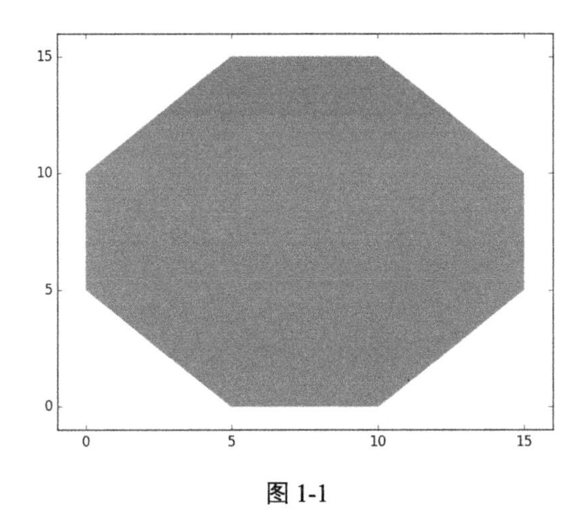

图 1-1

3. 代码精讲

（1）通过调用函数 fill()来完成绘制八边形的任务，参数 x 和 y 是用来绘制封闭区域的顶点的有序数对，参数 color 用来完成封闭区域的填充颜色的设置工作。

（2）为了使可视化效果更加理想，我们使用函数 xlim()和 ylim()完成多边形相对位置的调整。

（3）使用函数 xticks()和 yticks()调整刻度线的显示位置，从而清楚地显示出封闭区域的顶点位置。

（4）调用函数 show()展示规则多边形的绘制效果。

1.1.2 不规则多边形的颜色填充

不规则多边形主要是由图形围成的封闭区域。因此，不规则多边形的颜色填充就是将图形围成的封闭区域用颜色进行覆盖。下面，我们就通过一个典型案例来讲解不规则多边形的颜色填充方法。

1. 代码实现

```
import matplotlib.pyplot as plt
import numpy as np

x = np.linspace(0,2*np.pi,500)
y = np.sin(x)

plt.fill(x,y,color="cornflowerblue",alpha=0.4)

plt.plot(x,y,color="cornflowerblue",alpha=0.8)
plt.plot([x[0],x[-1]],[y[0],y[-1]],color="cornflowerblue",alpha=0.8)

plt.xlim(0,2*np.pi)
plt.ylim(-1.1,1.1)

plt.show()
```

2. 运行结果（见图 1-2）

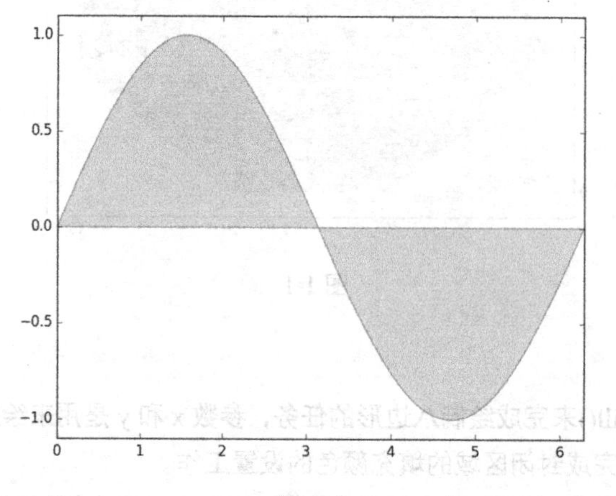

图 1-2

3. 代码精讲

（1）通过调用函数 fill()，可以将由正弦曲线围成的封闭区域用颜色填充，从而形成不规则多边形的填充区域。

（2）借助折线函数 plot()给填充区域添加区域轮廓。同时，使用参数 alpha 可以分别设置填充区域的颜色透明度和图形颜色的透明度，从而产生填充区域和区域轮廓的颜色深浅变化。

1.2 交叉曲线的颜色填充

我们已经介绍过多边形的颜色填充，知道绘制的填充区域是由单一折线围成的封闭区域的颜色覆盖。在有由多条曲线围成的公共区域的情形下，我们需要用颜色去填充这些公共区域，这就需要使用交叉曲线的颜色填充方法。下面，我们通过具体代码来阐述交叉曲线的颜色填充方法。

1. 代码实现

```
import matplotlib.pyplot as plt
import numpy as np

x = np.linspace(0,2,500)
y1 = np.sin(2*np.pi*x)
y2 = 1.1*np.sin(3*np.pi*x)

fig,ax = plt.subplots(3,1,sharex="all")

# "between y2 and 0"
ax[0].fill_between(x,0,y2,alpha=0.5)
ax[0].set_ylim(-1.2,1.2)

# "between y2 and 1.1"
ax[1].fill_between(x,y2,1.1,alpha=0.5)
ax[1].set_ylim(-1.2,1.2)

# "between y1 and y2"
ax[2].fill_between(x,y1,y2,alpha=0.5)
ax[2].set_xlim(0,2)
ax[2].set_ylim(-1.2,1.2)

plt.show()
```

2. 运行结果（见图 1-3）

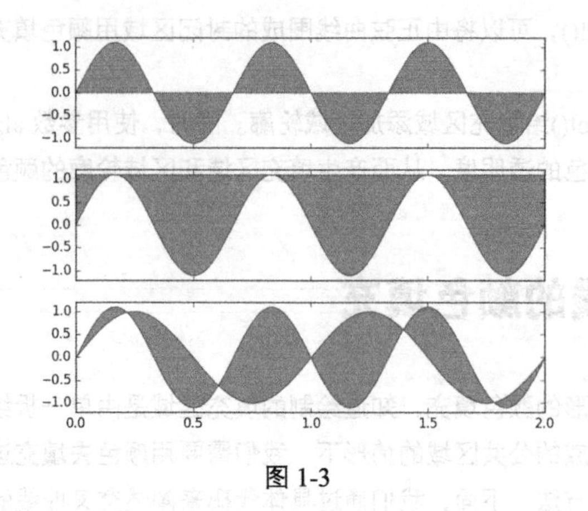

图 1-3

3. 代码精讲

（1）通过调用“plt.subplots(3,1,sharex="all")”语句，可以获得一个画布对象 fig 和一个坐标轴列表 ax。这是一个 3 行 1 列的共享 x 轴的网格布局的子区。

（2）在子区 1 中，调用实例方法 fill_between()填充由曲线 y2 和曲线 y=0 交叉围成的公共区域的颜色，同时，使用参数 alpha 调整填充区域的透明度。

（3）在子区 2 中，调用实例方法 fill_between()填充由曲线 y2 和曲线 y=1.1 交叉围成的公共区域的颜色，以及调整填充区域的颜色饱和度。

（4）在子区 3 中，需要填充由曲线 y1 和曲线 y2 交叉围成的公共区域的颜色，同样，借助参数 alpha 实现合适的填充颜色的透明度。

1.3 延伸阅读

我们不仅可以填充由若干条曲线围成的公共区域的颜色，还可以按照一定的条件表达式来选择性地填充公共区域的颜色。因此，我们需要借助实例方法 fill_between()和 fill_betweenx()的参数 where 来实现满足具体条件的指定区域的颜色填充的目标。接下来，我们就通过具体的代码和精讲来详细地阐述其实现方法。

1.3.1 水平方向的交叉曲线的颜色填充方法

我们主要借助实例方法 fill_between()来实现水平方向的交叉曲线的颜色填充的目标。下面，我们就详细讲解实例方法 fill_between()的使用方法。

1. 代码实现

```
import matplotlib.pyplot as plt
import numpy as np

x = np.linspace(0,2,500)
y1 = np.sin(2*np.pi*x)
y2 = 1.1*np.sin(3*np.pi*x)

fig = plt.figure()

ax = fig.add_subplot(111)

# plot y1 and plot y2
ax.plot(x,y1,color="k",lw=1,ls="-")
ax.plot(x,y2,color="k",lw=1,ls="-")

# "where y1 <= y2"
ax.fill_between(x,y1,y2,where=y2>=y1,interpolate=True,
                facecolor="cornflowerblue",alpha=0.7)

# where y1>= y2
ax.fill_between(x,y1,y2,where=y2<=y1,interpolate=True,
                facecolor="darkred",alpha=0.7)


ax.set_xlim(0,2)
ax.set_ylim(-1.2,1.2)

ax.grid(ls=":",lw=1,color="gray",alpha=0.5)

plt.show()
```

2. 运行结果（见图 1-4）

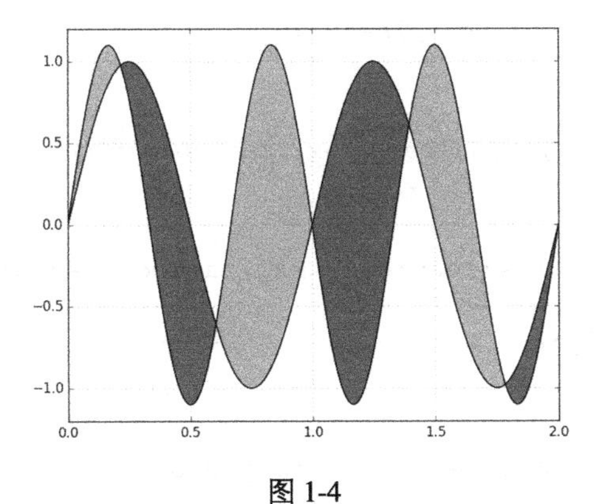

图 1-4

3. 代码精讲

（1）调用实例方法 fill_between()，通过使用参数 where 的条件表达式参数值，实现满足具体条件的指定区域的颜色填充的目标。

（2）具体而言，如果曲线 y1 的取值不小于曲线 y2 的取值，那么将这部分公共区域的颜色用“darkred”填充；如果曲线 y2 的取值不小于曲线 y1 的取值，那么将这部分公共区域的填充颜色设置为“cornflowerblue”。同时，借助参数 interpolate 的取值是“True”，可以将曲线交叉点附近的公共区域用指定颜色进行填充。使用参数 alpha 进行填充区域的透明度的设置。

（3）调用实例方法 plot()绘制填充区域的轮廓曲线，从而清晰地标记出不同填充区域的颜色内容。

1.3.2 垂直方向的交叉曲线的颜色填充方法

我们主要借助实例方法 fill_betweenx()来实现垂直方向的交叉曲线的颜色填充的目标。下面，我们就详细介绍实例方法 fill_betweenx()的操作细节。

1. 代码实现

```
import matplotlib.pyplot as plt
import numpy as np

y = np.linspace(0,2,500)
x1 = np.sin(2*np.pi*y)
x2 = 1.1*np.sin(3*np.pi*y)

fig = plt.figure()

ax = fig.add_subplot(111)

# plot x1 and plot x2
ax.plot(x1,y,color="k",lw=1,ls="-")
ax.plot(x2,y,color="k",lw=1,ls="-")

# "where x1 <= x2"
ax.fill_betweenx(y,x1,x2,where=x2>=x1,facecolor="cornflowerblue",alpha=0.7)

# where x1>= x2
ax.fill_betweenx(y,x1,x2,where=x2<=x1,facecolor="darkred",alpha=0.7)

ax.set_xlim(-1.2,1.2)
ax.set_ylim(0,2)

ax.grid(ls=":",lw=1,color="gray",alpha=0.5)
```

```
plt.show()
```

2. 运行结果（见图 1-5）

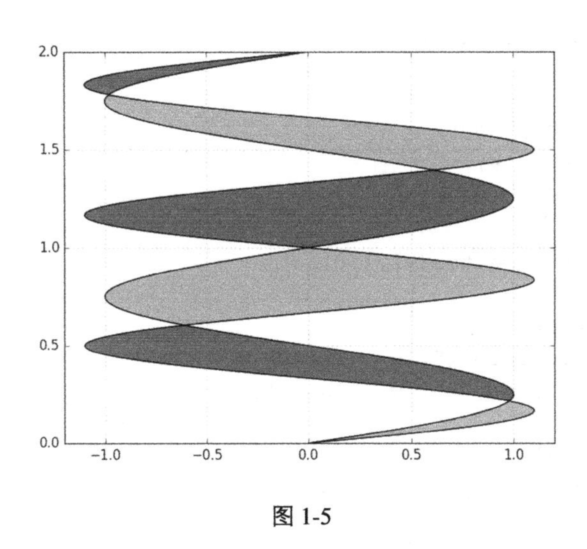

图 1-5

3. 代码精讲

（1）使用实例方法 fill_betweenx()绘制垂直方向的交叉曲线的颜色填充区域。同样，借助参数 where 实现满足具体条件的指定区域的颜色填充的目标。以“ax.fill_betweenx(y,x1,x2,where=x2>=x1, facecolor="cornflowerblue",alpha=0.7)”语句为例，参数 y 表示 *y* 轴上的数值，参数 x1 和 x2 表示 *x* 轴上的数值，通过使用条件表达式“x2>=x1”实现满足具体条件的指定区域的颜色填充的目标，填充颜色设定为“cornflowerblue”，使用参数 alpha 设定填充区域的透明度。

（2）实例方法 plot()的参数也进行 *x* 轴和 *y* 轴的数值位置的调整，即原来 *y* 轴上的数值现在放在 *x* 轴上，原来 *x* 轴上的数值现在放在 *y* 轴上，调用语句分别是“ax.plot(x1,y,color="k",lw=1,ls="-")”和“ax.plot(x2,y,color="k",lw=1,ls="-")”。

1.4 综合案例：交叉间断型曲线的颜色填充

前面，我们详细介绍了由若干条曲线围成的公共区域的颜色填充的实现方法。进一步地，我们还可以将绘制的曲线的若干部分去掉，进而使用余下的曲线再绘制交叉曲线的颜色填充区域。这里需要调用 NumPy 包中的 ma 包的函数 masked_greater()完成具体的绘制任务。

1. 代码实现

```
import matplotlib.pyplot as plt
import numpy as np

fig,ax = plt.subplots(1,2)

# subplot(121) data
x = np.linspace(0,2,500)
y1 = np.sin(2*np.pi*x)
y2 = 1.2*np.sin(3*np.pi*x)

y2 = np.ma.masked_greater(y2,1.0)

# plot y1 and plot y2
ax[0].plot(x,y1,color="k",lw=1,ls="-")
ax[0].plot(x,y2,color="k",lw=1,ls="-")

# "where y1 <= y2"
ax[0].fill_between(x,y1,y2,where=y2>=y1,facecolor="cornflowerblue",alpha=0.7)

# where y1>= y2
ax[0].fill_between(x,y1,y2,where=y2<=y1,facecolor="darkred",alpha=0.7)

ax[0].set_xlim(0,2)
ax[0].set_ylim(-1.2,1.2)

ax[0].grid(ls=":",lw=1,color="gray",alpha=0.5)

# subplot(122) data
y = np.linspace(0,2,500)
x1 = np.sin(2*np.pi*y)
x2 = 1.2*np.sin(3*np.pi*y)

x2 = np.ma.masked_greater(x2,1.0)

# plot x1 and plot x2
ax[1].plot(x1,y,color="k",lw=1,ls="-")
ax[1].plot(x2,y,color="k",lw=1,ls="-")

# "where x1 <= x2"
ax[1].fill_betweenx(y,x1,x2,where=x2>=x1,facecolor="cornflowerblue",
alpha=0.7)

# where x1>= x2
```

```
ax[1].fill_betweenx(y,x1,x2,where=x2<=x1,facecolor="darkred",alpha=0.7)

ax[1].set_xlim(-1.2,1.2)
ax[1].set_ylim(0,2)

ax[1].grid(ls=":",lw=1,color="gray",alpha=0.5)

plt.show()
```

2. 运行结果（见图 1-6）

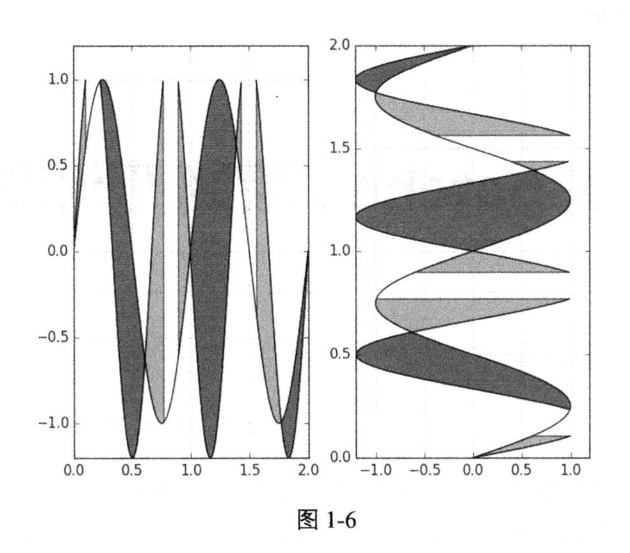

图 1-6

3. 代码精讲

（1）我们分别绘制了水平方向和垂直方向的交叉间断型曲线的颜色填充区域。主要在“代码实现”部分里增加了函数 masked_greater()。

（2）以“np.ma.masked_greater(y2,1.0)”语句为例，详细讲解函数 masked_greater()的运行原理。函数 masked_greater()中的参数 y2 是需要进行数值掩饰的数组，掩饰的条件是将数组 y2 中大于 1.0 的元素进行掩饰处理，将未被掩饰的元素依然在数组中显示。也就是说，按照条件进行元素掩饰前后的数组形状并没有发生改变。

这样，通过上面的操作步骤，我们就实现了绘制交叉间断型曲线的颜色填充区域的目标。

第2章

使用模块 patches 绘制几何图形

模块 patches 主要用来完成多边形的绘制工作。这些多边形都是以类（Class）的形式出现的，主要包括圆（Circle）、椭圆（Ellipse）、矩形（Rectangle）、圆弧（Arc）、楔形（Wedge）等几何图形。下面，我们就介绍这些几何图形的实现方法。

2.1 圆的实现方法

圆的构造函数是实现圆的绘制的实例方法。我们可以通过具体代码来讲解构造函数的使用方法。

1. 代码实现

```
import matplotlib.pyplot as plt
import numpy as np
from matplotlib.patches import Circle

fig,ax = plt.subplots(2,2)

# subplot(221)
```

```
circle = Circle((2,2),radius=2,facecolor="white",edgecolor="cornflowerblue")
ax[0,0].add_patch(circle)

ax[0,0].set_xlim(-1,5)
ax[0,0].set_ylim(-1,5)

# subplot(222)
rectangle = ax[0,1].patch
rectangle.set_facecolor("gold")

circle = Circle((2,2),radius=2,facecolor="white",edgecolor="cornflowerblue")
ax[0,1].add_patch(circle)

ax[0,1].set_xlim(-1,5)
ax[0,1].set_ylim(-1,5)

ax[0,1].set_aspect("equal","box")

# subplot(223)
rectangle = ax[1,0].patch
rectangle.set_facecolor("palegreen")

circle = Circle((2,2),radius=2,facecolor="white",edgecolor="cornflowerblue")
ax[1,0].add_patch(circle)

ax[1,0].axis("equal")

# subplot(224)
rectangle = ax[1,1].patch
rectangle.set_facecolor("lightskyblue")

circle = Circle((2,2),radius=2,facecolor="white",edgecolor="cornflowerblue")
ax[1,1].add_patch(circle)

ax[1,1].axis([-1,5,-1,5])
ax[1,1].set_yticks(np.arange(-1,6,1))

ax[1,1].axis("equal")

plt.subplots_adjust(left=0.1)

plt.show()
```

2. 运行结果（见图 2-1）

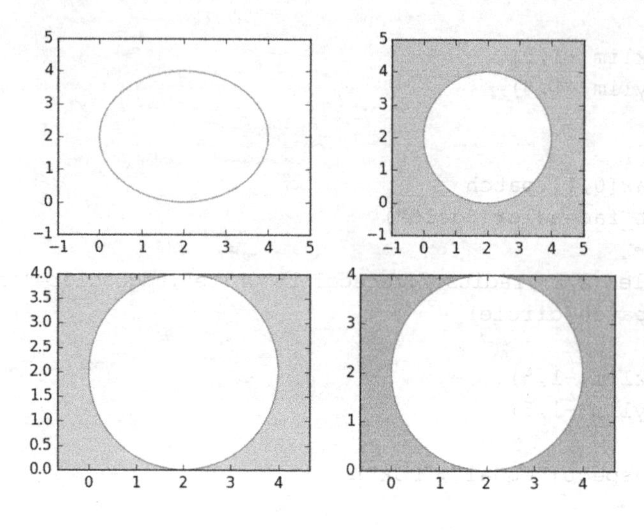

图 2-1

3. 代码精讲

（1）以“Circle((2,2),radius=2,facecolor="white",edgecolor="cornflowerblue")”语句为例，讲解类 Circle 的使用方法，具体参数和参数值的含义如下。

- (2,2)：圆的中心的坐标位置。
- radius：圆的半径大小。
- facecolor：圆的填充颜色。
- edgecolor：圆的轮廓的颜色。

（2）通过调用“Circle((2,2),radius=2,facecolor="white",edgecolor="cornflowerblue")”语句，生成了子区 1 中圆心在(2,2)处、半径为 2、填充颜色是白色和轮廓颜色是矢车菊蓝的圆的实例。

（3）为了在子区 1 中展示实例 circle 的可视化效果，需要调用“ax[0,0].add_patch(circle)”语句。也就是说，需要调用实例方法 add_patch()将实例 circle 以参数值形式添加到坐标轴实例 ax[0,0]中，从而完成指定位置和指定半径的圆的绘制工作。

（4）为了清楚地显示绘制的圆的位置和半径，调用实例方法 set_xlim()和 set_ylim()，调整 x 轴和 y 轴的坐标轴的显示范围。

注意：

子区 1 中圆的形状并不是圆，而是椭圆，是由于坐标轴的刻度线的变化量不一致导致的。

（5）为了解决圆的形状不理想的问题，调用“ax[0,1].set_aspect("equal","box")”语句。这样，我们就实现了 x 轴和 y 轴的长度相同、刻度线的变化量相同的目标。

（6）为了凸显圆的形状的理想情况，调用类 Rectangle 的实例方法 set_facecolor()分别设置子区 2、子区 3 和子区 4 的坐标轴的背景色。

（7）在子区 2 中，可以看到在调用这些语句后产生的理想的圆的展示效果。

（8）在子区 3 中，不进行调整 x 轴和 y 轴的坐标轴的显示范围的操作，只是简单地调用“ax[1,0].axis("equal")”语句，将刻度线的变化量进行调整，使之保持相同的增量，从而产生理想的圆的可视化效果。

（9）在子区 4 中，既通过调用“ax[1,1].axis([-1,5,-1,5])”语句调整了 x 轴和 y 轴的坐标轴的显示范围和通过调用“ax[1,1].set_yticks(np.arange(-1,6,1))”语句调整了刻度线的位置，也通过调用“ax[1,1].axis("equal")”语句调整了刻度线的变化量。

2.2 椭圆的实现方法

圆可以看作椭圆的一种特殊形式，因此，我们讨论一般的椭圆的绘制方法。绘制椭圆可以通过类 Ellipse 实现。下面，我们详细讲解类 Ellipse 的构造函数的使用方法。

1. 代码实现

```
import matplotlib.pyplot as plt
import numpy as np
from matplotlib.patches import Ellipse

fig,ax = plt.subplots(1,2,subplot_kw={"aspect":"equal"})

# subplot(121)
angles = np.linspace(0,135,4)

ellipse = [Ellipse((2,2),4,2,a) for a in angles]

for elle in ellipse:
        ax[0].add_patch(elle)
        elle.set_alpha(0.4)
        elle.set_color("cornflowerblue")

ax[0].axis([-1,5,-1,5])

# subplot(122)
num = np.arange(0,100,1)

ellipse = [Ellipse(xy=np.random.rand(2)*10,
                              width=np.random.rand(1),
```

```
                                height=np.random.rand(1),
                                angle=np.random.rand(1)*360) for i in num]

    for elle in ellipse:
        ax[1].add_patch(elle)
        elle.set_alpha(np.random.rand(1))
        elle.set_color(np.random.rand(3))

    ax[1].axis([-1,11,-1,11])

    plt.tight_layout()

    plt.show()
```

2. 运行结果（见图 2-2）

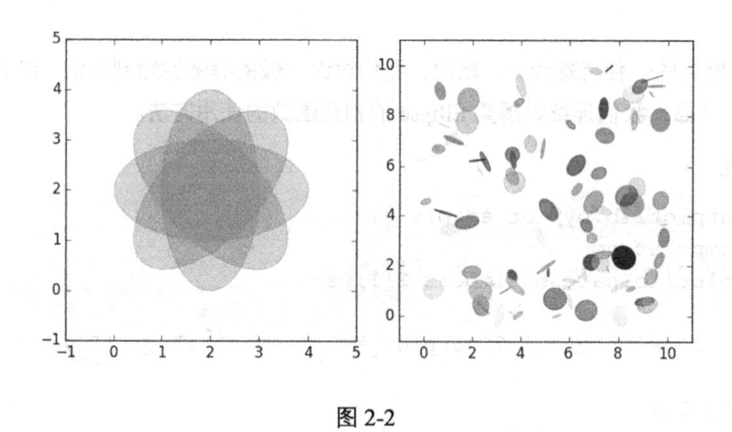

图 2-2

3. 代码精讲

（1）在子区 1 中，通过调用“np.linspace(0,135,4)”语句，获得旋转角度数组；通过调用“[Ellipse((2,2),4,2,a) for a in angles]”语句，获得逆时针旋转 4 个角度的椭圆实例列表，这是一个推导列表。

（2）通过 for 循环语句，将椭圆实例分别添加到子区 1 中的坐标轴实例 ax[0]中。同时，使用实例方法 set_alpha()和 set_color()设置椭圆实例的透明度及填充颜色。

（3）为了使得可视化效果更理想，我们调整了坐标轴的显示范围。

（4）在子区 2 中，通过推导列表生成了椭圆中心位置、宽度、长度和旋转角度，都是随机设定的椭圆实例列表 ellipse。

（5）通过 for 循环语句，调用实例方法 add_patch()分别将推导列表 ellipse 中的实例元素添加到坐标轴实例 ax[1]中。同时，随机地设定椭圆实例的透明度和填充颜色，其中，填充颜色使用的是 0~1 闭区间的浮点数形式的 RGB 元组，即(R,G,B)颜色模式。

2.3 矩形的实现方法

矩形是数据可视化中一种比较常见的几何图形。在具体实践中，我们通过类 Rectangle 生成矩形实例，将矩形实例添加到坐标轴中，从而完成矩形的绘制任务。这种多边形既可以充当坐标轴背景，也可以作为组合图形的一部分。下面，我们就将已经介绍过的相关内容和绘制矩形的实现方法结合起来，完成一幅简易图画的绘制任务。

1. 代码实现

```
import matplotlib.pyplot as plt
import numpy as np
from matplotlib.patches import Rectangle

fig,ax = plt.subplots(subplot_kw={"aspect":"equal"})

x1 = np.arange(1,2.6,0.1)
y1 = x1+2

x2 = np.arange(2.5,4.1,0.1)
y2 = -x2+7

# set background color
rectangle = ax.patch
rectangle.set_facecolor("lightskyblue")

# house
rectangle1 = Rectangle((1,0),3,3,facecolor="w",edgecolor="rosybrown")

# door
rectangle2 = Rectangle((1.5,0),1,1.5,facecolor="w",edgecolor="rosybrown",
hatch="|||")

# window
rectangle3 = Rectangle((2.9,1.7),0.6,0.6,facecolor="w",edgecolor="rosybrown")

rectangle_list = [rectangle1,rectangle2,rectangle3]

# roof line
ax.plot([1,2.5,4],[3,4.5,3],color="rosybrown")

# window line
ax.plot([3.2,3.2],[1.7,2.3],color="rosybrown")
```

```
    ax.plot([2.9,3.5],[2.0,2.0],color="rosybrown")

    # roof filled color
    ax.fill_between(x1,3,y1,color="w",interpolate=True)
    ax.fill_between(x2,3,y2,color="w",interpolate=True)

    for rect in rectangle_list:
          ax.add_patch(rect)

    ax.axis([0,5,0,6])

    plt.show()
```

2. 运行结果（见图 2-3）

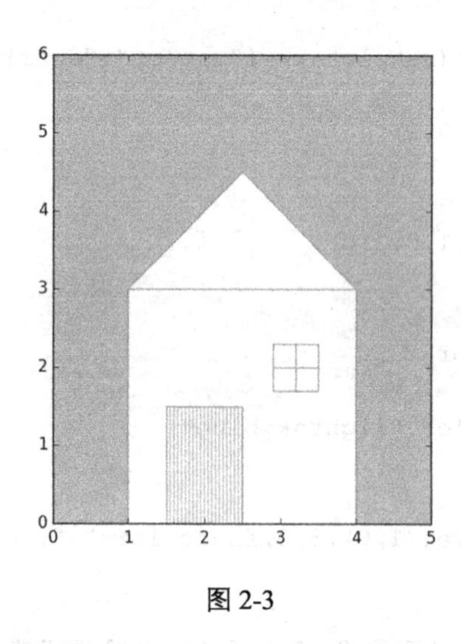

图 2-3

3. 代码精讲

（1）通过调用“ax.patch”语句，获得类 Rectangle(xy=(0,0),width=1,height=1)的实例 rectangle。

（2）通过调用“rectangle.set_facecolor("lightskyblue")”语句，设置坐标轴实例 ax 的背景色。

（3）通过调用“Rectangle((1,0),3,3,facecolor="w",edgecolor="rosybrown")”语句，绘制第一个矩形。这个矩形的左下角顶点的坐标是(1,0)，矩形的宽度和高度都是 3，也是一个正方形。我们也设置了矩形内部的填充颜色和轮廓的线条颜色。其他两个矩形的绘制方法与第一个矩形的绘制方法完全相同，只是矩形的左下角顶点的位置和矩形的形状不同。

注意：

第二个矩形 rectangle2 还使用参数 hatch 增加了装饰图案“|”，使房子的门产生木质纹理的展示效果。

（4）使用“ax.plot([1,2.5,4],[3,4.5,3],color="rosybrown")”语句，设置屋顶的轮廓的线条颜色。

（5）通过实例方法 plot()向第三个矩形中添加了窗户的窗框。

（6）通过调用实例方法 fill_between()将屋顶的填充颜色设置为白色，与所有矩形内部的填充颜色一致。

这样，我们将绘制矩形的方法与前面讲过的相关方法相结合，相对完整地绘制了一个简易房屋。需要补充的是，我们看到，使用 matplotlib 不仅可以完成绘制统计图形的任务，还可以实现绘制图画的目标。

2.4 圆弧和楔形的绘制方法

圆弧作为椭圆的一部分而被大量使用，楔形作为圆的一部分而得到广泛应用。具体而言，圆弧的实现方法是借助类 Arc 实现的，楔形是通过类 Wedge 进行绘制的。下面，我们就通过具体代码来展示这两种多边形的绘制方法，以及圆弧和楔形的几何特征。

1. 代码实现

```
import matplotlib.pyplot as plt
import numpy as np
from matplotlib.patches import Arc,Ellipse,Rectangle,Wedge

fig,ax = plt.subplots(subplot_kw={"aspect":"equal"})

# shadow
shadow = Ellipse((2.5,0.5),4.2,0.5,color="silver",alpha=0.2)

# base
ax.plot([1,4],[1,1.3],color="k")
base = Arc((2.5,1.1),3,1,angle=10,theta1=0,theta2=180,color="k",alpha=0.8)

# wheel
left_wheel = Ellipse((1,1),0.7,0.4,angle=95,color="k")
right_wheel = Ellipse((4,1.3),0.7,0.4,angle=85,color="k")

# joinstyle
bottom_joinstyle1 = Ellipse((2.5,2),1,0.3,facecolor="silver",edgecolor="w")
bottom_joinstyle2 = Ellipse((2.5,1.7),1,0.3,facecolor="silver",edgecolor="w")
left_joinstyle = Ellipse((1,5.75),0.5,0.25,angle=90,color="k")
left_arm_joinstyle1 = Wedge((0.3,4.55),0.1,0,360,color="k")
left_arm_joinstyle2 = Wedge((0,4.0),0.2,290,250,color="k")
right_joinstyle = Ellipse((4,5.75),0.5,0.25,angle=90,color="k")
```

```
right_arm_joinstyle1 = Wedge((4.3,6.95),0.1,0,360,color="k")
right_arm_joinstyle2 = Wedge((4.3,7.45),0.2,110,70,color="k")
top_joinstyle1 = Ellipse((2.5,6.2),0.5,0.2,facecolor="silver",edgecolor="w")
top_joinstyle2 = Ellipse((2.5,6.3),0.5,0.2,facecolor="silver",edgecolor="w")

# body
body = Rectangle((1,2.1),3,4,color="steelblue")

# arms
left_arm1 = ax.plot([0.3,1-0.125],[4.55,5.75],color="silver",lw=4)
left_arm2 = ax.plot([0,0.3],[4.2,4.55],color="silver",lw=4)
right_arm1 = ax.plot([4+0.125,4.3],[5.75,6.95],color="silver",lw=4)
right_arm2 = ax.plot([4.3,4.3],[6.95,7.25],color="silver",lw=4)

# head
ax.plot([1,4],[6.4,6.4],color="steelblue")
head = Arc((2.5,6.4),3,2.5,angle=0,theta1=0,theta2=180,color="steelblue")

# eyes
left_eye = Wedge((2,7),0.4,0,360,color="gold")
left_eye_center = Wedge((2,7),0.3,15,345,color="k")
right_eye = Wedge((3,7),0.4,0,360,color="k")
right_eye_center = Wedge((3,7),0.3,165,195,color="darkred")

polygon = [shadow,
           base,
           left_wheel,
           right_wheel,
           bottom_joinstyle1,
           bottom_joinstyle2,
           left_joinstyle,
           left_arm_joinstyle1,
           left_arm_joinstyle2,
           right_joinstyle,
           right_arm_joinstyle1,
           right_arm_joinstyle2,
           top_joinstyle1,
           top_joinstyle2,
           body,
           head,
           left_eye,
           left_eye_center,
           right_eye,
           right_eye_center]
```

```
    for pln in polygon:
        ax.add_patch(pln)

    ax.axis([-1,6,0,10])

    plt.show()
```

2. 运行结果（见图 2-4）

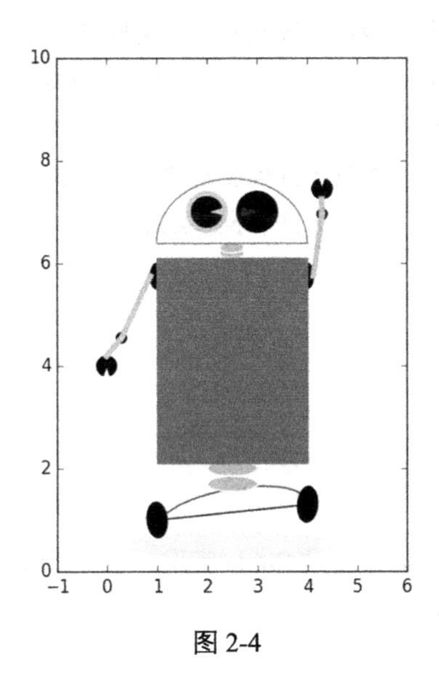

图 2-4

3. 代码精讲

在“代码实现”部分里，我们使用了各种几何图形。接下来，我们重点讲解几条语句，目的就是清楚地说明圆弧和楔形的实现方法。

（1）我们讲解“Arc((2.5,1.1),3,1,angle=10,theta1=0,theta2=180,color="k",alpha=0.8)”语句，这条语句用来绘制机器人底部车轮的连接弧线，具体参数和参数值的含义如下。

- (2.5,1.1)：圆弧的中心位置的坐标。
- 3：圆弧的宽度。
- 1：圆弧的高度。
- angle：圆弧的逆时针旋转的角度。
- theta1：圆弧起点处的角度。
- theta2：圆弧终点处的角度。
- color：圆弧的颜色。
- alpha：圆弧的透明度。

（2）我们讲解“Wedge((2,7),0.3,15,345,color="k")”语句，这条语句用来绘制机器人左眼的黑色楔形，具体参数和参数值的含义如下。

- (2,7)：楔形的中心位置的坐标。
- 0.3：楔形的半径。
- 15：楔形起始位置的角度（逆时针方向旋转）。
- 345：楔形终止位置的角度（逆时针方向旋转）。
- color：楔形的填充区域颜色。

（3）通过上面的两条典型语句，我们可以理解圆弧是椭圆没有内部填充颜色时的一部分，楔形是特殊形式的圆形。通过调用“Wedge((2,7),0.4,0,360,color="gold")”语句，就可以完成绘制圆心位置确定和半径大小确定的圆形的任务。

（4）在“代码实现”部分里涉及的其他几何图形的绘制方法，我们已经在前面的内容中介绍过了，这里就不再讲解这些几何图形的绘制方法和操作细节。

2.5 延伸阅读

2.5.1 使用折线绘制圆

绘制几何图形中的圆形不仅可以通过类 Circle 实现，也可以通过折线实现。下面，我们就具体讲解使用折线绘制圆的实现方法。

1. 代码实现

```
import matplotlib.pyplot as plt
import numpy as np
from matplotlib.patches import Circle

fig,ax = plt.subplots(2,2)

x = np.linspace(0,2*np.pi,500)
y1= 2*np.cos(x)
y2 = 2*np.sin(x)

# subplot(221)
ax[0,0].plot(y1,y2,color="cornflowerblue",lw=2)

ax[0,0].set_xlim(-3,3)
ax[0,0].set_ylim(-3,3)
```

```
# subplot(222)
rectangle = ax[0,1].patch
rectangle.set_facecolor("gold")

ax[0,1].plot(y1,y2,color="cornflowerblue",lw=2)

ax[0,1].set_xlim(-3,3)
ax[0,1].set_ylim(-3,3)

ax[0,1].set_aspect("equal","box")

# subplot(223)
rectangle = ax[1,0].patch
rectangle.set_facecolor("palegreen")

ax[1,0].plot(y1,y2,color="cornflowerblue",lw=2)

ax[1,0].axis("equal")

# subplot(224)
rectangle = ax[1,1].patch
rectangle.set_facecolor("lightskyblue")

ax[1,1].plot(y1,y2,color="cornflowerblue",lw=2)

ax[1,1].axis([-3,3,-3,3])
ax[1,1].set_yticks(np.arange(-3,4,1))

ax[1,1].axis("equal")

plt.subplots_adjust(left=0.1)

plt.show()
```

2. 运行结果（见图 2-5）

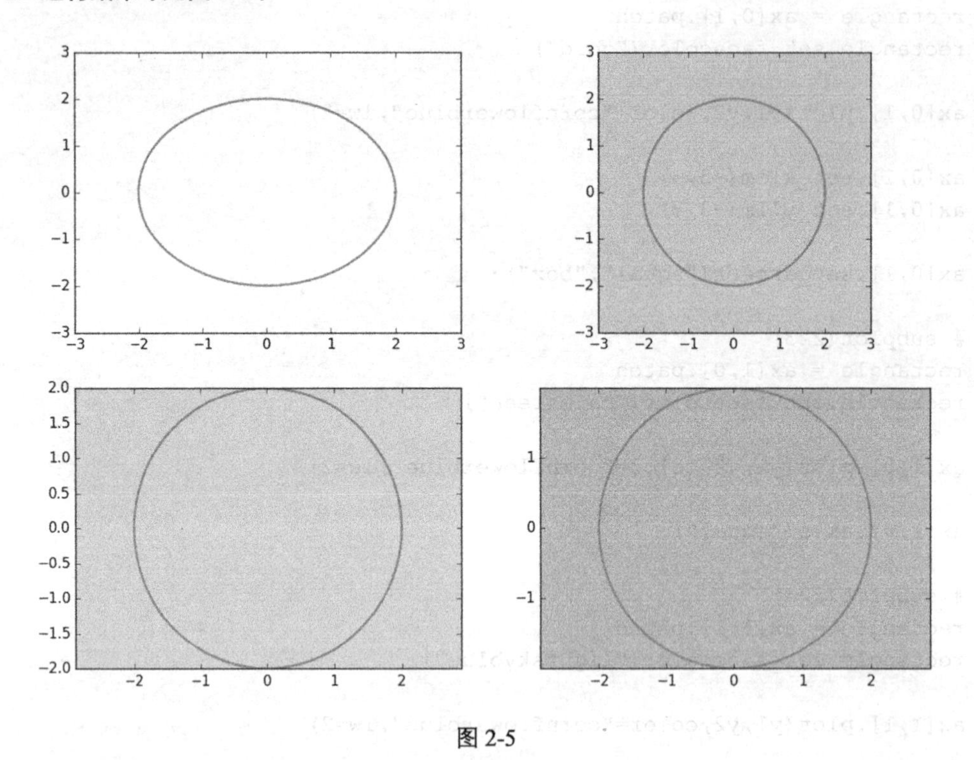

图 2-5

3. 代码精讲

我们通过实例方法 plot()也完成了绘制圆的任务，但是，仍然存在圆的展示效果不理想的情况。这个问题仍然需要调用实例方法 axis("equal")来解决。

（1）在子区 2 中，调用“ax[0,1].plot(y1,y2,color="cornflowerblue",lw=2)”语句完成圆的绘制任务。

（2）同时，调用“ax[0,1].set_aspect("equal","box")”语句实现刻度线的变化量相同和坐标轴的长度相同的目标。

注意：

调用实例方法 plot()绘制的圆和调用类 Circle 绘制的圆在展示效果上有所区别。调用实例方法 plot()绘制的圆没有覆盖坐标轴的绘图区域；而调用类 Circle 绘制的圆即使在填充颜色是白色的情况下，也会覆盖坐标轴的绘图区域。

由此可见，调用类 Circle 绘制的圆是一个“补片”。也就是说，这个“补片”是一个实实在在的具有颜色的填充区域。

（3）在子区 3 中，调用“ax[1,0].axis("equal")”语句完成调整坐标轴的刻度线的变化量一致的工作。

（4）在子区 4 中，调用“ax[1,1].axis([-3,3,-3,3])”和“ax[1,1].set_yticks(np.arange(-3,4,1))”语句完成调整坐标轴的显示范围及调整刻度线的位置方面的工作。

2.5.2　使用椭圆绘制圆

一般而言，我们可以使用类 Ellipse 绘制圆，但是不可以使用类 Circle 绘制椭圆。因为我们使用类 Ellipse 绘制圆，只需要保证参数 width 和 height 的取值相同而且刻度线的变化量相同即可完成圆的绘制任务。如果参数 width 和 height 的取值相同，但是刻度线的变化量不一致，则也可以使用类 Circle 完成绘制椭圆的任务。我们使用类 Circle 绘制椭圆，如果参数 width 和 height 的取值不相同，就无法完成使用类 Circle 绘制椭圆的工作。下面，我们就通过具体代码来比较类 Ellipse 和 Circle 的区别与联系。

1. 代码实现

```
import matplotlib.pyplot as plt
import numpy as np
from matplotlib.patches import Circle,Ellipse

fig,ax = plt.subplots(1,1,subplot_kw={"aspect":"equal"})

circle = Circle((2,2),radius=1)

angles = np.linspace(0,135,4)

ellipse = [Ellipse((2,2),2,2,a) for a in angles]

ellipse.append(circle)

polygon = ellipse

for pln in polygon:
        ax.add_patch(pln)
        pln.set_alpha(np.random.rand(1))
        pln.set_color(np.random.rand(3))


ax.axis([0,4,0,4])
ax.set_xticks(np.arange(0,5,1))
ax.set_yticks(np.arange(0,5,1))

plt.show()
```

2. 运行结果（见图 2-6）

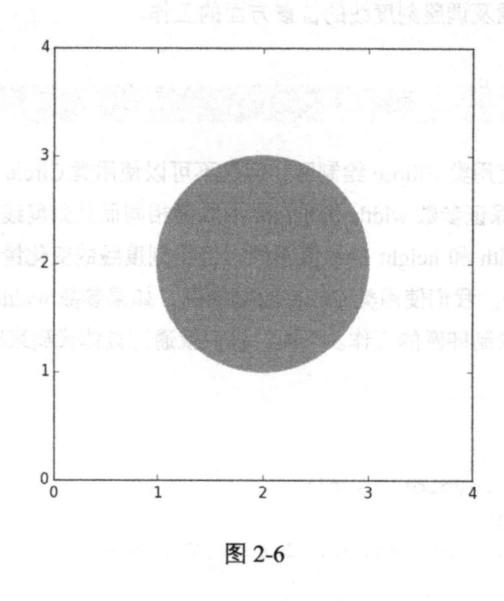

图 2-6

3. 代码精讲

（1）通过设置函数 subplots()中的参数 subplot_kw，使坐标轴的刻度线的变化量相同。

（2）设置圆和椭圆的中心位置相同。圆的半径是 1，椭圆的宽度和长度都是 2。

（3）通过推导列表生成 4 个逆时针旋转角度的列表 ellipse。

（4）使用内置函数 append()将实例 circle 添加到推导列表 ellipse 中。

（5）将列表 ellipse 赋值给变量 polygon。

（6）通过调用实例方法 add_patch()分别将推导列表 ellipse 中的实例元素添加到坐标轴实例 ax 中，同时，设置实例元素的透明度和填充颜色。

（7）这样，我们获得了一个颜色叠加却是完整覆盖的圆形几何图案。因此，我们使用类 Ellipse 绘制圆，只需要保证参数 width 和 height 的取值相同而且刻度线的变化量相同即可完成圆的绘制任务。

2.5.3 使用楔形绘制饼图

我们使用楔形既可以绘制圆形，也可以绘制圆形的一部分。按照这样的思路，我们可以尝试使用楔形绘制饼图。下面，我们通过具体代码来讲解使用楔形绘制饼图的实现方法。

1. 代码实现

```
import matplotlib.pyplot as plt
```

```
    import numpy as np
    from matplotlib.patches import Shadow,Wedge

    fig,ax = plt.subplots(subplot_kw={"aspect":"equal"})

    font_style = {"family":"serif","size":12,"style":"italic","weight":"black"}

    sample_data = [350,150,200,300]

    total = sum(sample_data)

    percents = [i/float(total) for i in sample_data]

    angles = [360*i for i in percents]

    delta = 45

    wedge1 = Wedge((2,2),1,delta,delta+sum(angles[0:1]),color="orange")

    wedge2 = Wedge((2,1.9),1,delta+sum(angles[0:1]),delta+sum(angles[0:2]),
facecolor="steelblue",edgecolor="white")

    wedge3 = Wedge((2,1.9),1,delta+sum(angles[0:2]),delta+sum(angles[0:3]),
facecolor="darkred",edgecolor="white")

    wedge4 = Wedge((2,1.9),1,delta+sum(angles[0:3]),delta,facecolor="lightgreen",
edgecolor="white")

    wedges = [wedge1,wedge2,wedge3,wedge4]

    for wedge in wedges:
        ax.add_patch(wedge)


    ax.text(1.7,2.5,"%3.1f%%" % (percents[0]*100),**font_style)
    ax.text(1.2,1.7,"%3.1f%%" % (percents[1]*100),**font_style)
    ax.text(1.7,1.2,"%3.1f%%" % (percents[2]*100),**font_style)
    ax.text(2.5,1.7,"%3.1f%%" % (percents[3]*100),**font_style)

    ax.axis([0,4,0,4])

    plt.show()
```

2. 运行结果（见图 2-7）

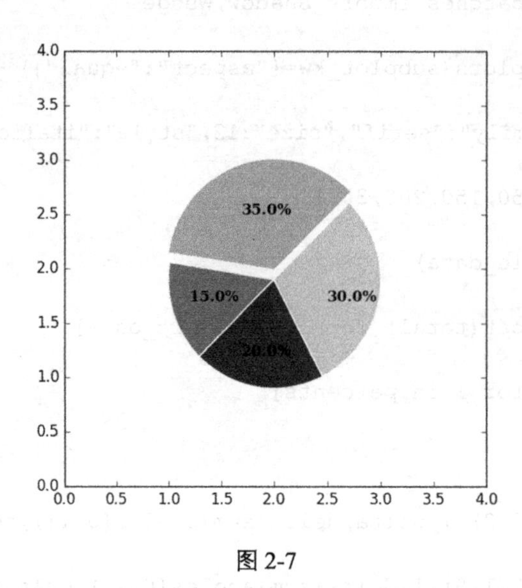

图 2-7

3. 代码精讲

我们通过楔形实现了调用 pie()绘制的饼图效果的目标。

（1）通过推导列表“[i/float(total) for i in sample_data]”获得原始数据 sample_data 的元素比重的列表 percents。

（2）根据推导列表“[360*i for i in percents]”获得元素比重相对应的角度数值列表 angles。

（3）通过类 Wedge 分别实现绘制 4 个楔形的目标，即绘制 4 个饼片。

（4）借助实例方法 add_patch()将楔形实例添加到坐标轴实例 ax 中。

（5）调用实例方法 text()将格式化的字符串添加到楔形上，使用参数 font_style 设置字符串的字体样式等属性值。

2.5.4 使用楔形绘制圆环式饼图

我们可以使用楔形绘制圆环，而且我们知道统计图形中的饼图也有圆环式饼图的展示形式。因此，我们接下来尝试使用楔形绘制圆环式饼图。我们通过具体代码来讲解使用楔形绘制圆环式饼图的实现方法。

1. 代码实现

```
import matplotlib.pyplot as plt
import numpy as np
from matplotlib.patches import Rectangle,Shadow,Wedge
```

```
    fig,ax = plt.subplots(subplot_kw={"aspect":"equal"})

    font_style = {"family":"serif","size":12,"style":"italic","weight":"black"}

    sample_data = [350,150,200,300]

    total = sum(sample_data)

    percents = [i/float(total) for i in sample_data]

    angles = [360*i for i in percents]

    delta = 45

    wedge1 = Wedge((2,1.9),1,delta,delta+sum(angles[0:1]),facecolor="orange",
edgecolor="white",width=0.3)

    wedge2 = Wedge((2,1.9),1,delta+sum(angles[0:1]),delta+sum(angles[0:2]),
facecolor="steelblue",edgecolor="white",width=0.3)

    wedge3 = Wedge((2,1.9),1,delta+sum(angles[0:2]),delta+sum(angles[0:3]),
facecolor="darkred",edgecolor="white",width=0.3)

    wedge4 = Wedge((2,1.9),1,delta+sum(angles[0:3]),delta,facecolor="lightgreen",
edgecolor="white",width=0.3)

    rectangle = Rectangle((3.0,0.0),1.3,1.3,facecolor="w",edgecolor=
"rosybrown")

    rectangle1 = Rectangle((3.2,0.1),0.3,0.2,color="orange")

    rectangle2 = Rectangle((3.2,0.4),0.3,0.2,color="steelblue")

    rectangle3 = Rectangle((3.2,0.7),0.3,0.2,color="darkred")

    rectangle4 = Rectangle((3.2,1.0),0.3,0.2,color="lightgreen")

    wedges = [wedge1,wedge2,wedge3,wedge4,rectangle,rectangle1,rectangle2,
rectangle3,rectangle4]

    for wedge in wedges:
        ax.add_patch(wedge)
```

```
ax.text(3.6,0.1,"%3.1f%%" % (percents[0]*100),**font_style)
ax.text(3.6,0.4,"%3.1f%%" % (percents[1]*100),**font_style)
ax.text(3.6,0.7,"%3.1f%%" % (percents[2]*100),**font_style)
ax.text(3.6,1.0,"%3.1f%%" % (percents[3]*100),**font_style)

ax.axis([0,4.5,-0.5,4])

plt.show()
```

2. 运行结果（见图 2-8）

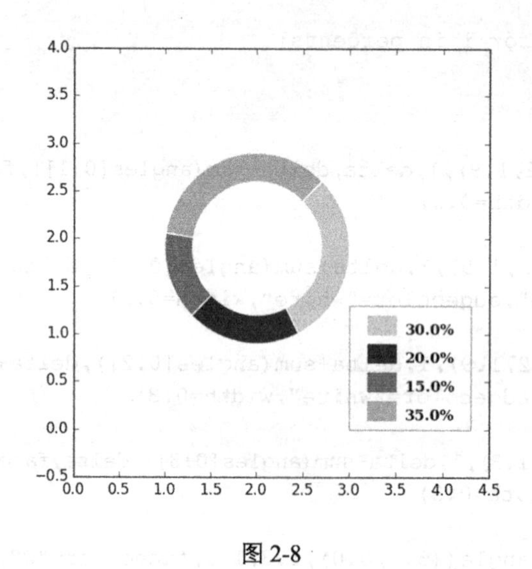

图 2-8

3. 代码精讲

我们可以看到，通过使用楔形完成了绘制圆环式饼图的任务。

（1）使用楔形绘制圆环式饼图的关键在于类 Wedge 中的参数 width。使用参数 width 设置圆环的宽度，楔形的半径是以外圆的半径作为计算标准的，圆环的宽度就是外圆和内圆的半径差值。

（2）使用类 Rectangle 和实例方法 text()绘制图例内容。

第 3 章

组合展示统计图形

将统计图形组合进行综合展示可以从多维度有效地挖掘数据的潜在价值，而且可以更加清晰、直观地揭示数据背后的潜在规律，从而获得更加友好的可视化效果。进行统计图形的组合展示需要用到更多的 Python 数据可视化方面的知识。下面，我们就通过若干专题来探讨这方面的应用案例和相关技术细节。

3.1 机器学习中的判别分析示意图

判别分析就是根据训练样本建立判别函数，借助判别函数对给定的新样本数据做出类别归属的分类预测方法，是机器学习中的经典分类预测方法。同样，我们会通过判别函数对给定的一组新样本做出分类归属的决策。因此，将分类归属结果以可视化形式进行展示就显得特别有意义和重要。下面，我们就通过具体代码来讲解判别分析的分类归属预测的可视化方法。

1. 代码实现

```
import matplotlib.pyplot as plt
import numpy as np
```

```
fig,ax = plt.subplots()

num = 50

# new sample
sample = 10*np.random.rand(num,2)
var1 = sample[:,0]
var2 = sample[:,1]

# threshold value
td = 12

# discriminant function
df = 2*var1+var2

cates11 = np.ma.masked_where(df>=td,var1)
cates12 = np.ma.masked_where(df>=td,var2)

cates21 = np.ma.masked_where(df<=td,var1)
cates22 = np.ma.masked_where(df<=td,var2)

ax.scatter(var1,var2,s=cates11*50,marker="s",c=cates11)
ax.scatter(var1,var2,s=cates21*50,marker="o",c=cates21)

ax.plot(var1,-2*var1+12,lw=1,color="b",alpha=0.65)

ax.axis([-1,11,-1,11])

plt.show()
```

2. 运行结果（见图 3-1）

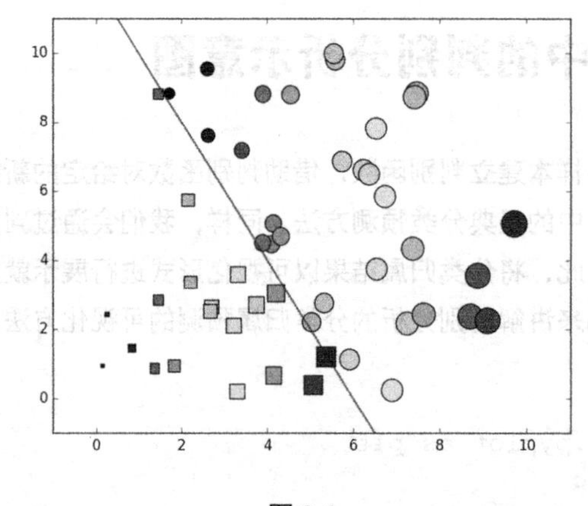

图 3-1

3. 代码精讲

（1）制造新样本数据 sample，样本数据中含有两个影响因素 var1 和 var2。

（2）将判别函数“df = 2*var1+var2”的取值与阈值“td = 12”进行比较，从而判断每个样本点的分类归属。

注意：

要想将判别结果有效地展示出来，需要使用函数 masked_where()进行数据掩饰，进而利用可视化手段将判别后的数据归属有效地展示出来。

函数 masked_where()是 NumPy 包中的 ma 包的函数，调用方法是 numpy.ma.masked_where()。函数 masked_where()的调用签名是 masked_where(condition,a)，其中各参数的含义如下。

- condition：对数组中的数据进行掩饰需要满足的条件。
- a：进行数据掩饰的数组。

因此，当参数 condition 的条件被满足后，就会将数组中相应元素位置的判断结果是“True”的数据进行掩饰。数组中被掩饰的数据依然保留在数组中，只是以“--”形式展示数组中被掩饰的元素，其他不满足条件的元素还以原始数据形式存储在数组中。

（3）通过调用“ax.scatter(var1,var2,s=cates11*50,marker="s",c=cates11)”和“ax.scatter(var1,var2,s=cates21*50,marker="o",c=cates21)”语句，将进行数据掩饰后的数组分别作为参数 s 和 c 的参数值，从而实现新样本 sample 的判别结果的有效展示。

（4）通过调用实例方法 plot()绘制判别函数曲线，同时，调整曲线的透明度。

3.2 日期型时间序列图

一般而言，我们绘制时间序列图都是将日期类型的数据放在 x 轴上进行展示，将对应日期下的数据放在 y 轴上进行展示的。因此，对于 matplotlib 库来讲，日期型时间序列图的绘制既可以调用模块 pyplot 的 API 函数 plot_date()，也可以调用实例方法 plot_date()。

下面，我们就介绍使用实例方法 plot_date()绘制日期型时间序列图的实现方法。

1. 代码实现

```
import datetime
import matplotlib.pyplot as plt
import matplotlib.dates as mdates
import numpy as np

fig,ax = plt.subplots()

months = mdates.MonthLocator() # a Locator instance
```

```
    dateFmt = mdates.DateFormatter("%m/%d/%y")  # a Formatter instance

    # format the ticks
    ax.xaxis.set_major_formatter(dateFmt)
    ax.xaxis.set_minor_locator(months)
    # set appearance parameters for ticks,ticklabels,and gridlines
    ax.tick_params(axis="both",direction="out",labelsize=10)

    date1 = datetime.date(2008, 4, 17)
    date2 = datetime.date(2017, 5, 4)
    delta = datetime.timedelta(days=5)
    dates = mdates.drange(date1, date2, delta)

    y = np.random.normal(100,15,len(dates))

    ax.plot_date(dates,y,"b-",alpha=0.7)

    fig.autofmt_xdate()

    plt.show()
```

2. 运行结果（见图 3-2）

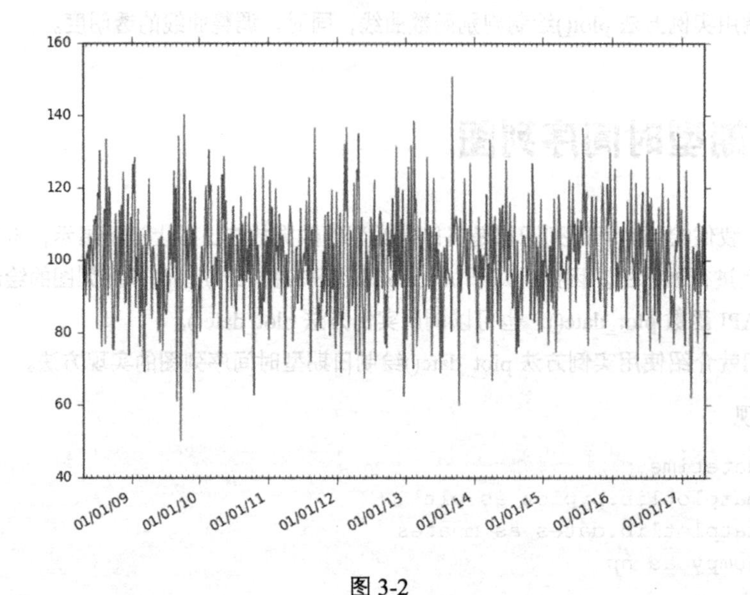

图 3-2

3. 代码精讲

因为我们需要绘制日期型时间序列图，所以我们导入内置模块 datetime 和 matplotlib 中的模块

dates。

（1）调用“mdates.MonthLocator()”语句，获得日期刻度定位器中的类 MonthLocator 的 Locator 实例，赋值给变量 months。

（2）调用“mdates.DateFormatter("%m/%d/%y")”语句，返回值是日期刻度格式器里的类 DateFormatter 的 Formatter 实例，传给变量 dateFmt。

（3）分别调用“ax.xaxis.set_major_formatter(dateFmt)”和“ax.xaxis.set_minor_locator(months)”语句，设置主刻度线的刻度标签的样式和次要刻度线的位置。

（4）调用“ax.tick_params(axis="both",direction="out",labelsize=10)”语句，设置刻度线相对轴脊的内外位置和刻度标签的大小。

（5）调用函数 drange()，返回值是按照起止日期和日期间隔参数计算的日期范围数组，其中，开始日期 date1 和结束日期 date2 都是类 date 的实例，日期间隔 delta 是类 timedelta 的实例。

（6）调用实例方法 plot_date()绘制日期型时间序列折线图，其中的参数含义如下。

- dates：如果参数 xdate 的取值是 True，dates 就被理解成 matplotlib 的日期。
- y：对应 dates 的 y 轴数值。
- "b-"：折线图的线条样式和颜色。
- xdate：参数 xdate 的默认取值是 True，x 轴会被理解成 matplotlib 的日期。
- alpha：设置线条的颜色透明度。

（7）在“代码实现”的最后部分，调用实例方法 autofmt_xdate()完成调整底部子区 x 轴的刻度标签的旋转角度和子区边缘距离画布底端的距离等任务。

3.3 向直方图中添加概率密度曲线

我们可以单独使用直方图来描述定量数据的分布特征。如果给直方图添加一条概率密度曲线，就会更加明显地刻画定量数据的分布特征。

下面，我们就通过具体代码来展示绘制概率密度曲线的实现方法。

1. 代码实现

```
# -*- coding:utf-8 -*-

import matplotlib as mpl
import matplotlib.pyplot as plt
import numpy as np

mpl.rcParams["font.sans-serif"]=["FangSong"]
mpl.rcParams["axes.unicode_minus"]=False
```

```
mu = 60.0
sigma = 2.0
x = mu+sigma*np.random.randn(500)

bins = 50

fig,ax = plt.subplots(1,1)

n,bins,patches = ax.hist(x,
                         bins,
                         normed=True,
                         histtype="bar",
                         facecolor="cornflowerblue",
                         edgecolor="white",
                         alpha=0.75)

y = ((1/(np.power(2*np.pi,0.5)*sigma))*
     np.exp(-0.5*np.power((bins-mu)/sigma,2)))

ax.plot(bins,y,color="orange",ls="--",lw=2)

ax.grid(ls=":",lw=1,color="gray",alpha=0.2)

ax.text(54,0.2,
     r"$y=\frac{1}{\sigma\sqrt{2\pi}}e^{-\frac{(x-\mu)^2}{2\sigma^2}}$",
     {"color": "r", "fontsize": 20})

ax.set_xlabel("体重")
ax.set_ylabel("概率密度")
ax.set_title(r"体重的直方图: $\mu=60.0$, $\sigma=2.0$",fontsize=16)

plt.show()
```

2. 运行结果（见图 3-3）

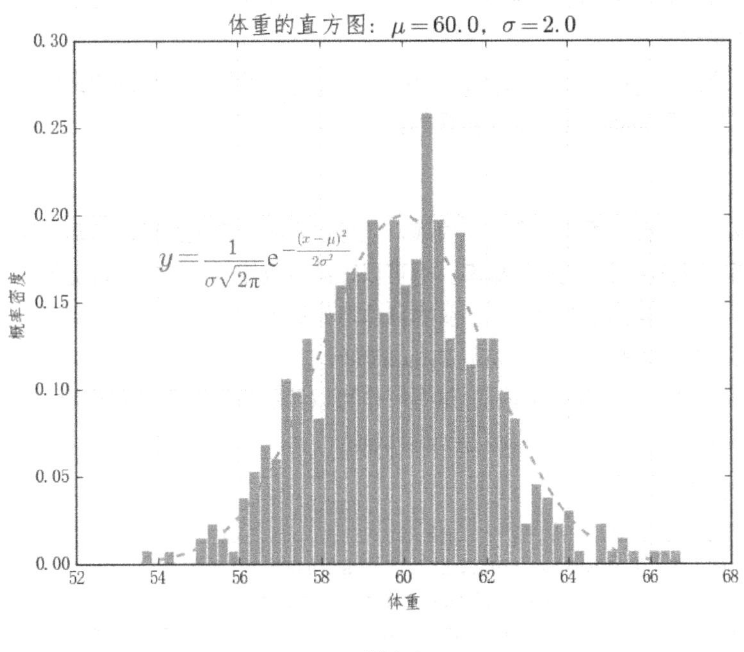

图 3-3

3. 代码精讲

（1）通过调用“mpl.rcParams["font.sans-serif"]=["FangSong"]”语句，设置中文字体类型是“仿宋”。

（2）调用实例方法 hist()绘制直方图，同时将返回值分别赋给变量 n、bins 和 patches。

注意：

实例方法中的参数normed用来设置y轴是否用概率密度表示数据的分布特征。在matplotlib 2.0.0及以上版本中，参数 normed 已经换成了 density，如果同时使用这两个参数，那么执行结果会报错。

（3）通过调用“np.random.randn(500)”语句，我们获得的是样本容量为 500 的标准正态分布的样本，也就是说，正态分布经过标准化后服从标准正态分布，即均值是 1、标准差是 0 的正态分布。需要补充的是，标准化公式是$\tilde{X}=(X-\mu)/\sigma$，如果$X\sim N(\mu,\sigma^2)$，那么经过标准化后就有$\tilde{X}\sim N(1,0)$。因此，我们使用公式$X=\mu+\sigma\tilde{X}$，获得样本容量是 500、均值是 60、标准差是 2 的正态分布的样本，即数组 x。

（4）设置箱体的数量为 50。

（5）通过调用“y = ((1/(np.power(2*np.pi,0.5)*sigma))*np.exp(-0.5*np.power((bins-mu)/sigma,2)))”语句，计算箱体的边界值数组 bins 的概率密度值。然后通过调用实例方法 plot()绘制关于 bins 和 y 的

折线图，即概率密度曲线。

（6）使用实例方法 text()向绘图区域添加文本，文本内容通过“r"$...$"”格式进行文本渲染，即使用 mathtext 方法实现文本渲染。

（7）使用实例方法 set_xlabel()、set_ylabel()和 set_title()向绘图区域添加中文内容，其中绘图区域的标题内容依然是使用 mathtext 方法来实现的。

4. 内容补充

我们不仅可以向直方图中添加概率密度曲线，还可以在概率密度曲线的基础上绘制积分区域，用来表示数值在指定积分区域上的取值概率，也可以理解成数值落在指定区域上的可能程度。为了阐述问题的方便，我们将与图 3-3 相对应的脚本称作原始脚本。这样，为了绘制积分区域和添加积分表达式，我们可以向原始脚本中添加以下 Python 代码。

（1）导入模块 patches 中的类 Polygon，这是一个可以绘制不规则多边形的类。

```
from matplotlib.patches import Polygon
```

（2）设置积分区域。

```
integ_x = np.linspace(mu-2*sigma,mu+2*sigma,1000)
integ_y = ((1/(np.power(2*np.pi,0.5)*sigma))*
      np.exp(-0.5*np.power((integ_x-mu)/sigma,2)))
area = [(mu-2*sigma,0),*zip(integ_x,integ_y),(mu+2*sigma,0)]
```

（3）绘制积分区域，其中，参数 closed 的取值表示不会将不规则多边形设置成封闭图形。也就是说，不规则多边形的起点和终点是不会重合的。

```
poly = Polygon(area,facecolor="gray",edgecolor="k",alpha=0.6,closed=False)
ax.add_patch(poly)
```

（4）添加无指示注解，注解内容是积分表达式。

```
plt.text(0.45,0.2,
         r"$\int_{\mu-2\sigma}^{\mu+2\sigma} y\mathrm{d}x$",
         fontsize=20,
         transform=ax.transAxes)
```

（5）通过向原始脚本中添加上面的 Python 代码，运行修改后的脚本，可以获得如图 3-4 所示的运行结果。

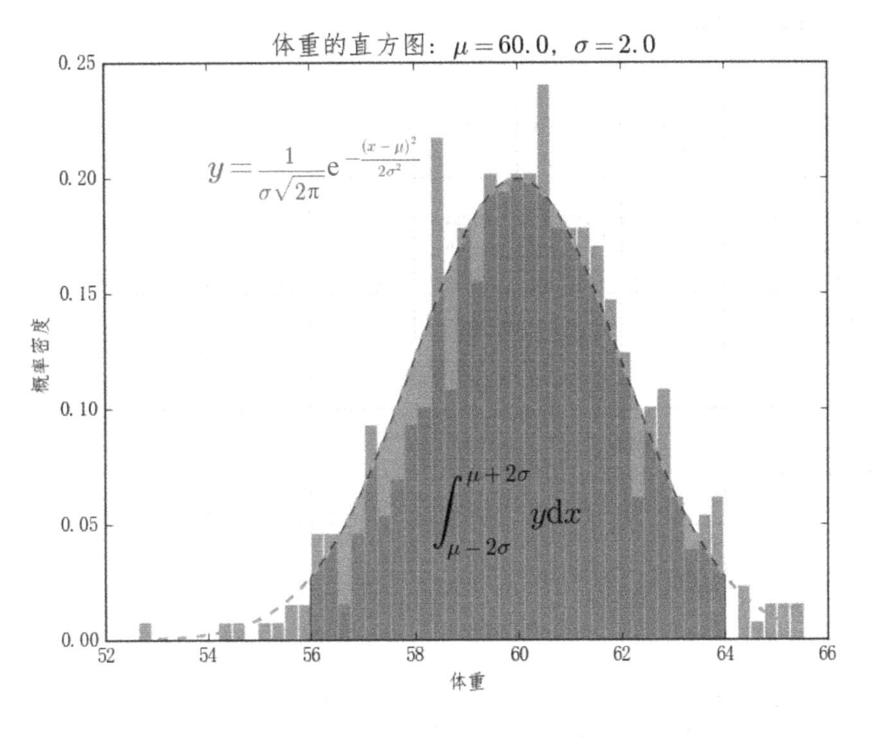

图 3-4

3.4 绘图区域嵌套子绘图区域

在一般情况下，我们不仅可以在一个绘图区域上进行数据可视化实践，还可以在一个绘图区域上嵌套子绘图区域，从而实现画布上的绘图区域的复合展示。下面，我们就通过嵌套直方图和分布函数曲线等图形，具体讲解绘图区域的嵌套的实现方法。

1. 代码实现

```
import matplotlib.pyplot as plt
import numpy as np

mu = 75.0
sigma = 15.0
bins = 20
x = np.linspace(1,100,200)
y = np.random.normal(mu,sigma,200)
```

```
    fig,ax = plt.subplots()

    # the main axes
    ax.plot(x,y,ls="-",lw=2,color="steelblue")
    ax.set_ylim(10,170)

    # this is an inset axes over the main axes
    plt.axes([0.2,0.6,0.2,0.2],axisbg="k")
    count,bins,patches = plt.hist(y,bins,color="cornflowerblue")
    plt.ylim(0,28)
    plt.xticks([])
    plt.yticks([])

    # this is an inset axes over the inset axes
    plt.axes([0.21,0.72,0.05,0.05])
    y1 = (1/(sigma * np.sqrt(2 * np.pi))) * np.exp( - (bins - mu)**2 / (2 *
sigma**2))
    plt.plot(bins,y1,ls="-",color="r")
    plt.xticks([])
    plt.yticks([])

    # this is another inset axes over the main axes
    plt.axes([0.65,0.6,0.2,0.2],axisbg="k")
    count,bins,patches = plt.hist(y,bins,color="cornflowerblue",normed=True,
cumulative=True,histtype="step")
    plt.ylim(0,1.0)
    plt.xticks([])
    plt.yticks([])

    # this is another inset axes over another inset axes
    plt.axes([0.66,0.72,0.05,0.05])
    y2 = (1/(sigma * np.sqrt(2 * np.pi))) * np.exp( - (bins - mu)**2 / (2 *
sigma**2))
    y2 = y2.cumsum()
    y2 = y2/y2[-1]
    plt.plot(bins,y2,ls="-",color="r")
    plt.xticks([])
    plt.yticks([])

    plt.show()
```

2. 运行结果（见图 3-5）

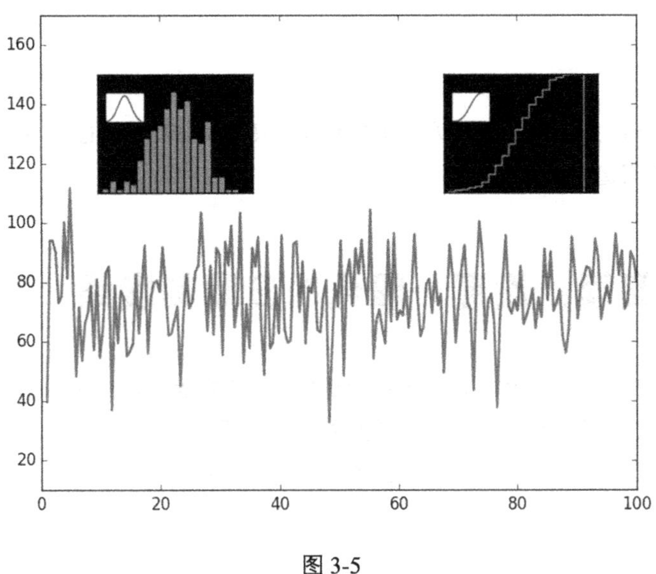

图 3-5

3. 代码精讲

（1）通过调用“ax.plot(x,y,ls="-",lw=2,color="steelblue")”语句，绘制主绘图区域的折线图。其中，参数 y 是样本容量为 200、均值为 75 和标准差为 15 的正态分布的数组。

（2）需要在主绘图区域嵌套第一个子绘图区域。具体而言，通过调用“plt.axes([0.2,0.6,0.2,0.2],axisbg="k")”语句实现子绘图区域的嵌套目标。函数 axes([0.2,0.6,0.2,0.2],axisbg="k") 中的参数“[0.2,0.6,0.2,0.2]”表示主绘图区域的坐标轴经过归一化到 0~1 之间后的子绘图区域的位置和大小，即[left,bottom,width,height]；参数 axisbg 用来设置子绘图区域的背景颜色，默认颜色是白色。根据“[0.2,0.6,0.2,0.2]”绘制子绘图区域上的直方图“plt.hist(y,bins,color="cornflowerblue")”。

（3）在子绘图区域的基础上，调用“plt.axes([0.21,0.72,0.05,0.05])”语句，继续绘制子绘图区域，实现子绘图区域的嵌套目标。

（4）在这个嵌套的子绘图区域上，调用“plt.plot(bins,y1,ls="-",color="r")”语句，绘制概率密度曲线。同时，调用“plt.xticks([])”和“plt.yticks([])”语句，将坐标轴的刻度线去掉。

同理，分别调用“plt.axes([0.65,0.6,0.2,0.2],axisbg="k")”和“plt.axes([0.66,0.72,0.05,0.05])”语句，绘制另外两个子绘图区域，完成子绘图区域的连续嵌套的任务。

（5）在这两个子绘图区域上，使用“plt.hist(y,bins,color="cornflowerblue",normed=True,cumulative=True,histtype="step")”语句绘制累积阶梯形直方图，使用“plt.plot(bins,y2,ls="-",color="r")”语句绘制分布函数曲线。

因此，“代码实现”部分的整体思路是：先在主绘图区域上嵌套子绘图区域，再在子绘图区域上嵌套更小的子绘图区域，从而分别在各自的绘图区域上绘制统计图形，完成统计图形的组合展示的工作。

4. 内容补充

对于使用 matplotlib 2.0.0 及以上版本的读者而言，只需要将参数 axisbg 换成 facecolor，就可以正常地执行脚本，获得运行结果。

3.5 延伸阅读：设置一般化的日期刻度线

我们已经讲解过有关日期型时间序列图的绘制方法。如果我们尝试将 x 轴的刻度线的日期间隔调整为定制化的模式，就需要使用 rrule 刻度定位器完成一般化的日期刻度线的设置任务。下面，我们就看看如何通过具体代码来实现 rrule 刻度定位器的应用功能。

1. 代码实现

```
import datetime
import matplotlib.pyplot as plt
import matplotlib.dates as mdates
import numpy as np

fig,ax = plt.subplots()

# tick every 5th easter
rule = mdates.rrulewrapper(mdates.YEARLY,byeaster=0,interval=2)
loc = mdates.RRuleLocator(rule)  # a Locator instance

dateFmt = mdates.DateFormatter("%m/%d/%y")  # a Formatter instance

# format the ticks
ax.xaxis.set_major_locator(loc)
ax.xaxis.set_major_formatter(dateFmt)

# set appearance parameters for ticks,ticklabels,and gridlines
ax.tick_params(axis="both",direction="out",labelsize=10)

date1 = datetime.date(2004, 5, 17)
date2 = datetime.date(2016, 6, 4)
delta = datetime.timedelta(days=5)
dates = mdates.drange(date1, date2, delta)
```

```
y = np.random.normal(120,12,len(dates))

ax.plot_date(dates,y,"b-",alpha=0.7)

fig.autofmt_xdate()

plt.show()
```

2. 运行结果（见图 3-6）

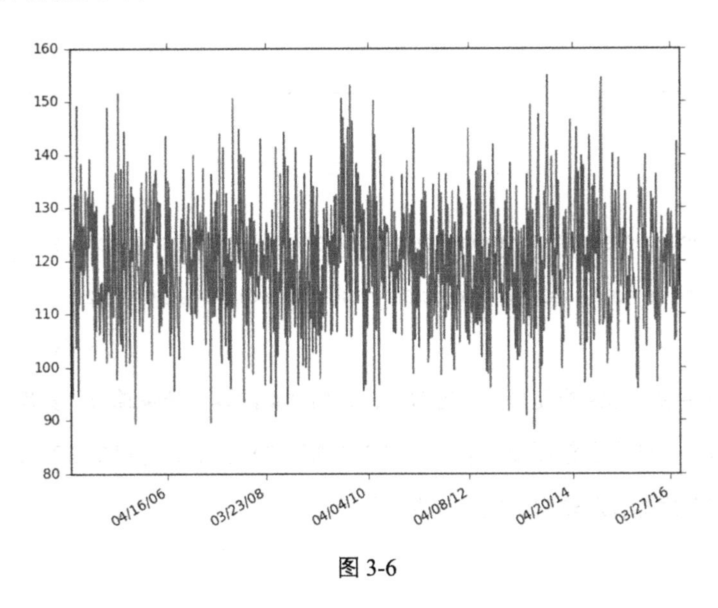

图 3-6

3. 代码精讲

（1）使用 matplotlib.dates.rrulewrapper，rrulewrapper 是基于 dateutil 包中的模块 rrule 里的类 rrule 构建的一个简单包装器，可以实现任意刻度线的定制化的目标。

类 rrule 的构造函数的参数含义如下。

- freq：可以取值 YEARLY、MONTHLY、WEEKLY、DAILY、HOURLY、MINUTELY 或 SECONDLY，其中，YEARLY 的取值是 0。
- interval：每个 freq 下的间隔区间。如果使用 freq 中的 YEARLY，interval 的取值是 2，就表示以每两年作为年份的间隔区间。
- byeaster：复活节（周日）的滞后天数。如果传递参数值 0，就会产生复活节（周日）当天的日期。

（2）类 RRuleLocator 是使用包装器 rrulewrapper 的日期刻度定位器。将实例 loc 作为参数代入“ax.xaxis.set_major_locator(loc)”语句中，实现设置 x 轴的主刻度线位置的任务。

（3）关于“代码实现”部分里的其他代码的具体含义和用法，这里就不再阐述了。

第 2 篇

元素

You can achieve simplicity in the design of effective charts, graphs and tables by remembering three fundamental principles: restrain, reduce, emphasize.

——Garr Reynolds

本篇主要讲解图形组成元素的设置方法，包括文本内容、计量单位、刻度线、刻度标签和轴脊等，具体内容包括设置文本内容的样式和布局，调整计量单位和计量方法，调整刻度线和刻度标签及轴脊的展示效果。

第4章

设置文本内容的样式和布局

在数据可视化的实践过程中，文本是与数据紧密结合的一部分，甚至可以将数据理解成一种广义上的文本。因此，文本内容的展示效果直接影响数据可视化的质量。探讨文本内容的展示效果具有很强的应用和实践价值。文本内容的展示效果主要受文本内容的样式和布局两方面的影响。本章主要讲解文本注解、文本框和文本注释箭头的样式，以及文本内容的布局等内容。对于文本内容的布局而言，将详细讲解文本自动换行、旋转角度、旋转模式和对齐方式等细化内容，有利于读者在日常实践过程中，结合自身的切实需求，有的放矢地改善文本内容的展示效果，提高完成数据可视化任务的效率和质量。

4.1 文本注解的展示样式

为了清楚地注释图表中的内容，我们会向图表中的指定位置添加文本注解，用以强调或解释需要重点显示的图形内容，从而使得图形可以更好地呈现数据中所蕴含的关键信息。因此，为了使得文本注解可视化效果更加理想，文本注解的展示样式就是需要重点关注的可视化内容。下面，我们就从文本框的样式和文本注释箭头的样式两方面，通过具体代码来阐述其实现方法和操作细节。

4.1.1 文本框的样式

为了使文本注释内容更加清晰和醒目，我们可以在文本注释内容的外面添加文本框。因此，文本框的样式就会直接影响文本注解的显示效果。下面，我们具体看看文本框都有哪些主要的展示样式。

1. 代码实现

```
import matplotlib.patches as patches
import matplotlib.pyplot as plt

fig = plt.figure(1, figsize=(8,9), dpi=72)
fontsize = 0.5*fig.dpi

# subplot(111)
ax = fig.add_subplot(1,1,1,frameon=False,xticks=[],yticks=[])

boxStyles = patches.BoxStyle.get_styles()
boxStyleNames = list(boxStyles.keys())
boxStyleNames.sort()

for i,name in enumerate(boxStyleNames):
        ax.text(float(i+0.5)/len(boxStyleNames),
                    (float(len(boxStyleNames))-0.5-i)/len(boxStyleNames),
                    name,
                    ha="center",
                    size=fontsize,
                    transform=ax.transAxes,
                    bbox=dict(boxstyle=name,fc="w",ec="k"))

plt.show()
```

2. 运行结果（见图 4-1）

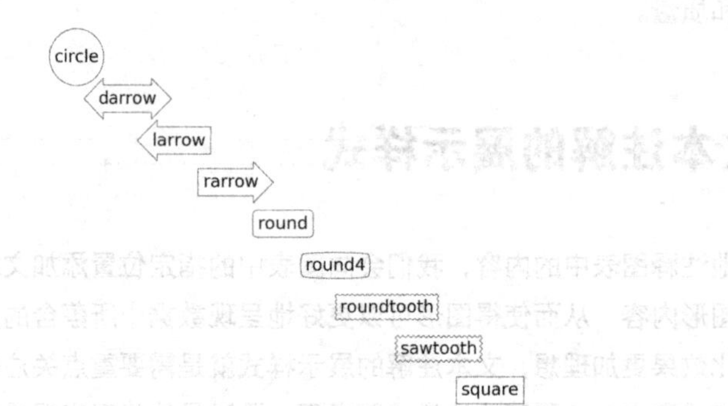

图 4-1

3. 代码精讲

（1）通过调用“plt.figure(1, figsize=(8,9), dpi=72)”语句，获得 Figure 实例 fig。其中，参数 figsize 用于设置画布尺寸，参数 dpi 用于控制单位尺寸内的点数。

（2）变量 fontsize 用于存储文本的字体大小。

（3）向画布对象 fig 添加子区获得返回值 ax，通过参数 frameon 控制坐标轴的轴脊（坐标轴上的刻度标签和刻度线的载体）的显示状态，参数 xticks 和 yticks 是 Axes 的属性。

（4）通过调用“patches.BoxStyle.get_styles()”语句，即调用类 BoxStyle 中的类方法 get_styles()，获得的返回值是可以使用的文本框样式的字典，其中键是文本框样式的名字。

（5）使用 for 循环语句，向坐标轴内迭代添加带文本框的文本内容。实现文本框的重要参数是 bbox。参数 bbox 接收字典作为参数值，字典的键 boxstyle 对应的键值 name 就是文本框样式的名称。参数 transform 的作用就是使用指定的坐标系统计算无指示注解的位置。换句话讲，“ax.transAxes”就是使用归一化到 0~1 之间的浮点数的数值控制文本在 Axes 坐标系统上的位置，例如，0 和 0 表示坐标轴的左下角，1 和 1 表示坐标轴的右上角。

4. 内容补充

在 Python 3.x 中，使用字典 boxStyles 的方法 keys()，也就是通过“boxStyles.keys()”语句，获得的返回值是可迭代对象，而不是列表。在 Python 3.x 中，可以通过内置函数 list()将可迭代对象转化成列表，也就是通过“list(boxStyles.keys())”语句，将可迭代对象“boxStyles.keys()”转化成列表 boxStyleNames。

4.1.2　文本注释箭头的样式

我们向绘图区域中添加有指示的注解，通常是用箭头等图形作为注释点和注释内容的连接桥梁的，即用箭头作为注释点和注释内容点的连线。箭头的绘制和样式可以通过指定参数 arrowprops 的取值来实现。作为“连接桥梁”的箭头有很多种展现样式，我们通过具体代码来探索这些展现样式的实现方法。

1. 代码实现

```
import matplotlib.patches as patches
import matplotlib.pyplot as plt

fig = plt.figure(1, figsize=(8,9), dpi=72)
fontsize = 0.4*fig.dpi

# subplot(111)
ax = fig.add_subplot(1,1,1,frameon=False)
```

```
    arrowStyles = patches.ArrowStyle.get_styles()
    arrowStyleNames = list(arrowStyles.keys())
    arrowStyleNames.sort()

    ax.set_xlim(0,len(arrowStyleNames)+2.5)
    ax.set_ylim(-2,len(arrowStyleNames))

    for i,name in enumerate(arrowStyleNames):
        p = patches.Circle((float(len(arrowStyleNames))+1.2-i, float(len
        (arrowStyleNames))-2.8-i),
                   0.2,color="steelblue",alpha=1.0)
        ax.add_patch(p)
        ax.annotate(name,
                (float(len(arrowStyleNames))+1.2-i,float(len(arrowStyleNames))
                -2.8-i),
                (float(len(arrowStyleNames))-1-i,float(len(arrowStyleNames))
                -3-i),
                xycoords="data",
                ha="center",
                size=fontsize,
                arrowprops=dict(arrowstyle=name,
                        facecolor="k",
                        edgecolor="k",
                        patchB=p,
                        shrinkA=5,
                        shrinkB=5,
                        connectionstyle="arc3"),
                bbox=dict(boxstyle="round",fc="w",ec="k"))

    ax.xaxis.set_visible(False)  # ax.set_xticks([])
    ax.yaxis.set_visible(False)  # ax.set_yticks([])

    plt.show()
```

2. 运行结果（见图 4-2）

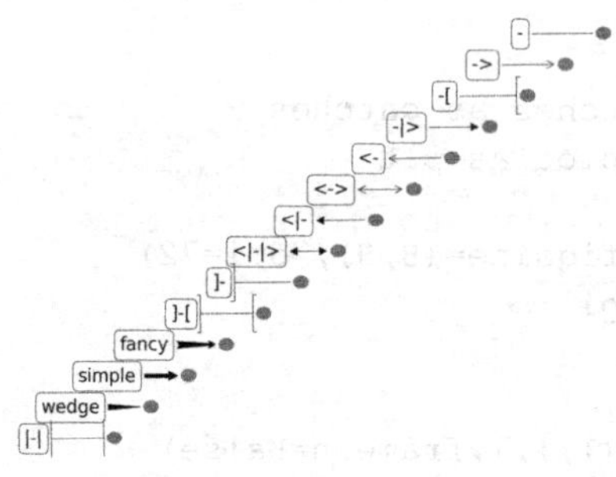

图 4-2

3. 代码精讲

（1）通过调用“plt.figure(1, figsize=(8,9), dpi=72)”语句，获得 Figure 实例 fig。其中，参数 figsize 用于设置画布尺寸，参数 dpi 用于控制单位尺寸内的点数。

（2）变量 fontsize 用于存储文本的字体大小。

（3）向画布对象 fig 添加子区 add_subplot()进而获得返回值 ax，通过参数 frameon 控制坐标轴的框架的显示状态，即 4 条坐标轴上面的刻度标签和刻度线的载体（轴脊）的显示情况。

（4）通过调用“patches.ArrowStyle.get_styles()”语句，即调用类 ArrowStyle 中的类方法 get_styles()，获得的返回值是可以应用的箭头样式的字典，其中键是箭头样式的名字。

（5）利用 for 循环，调用实例方法 annotate()向坐标轴内迭代添加有指示的注解，注释点就是添加到坐标轴 ax 中的圆形补片 p，注释内容就是箭头样式的名称，其中，参数 arrowprops 接收字典参数值。具体而言，字典中的键 arrowstyle 的键值是箭头样式的名称，箭头填充颜色及轮廓颜色分别通过键 facecolor 和 edgecolor 进行设定，键 shrinkA 用来控制箭头的起始端和注释内容的文本框的间隔距离，键 shrinkB 用来控制箭头的终止端和注释点补片 p 的轮廓线的间隔距离，参数 patchB 用来指定注释点补片名称，键 connectionstyle 可以设置连接风格。实现文本框的参数是 bbox，它接收字典作为参数值，字典的键 boxstyle 对应的键值“round”就是文本框样式的名称，即圆角文本框；键 fc 和 ec 分别是键 facecolor 和 edgecolor 的简写形式，可以分别设置文本框的填充颜色和线条颜色。由此，我们可以知道，实例方法 text()和 annotate()都可以使用参数 bbox 设置文本框的样式。

4. 内容补充

在 Python 3.x 中，使用字典 arrowStyles 的方法 keys()，也就是通过“arrowStyles.keys()”语句，获得的返回值是可迭代对象，而不是列表。在 Python 3.x 中，可以通过内置函数 list()将可迭代对象转化成列表，也就是通过“list(arrowStyles.keys())”语句，将可迭代对象“arrowStyles.keys()”转化成列表 arrowStyleNames。

4.2 文本内容的布局

文本内容的布局主要涉及文本内容的对齐方式、文本内容的旋转和换行等方面的内容。文本内容的对齐方式分为水平对齐和垂直对齐两种方式。在实例方法 text()中，这两种对齐方式的参数分别是 horizontalalignment 和 verticalalignment，简写方式分别是 ha 和 va。参数 ha 的取值包括“center”“right”“left”。参数 va 的取值主要有“top”“bottom”“center”。文本内容的旋转主要是通过参数 rotation 加以控制的，正、负参数值分别表示从水平右侧方向起始以逆时针方向旋转的角度大小和从水平右侧方向起始以顺时针方向旋转的角度大小，即角度是相对于屏幕坐标系统（坐标轴的刻度线变化量相同的坐标系统）而言的，例如，旋转图形中的文本 45° 就意味着沿一条介于水平方向和垂直方向之间的直线逆时针划过的度数。文本换行主要是通过文本内容中的“\n”字符串实现的。下面，我们就以具体代码为例，详细讲解这三方面内容的实现方法和可视化效果。

1. 代码实现

```
import matplotlib.pyplot as plt
from matplotlib.patches import Rectangle

fig = plt.figure(1,figsize=(8,8),dpi=80,facecolor="w")
fontsize = 0.3*fig.dpi
font_style = {"family":"sans-serif","fontsize":fontsize,"weight":"black"}

# add axes in axis coords
ax = fig.add_axes([0.0,0.0,1.0,1.0],axisbg="gold")

left = 0.2
bottom = 0.2
right = 0.8
top = 0.8
width = right-left
height = top-bottom

# add a rectangle in axis coords
rect = Rectangle((left,bottom),
                 width,
                 height,
                 transform=ax.transAxes,
                 facecolor="w",
                 edgecolor="k")

ax.add_patch(rect)

# add text in axis coords
# left-bottom
ax.text(left,
        bottom,"left bottom",
        ha="left",
        va="bottom",
        transform=ax.transAxes,
        **font_style)

# left-top
ax.text(left,
        bottom,"left top",
        ha="left",
```

```
            va="top",
            transform=ax.transAxes,
            **font_style)

# right-bottom
ax.text(right,
            top,"right bottom",
            ha="right",
            va="bottom",
            transform=ax.transAxes,
            **font_style)

# right-top
ax.text(right,
            top,"right top",
            ha="right",
            va="top",
            transform=ax.transAxes,
            **font_style)

# center-top
ax.text(right,
            bottom,"center top",
            ha="center",
            va="top",
            transform=ax.transAxes,
            **font_style)

# center-bottom
ax.text(right,
            bottom,"center bottom",
            ha="center",
            va="bottom",
            transform=ax.transAxes,
            **font_style)

# left-center
ax.text(left,
            top,"left center",
            ha="left",
            va="center",
            transform=ax.transAxes,
            **font_style)
```

```
# right-center
ax.text(right,
            0.5,"right center",
            ha="right",
            va="center",
            transform=ax.transAxes,
            rotation=90,
            **font_style)

# center-center
ax.text(left,
            0.5,"center center",
            ha="center",
            va="center",
            transform=ax.transAxes,
            rotation=90,
            **font_style)

# middle
ax.text(0.5,
            0.5,"middle",
            ha="center",
            va="center",
            transform=ax.transAxes,
            color="r",
            **font_style)

# rotated center-center
# left-center
ax.text(left*0.7,
            top+0.05,"rotated\ncenter center",
            ha="center",
            va="center",
            transform=ax.transAxes,
            rotation=45,
            **font_style)

plt.show()
```

2. 运行结果（见图 4-3）

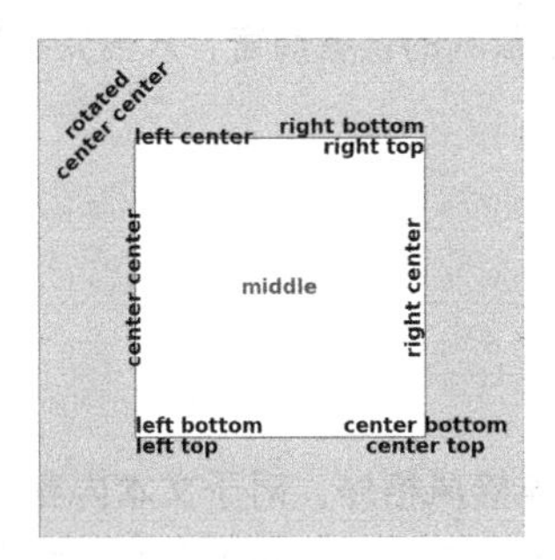

图 4-3

3. 代码精讲

（1）调用函数 figure()生成一个正方形、80 像素分辨率和白色背景色的画布对象 fig。

（2）设置文本的字体样式内容：字体大小 fontsize、字体类型 family、字体粗细 weight。

（3）调用实例方法 add_axes()向画布对象 fig 添加坐标轴，生成背景色是金黄色的坐标轴实例 ax。实例方法 add_axes()中的参数“[0.0,0.0,1.0,1.0]”表示画布的宽和高归一化到 0~1 之间的浮点数的列表[left,bottom,width,height]，其中，left 和 bottom 分别表示坐标轴左侧距离画布左侧的距离和坐标轴底部距离画布底部的距离，width 和 height 分别表示坐标轴的宽度和高度。因此，坐标轴位于画布的左下角，而且同画布的宽度和高度一致。

（4）在完成了这些基础的工作之后，我们就可以开始设置文本内容的布局了。

（5）为了清楚地展示文本内容的布局的可视化效果，我们需要向坐标轴中添加一个矩形补片 rect，这是通过调用实例方法 add_patch()实现的。而且，补片 rect 的位置和形状是按照 Axes 坐标系统进行设置的。

（6）通过调用“ax.text(left,bottom,"left bottom",ha="left",va="bottom",transform=ax.transAxes,**font_style)”语句，完成文本内容“left bottom”的对齐方式的设置工作。由此可知，参数 ha 取值“left”会将文本内容的左边界放在补片 rect 的矩形左边框一边，参数 va 取值“bottom”会将文本内容的下边界放在补片 rect 的矩形底边框上。

（7）同理，如果参数 ha 取值“right”，就意味着将文本内容的右边框放在矩形左边框一侧；参数 va 取值“top”，就会将文本内容的上边框放在矩形底边框下侧。

（8）参数 ha 和 va 取值“center”的展示效果是文本内容的中间位置放在矩形边框的中点上。

（9）关于参数 rotation 的取值的展示效果，我们可以观察到文本内容逆时针旋转 45° 的“rotated\ncenter center”、逆时针旋转 90° 的“right center”及逆时针旋转 90° 的“center center”的可视化效果。同时，这些旋转角度的文本内容都是首先旋转指定的角度，然后依据指定的对齐方式进行位置设定的。

4. 内容补充

对于使用 matplotlib 2.0.0 及以上版本的读者而言，只需要将参数 axisbg 换成 facecolor，就可以正常地执行脚本，获得运行结果。

4.3 延伸阅读

除进一步探讨文本注释箭头的连接风格外，对于文本内容的布局而言，我们还要介绍一些细化内容：文本内容的旋转主要有文本内容的旋转角度和文本内容的旋转模式；文本内容的换行存在文本内容的自动换行；还有多行文本的对齐方式。下面，我们就详细讲解这些文本细化内容的实现方法。

4.3.1 文本自动换行

文本自动换行通常是与文本内容的对齐方式配合使用的。所谓文本自动换行，就是按照文本对齐方式，将多行文本以对齐方式的参考线为基线，进行文本自动截断的设置效果。下面，我们通过 Python 代码来学习文本自动换行的相关技术。

1. 代码实现

```
import matplotlib.pyplot as plt
from matplotlib.patches import Rectangle

fig = plt.figure(1,figsize=(8,8),dpi=80,facecolor="w")

# add axes in axis coords
ax = fig.add_axes([0.0,0.0,1.0,1.0],axisbg="gold")

left = 0.2
bottom = 0.2
right = 0.8
top = 0.8
width = right-left
height = top-bottom

the_Zen_of_Python = """
Explicit is better than implicit.Complex is better than complicated.
"""

# add a rectangle in axis coords
```

```
rect = Rectangle((left,bottom),
                 width,
                 height,
                 transform=ax.transAxes,
                 facecolor="w",
                 edgecolor="k")

ax.add_patch(rect)

ax.text(0.5,1,
        the_Zen_of_Python,
        transform=ax.transAxes,
        fontsize=18,
        weight="black",
        ha="center",
        va="top",
        wrap=True)

ax.text(0.5*width,
        0.5,
        the_Zen_of_Python,
        transform=ax.transAxes,
        ha="right",
        rotation=20,
        fontsize=10,
        style="italic",
        family="monospace",
        weight="black",
        wrap=True)

ax.text(left,
        bottom,
        the_Zen_of_Python,
        transform=ax.transAxes,
        ha="left",
        rotation=-15,
        fontsize=15,
        style="oblique",
        family="serif",
        weight="bold",
        wrap=True)

ax.text(width,
        0.5*height,
```

```
                the_Zen_of_Python,
                transform=ax.transAxes,
                ha="left",
                rotation=15,
                fontsize=22,
                style="normal",
                family="sans-serif",
                wrap=True)

plt.show()
```

2. 运行结果（见图 4-4）

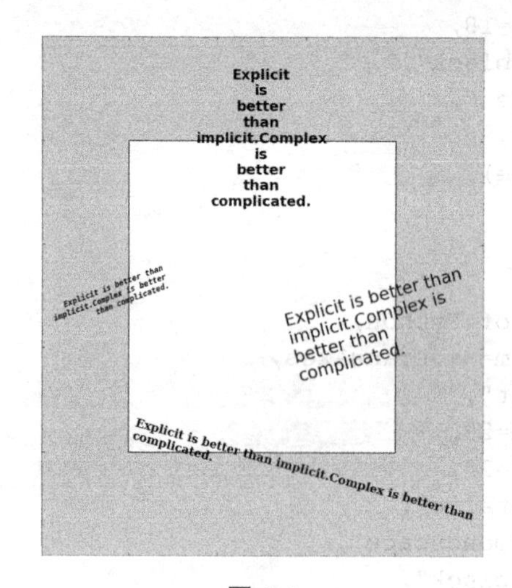

图 4-4

3. 代码精讲

（1）我们来看矩形补片的上方的文本内容的布局，参数 ha 的取值是“center”，控制文本自动换行的参数是 wrap。因此，文本内容就以矩形中线为基线进行自动截断，从而形成文本自动换行的设置效果。

（2）对于矩形补片 rect 的左侧的文本内容，采用文本水平方向的右对齐方式进行文本对齐，参数 wrap 的取值是“True”。可以看到，文本内容以文本位置的纵坐标为基线，文本内容若是跑出画布边界就自动换行，将文本内容自然排列至此的文本自动截断，换行后的文本以基线为终点继续展示剩余的文本内容，如此反复，直到文本末尾才结束，从而使得文本内容的布局形成“右对齐”的设置效果。

（3）同理，最后两个文本采用水平方向左对齐，多行文本就以文本位置的纵坐标为基线，文本内容若是跑出画布边界就自动换行，换行后的文本以基线为起点继续展示文本内容，如此反复，直到文本末尾才结束，从而使得文本内容的布局呈现出“左对齐”的可视化效果。

注意：

文本自动换行的设置效果与 Microsoft Word 中的段落对齐方式的设置效果类似。而且文本内容是先旋转，后按照水平或垂直方式对齐的。

4. 内容补充

对于使用 matplotlib 2.0.0 及以上版本的读者而言，只需要将参数 axisbg 换成 facecolor，就可以正常地执行脚本，获得运行结果。

4.3.2 文本内容的旋转角度

文本内容的旋转角度是相对于坐标轴的刻度线变化量相同的坐标系统而言的，也就是说，x 轴和 y 轴的刻度线的变化量长度相同。有时候，我们尝试按照坐标轴的刻度标签的绝对数值的大小进行旋转角度的计量。例如，如果遇到坐标轴上的刻度线变化量不相同的坐标系统的情形，那么 x 轴上的刻度线和 y 轴上的刻度线在距离长度上并不相同，虽然都是数值意义上相同的刻度线，但是距离却完全不一样，这样，可以将相同刻度标签对应的刻度线的距离长度理解成通过不同的计量尺度获得的长度数值。接下来，我们就通过代码详细介绍遇到坐标轴上的刻度线变化量不相同的坐标系统情形，实现按照指定坐标轴的刻度线的变化量比例关系获得的角度进行文本内容的旋转。

1. 代码实现

```
import matplotlib.pyplot as plt
import numpy as np

x1 = np.linspace(0,5,6)
y1 = np.linspace(0,5,6)

x2 = np.arange(-1,5,0.5)
y2 = np.arange(-5,5,1)

fig,ax = plt.subplots(1,2)

# subplot(121)
ax[0].plot(x1,y1)

ax[0].set_xlim(-2,6)
p1 = np.array([0,0])
p2 = np.array([3,3])

# rotation angle
angle = 45
```

```
trans_angle = ax[0].transData.transform_angles(np.array([45,]),
                                               p2.reshape([1,2]))[0]

# angle kind text
ax[0].text(p1[0],p1[1],"tickline Rule",fontsize=12,
           rotation=angle,rotation_mode="anchor")
ax[0].text(p2[0],p2[1],"ticklabel Rule",fontsize=12,
           rotation=trans_angle,rotation_mode="anchor")

# subplot(122)
ax[1].plot([0,np.sqrt(3),2*np.sqrt(3),3*np.sqrt(3)],[0,1,2,3])

ax[1].set_xlim(-2,6)
ax[1].set_ylim(0,5)
p3 = np.array([0,0])
p4 = np.array([2*np.sqrt(3),2])

# rotation angle
angle = 30
trans_angle = ax[1].transData.transform_angles(np.array([30,]),
                                               p4.reshape([1,2]))[0]
# angle kind text
ax[1].text(p3[0],p3[1],"tickline Rule",fontsize=12,
           rotation=angle,rotation_mode="anchor")
ax[1].text(p4[0],p4[1],"ticklabel Rule",fontsize=12,
           rotation=trans_angle,rotation_mode="anchor")

plt.show()
```

2. 运行结果（见图 4-5）

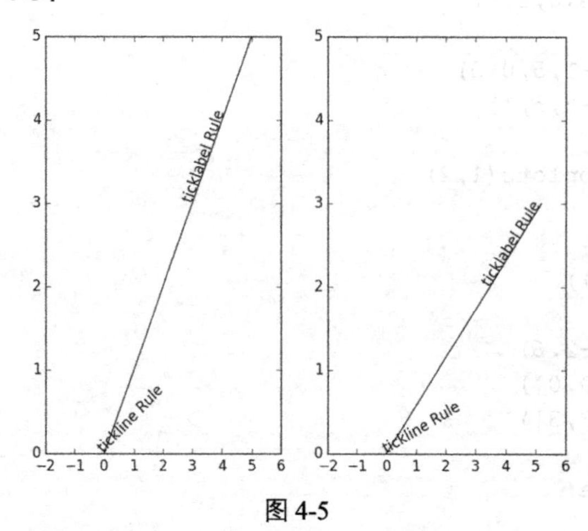

图 4-5

3. 代码精讲

（1）在子区 1 中，通过调用“ax[0].transData.transform_angles(np.array([45,]),p2.reshape([1,2]))[0]”语句，获得变量 trans_angle。变量 trans_angle 存储的角度是按照刻度线变化量相同的准则计算出的角度，这个角度就是文本内容“ticklabel Rule”按照刻度标签的绝对数值“p2.reshape([1,2])”进行 45°“(np.array([45,])”计量获得的 69.85°，这是一个换算后的角度，从而实现按照刻度标签的绝对数值获得 45° 的文本内容旋转的目标。文本内容“tickline Rule”是按照刻度线变化量相同的准则进行的角度计量，同样实现 45° 的文本内容旋转，这是一般情况下的文本内容旋转。实例方法 text()中的参数 rotation_mode 取值“anchor”，表示文本内容先对齐后旋转。

（2）在子区 2 中，按照刻度标签的绝对数值“np.array([2*np.sqrt(3),2]).reshape([1,2])”定义 30°“np.array([30,])”的角度数值，从而获得刻度线变化量相同的坐标系统下的角度 trans_angle。也就是说，我们可以把角度 trans_angle 理解成将实际的坐标轴 ax[1]的 x 轴和 y 轴的刻度线变化量的比例关系投射到刻度线变化量相同的坐标系统下的角度。具体实现方法与文本内容旋转 45° 类似，读者可以参照文本内容旋转 45° 的实现方法进行练习和实践，这里就不再详细说明了。

4.3.3 文本内容的旋转模式

文本内容的对齐方式是以边界框作为对齐标准的，边界框顾名思义就是包围文本内容的矩形框。文本内容的旋转模式一般是先旋转后对齐。因此，文本内容的旋转模式就是首先以参数 x 和 y 为中心绕其旋转指定角度，然后根据旋转后的文本内容的边界框实现对齐的设置过程。文本内容的旋转模式是通过参数 rotation_mode 的取值进行分类型控制的。具体而言，如果参数 rotation_mode 取值“None”或“default”，那么文本内容的旋转模式是首先旋转边界框，然后根据水平和垂直对齐方式进行对齐。如果参数 rotation_mode 取值“anchor”，那么文本内容的旋转模式就是首先将文本内容的边界框按照对齐方式进行对齐，然后对边界框根据指定的角度进行旋转。好了，我们用具体实例说明文本内容的旋转模式的实现方法，毕竟一图值千言。

1. 代码实现

```
    import matplotlib.pyplot as plt

    fig,ax = plt.subplots(1,2)

    # subplot(121)

    # ha-va:top
    ax[0].text(0.5,2.5,"text45",ha="left",va="top",rotation=45,rotation_mode=
"default",
                bbox={"boxstyle":"square","facecolor":"gray","edgecolor":"w",
                "pad":0,"alpha":0.5})
```

```
    ax[0].text(1.5,2.5,"text45",ha="center",va="top",rotation=45,rotation_
mode="default",
               bbox={"boxstyle":"square","facecolor":"gray","edgecolor":"w",
               "pad":0,"alpha":0.5})
    ax[0].text(2.5,2.5,"text45",ha="right",va="top",rotation=45,rotation_
mode="default",
               bbox={"boxstyle":"square","facecolor":"gray","edgecolor":"w",
               "pad":0,"alpha":0.5})

    # ha-va:center
    ax[0].text(0.5,1.5,"text45",ha="left",va="center",rotation=45,rotation_
mode="default",
               bbox={"boxstyle":"square","facecolor":"gray","edgecolor":"w",
               "pad":0,"alpha":0.5})
    ax[0].text(1.5,1.5,"text45",ha="center",va="center",rotation=45,rotation_
mode="default",
               bbox={"boxstyle":"square","facecolor":"gray","edgecolor":"w",
               "pad":0,"alpha":0.5})
    ax[0].text(2.5,1.5,"text45",ha="right",va="center",rotation=45,rotation_
mode="default",
               bbox={"boxstyle":"square","facecolor":"gray","edgecolor":"w",
               "pad":0,"alpha":0.5})

    # ha-va:bottom
    ax[0].text(0.5,0.5,"text45",ha="left",va="bottom",rotation=45,rotation_
mode="default",
               bbox={"boxstyle":"square","facecolor":"gray","edgecolor":"w",
               "pad":0,"alpha":0.5})
    ax[0].text(1.5,0.5,"text45",ha="center",va="bottom",rotation=45,rotation_
mode="default",
               bbox={"boxstyle":"square","facecolor":"gray","edgecolor":"w",
               "pad":0,"alpha":0.5})
    ax[0].text(2.5,0.5,"text45",ha="right",va="bottom",rotation=45,rotation_
mode="default",
               bbox={"boxstyle":"square","facecolor":"gray","edgecolor":"w",
               "pad":0,"alpha":0.5})

    # set text point
    ax[0].scatter([0.5,1.5,2.5,0.5,1.5,2.5,0.5,1.5,2.5],
                  [2.5,2.5,2.5,1.5,1.5,1.5,0.5,0.5,0.5],
                  c="r",
                  s=50,
                  alpha=0.5)
```

```
    # ticklabel and tickline limit
    ax[0].set_xticks([0.0,0.5,1.0,1.5,2.0,2.5,3.0])
    ax[0].set_xticklabels(["","left","","center","","right",""],fontsize=15)
    ax[0].set_yticks([3.0,2.5,2.0,1.5,1.0,0.5,0.0])
    ax[0].set_yticklabels(["","top","","center","","bottom",""],rotation=90,
fontsize=15)
    ax[0].set_xlim(0.0,3.0)
    ax[0].set_ylim(0.0,3.0)

    ax[0].grid(ls="-",lw=2,color="b",alpha=0.5)

    ax[0].set_title("default",fontsize=18)

    # subplot(122)

    # ha-va:top
    ax[1].text(0.5,2.5,"text45",ha="left",va="top",rotation=45,rotation_mode=
"anchor",
               bbox={"boxstyle":"square","facecolor":"gray","edgecolor":"w",
               "pad":0,"alpha":0.5})
    ax[1].text(1.5,2.5,"text45",ha="center",va="top",rotation=45,rotation_
mode="anchor",
               bbox={"boxstyle":"square","facecolor":"gray","edgecolor":"w",
               "pad":0,"alpha":0.5})
    ax[1].text(2.5,2.5,"text45",ha="right",va="top",rotation=45,rotation_
mode="anchor",
               bbox={"boxstyle":"square","facecolor":"gray","edgecolor":"w",
               "pad":0,"alpha":0.5})

    # ha-va:center
    ax[1].text(0.5,1.5,"text45",ha="left",va="center",rotation=45,rotation_
mode="anchor",
               bbox={"boxstyle":"square","facecolor":"gray","edgecolor":"w",
               "pad":0,"alpha":0.5})
    ax[1].text(1.5,1.5,"text45",ha="center",va="center",rotation=45,rotation_
mode="anchor",
               bbox={"boxstyle":"square","facecolor":"gray","edgecolor":"w",
               "pad":0,"alpha":0.5})
    ax[1].text(2.5,1.5,"text45",ha="right",va="center",rotation=45,rotation_
mode="anchor",
               bbox={"boxstyle":"square","facecolor":"gray","edgecolor":"w",
               "pad":0,"alpha":0.5})

    # ha-va:bottom
```

```
    ax[1].text(0.5,0.5,"text45",ha="left",va="bottom",rotation=45,rotation_
mode="anchor",
               bbox={"boxstyle":"square","facecolor":"gray","edgecolor":"w",
               "pad":0,"alpha":0.5})
    ax[1].text(1.5,0.5,"text45",ha="center",va="bottom",rotation=45,rotation_
mode="anchor",
               bbox={"boxstyle":"square","facecolor":"gray","edgecolor":"w",
               "pad":0,"alpha":0.5})
    ax[1].text(2.5,0.5,"text45",ha="right",va="bottom",rotation=45,rotation_
mode="anchor",
               bbox={"boxstyle":"square","facecolor":"gray","edgecolor":"w",
               "pad":0,"alpha":0.5})

    # set text point
    ax[1].scatter([0.5,1.5,2.5,0.5,1.5,2.5,0.5,1.5,2.5],
                  [2.5,2.5,2.5,1.5,1.5,1.5,0.5,0.5,0.5],
                  c="r",
                  s=50,
                  alpha=0.5)

    # ticklabel and tickline limit
    ax[1].set_xticks([0.0,0.5,1.0,1.5,2.0,2.5,3.0])
    ax[1].set_xticklabels(["","left","","center","","right",""],fontsize=15)
    ax[1].set_yticks([3.0,2.5,2.0,1.5,1.0,0.5,0.0])
    ax[1].set_yticklabels(["","top","","center","","bottom",""],rotation=90,
fontsize=15)
    ax[1].set_xlim(0.0,3.0)
    ax[1].set_ylim(0.0,3.0)

    ax[1].grid(ls="-",lw=2,color="b",alpha=0.5)

    ax[1].set_title("anchor",fontsize=18)

    plt.show()
```

2. 运行结果（见图 4-6）

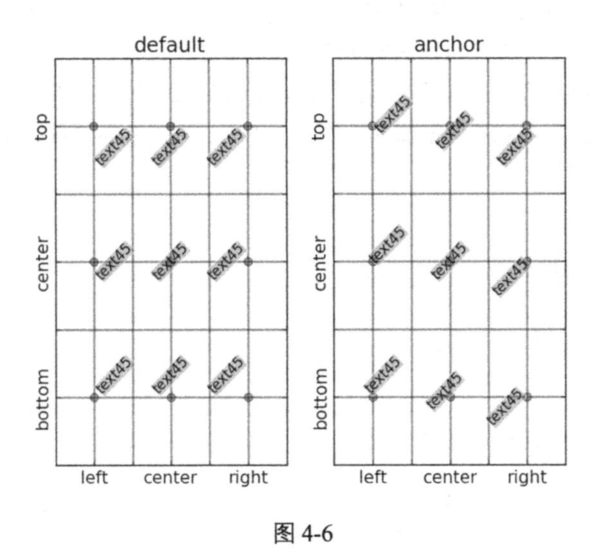

图 4-6

3. 代码精讲

为了清楚地说明控制旋转模式的参数 rotation_mode 的取值的可视化效果的差异，我们以水平方向的左对齐和垂直方向的顶端对齐为例，展示参数 rotation_mode 的不同取值的视图效果。

（1）让参数 rotation_mode 取值“default”，参数 ha 和 va 的取值分别是“left”和“top”，文本内容“text45”首先以 2.5 和 2.5 为中心，将文本内容的边界框的左下角放在此点处，绕此点逆时针旋转 45°，然后将此位置的文本内容分别放在 2.5 位置处的垂直参考线的右侧和 2.5 位置处的水平参考线的下方，从而形成子区 1 中的左上角处的文本内容的可视化效果。

（2）让参数 rotation_mode 取值“anchor”，参数 ha 和 va 的取值分别是“left”和“top”，文本内容“text45”的边界框首先分别放在 2.5 位置处的垂直参考线的右侧和 2.5 位置处的水平参考线的下方，即文本框的左上角放在以 2.5 和 2.5 为中心的中心点处，然后文本框的左上角绕中心点逆时针旋转 45°，从而形成了子区 2 中的左上角处的文本内容的可视化效果。

（3）对于不同旋转模式下的其他对齐方式，因为其他对齐方式的展示效果的绘制原理与“代码精讲”部分介绍的内容类似，所以这里就不再对其他对齐方式的可视化效果的实现原理进行讲解了，读者可以参考“代码实现”部分的脚本，同时对照运行结果的相应部分，从而理解和掌握相应的展示效果的绘制原理。

4.3.4 多行文本的对齐方式

我们知道，通过参数 ha 和 va 的不同取值，可以实现文本内容的水平对齐和垂直对齐。如果遇到文本内容存在换行的情形，也就是说，文本内容是多行文本的情形，则可以通过参数 multialignment 来控制多行文本的对齐方式。具体而言，参数 multialignment 的具体取值有“left”“center”和“right”。对于多行文本的对齐方式的设置方法，主要通过下面的参数来实现：多行文本的全部文本内容的文本框的对齐方式是由水平对齐方式 ha 和垂直对齐方式 va 来控制的，文本框内部的多行文本的对齐方式是由参数 multialignment 的不同取值来控制的。下面，我们就通过具体代码学习多行文本的对齐效果的实现原理。

1. 代码实现

```
    import matplotlib.pyplot as plt

    fig,ax = plt.subplots(1,1)

    # ha:left--va:baseline--multialignment: left,center, and right
    ax.text(0.5,2.5,"text0\nTEXT0\nalignment",ha="left",va="baseline",
multialignment="left",
        bbox=dict(boxstyle="square",facecolor="w",edgecolor="k",alpha=0.5))
    ax.text(0.5,1.5,"text0\nTEXT0\nalignment",ha="left",va="baseline",
multialignment="center",
         bbox=dict(boxstyle="square",facecolor="w",edgecolor="k",alpha=0.5))
    ax.text(0.5,0.5,"text0\nTEXT0\nalignment",ha="left",va="baseline",
multialignment="right",
         bbox=dict(boxstyle="square",facecolor="w",edgecolor="k",alpha=0.5))

    # ha:center--va:baseline--multialignment: left,center, and right
    ax.text(1.5,2.5,"text0\nTEXT0\nalignment",ha="center",va="baseline",
multialignment="left",
         bbox=dict(boxstyle="square",facecolor="w",edgecolor="k",alpha=0.5))
    ax.text(1.5,1.5,"text0\nTEXT0\nalignment",ha="center",va="baseline",
multialignment="center",
         bbox=dict(boxstyle="square",facecolor="w",edgecolor="k",alpha=0.5))
    ax.text(1.5,0.5,"text0\nTEXT0\nalignment",ha="center",va="baseline",
multialignment="right",
         bbox=dict(boxstyle="square",facecolor="w",edgecolor="k",alpha=0.5))

    # ha:right--va:baseline--multialignment: left,center, and right
    ax.text(2.5,2.5,"text0\nTEXT0\nalignment",ha="right",va="baseline",
multialignment="left",
         bbox=dict(boxstyle="square",facecolor="w",edgecolor="k",alpha=0.5))
    ax.text(2.5,1.5,"text0\nTEXT0\nalignment",ha="right",va="baseline",
multialignment="center",
         bbox=dict(boxstyle="square",facecolor="w",edgecolor="k",alpha=0.5))
    ax.text(2.5,0.5,"text0\nTEXT0\nalignment",ha="right",va="baseline",
multialignment="right",
```

```
          bbox=dict(boxstyle="square",facecolor="w",edgecolor="k",alpha=0.5))

    # set text point
    ax.scatter([0.5,1.5,2.5,0.5,1.5,2.5,0.5,1.5,2.5],
               [2.5,2.5,2.5,1.5,1.5,1.5,0.5,0.5,0.5],
               c="r",
               s=50,
               alpha=0.6)

    # ticklabel and tickline limit
    ax.set_xticks([0.0,0.5,1.0,1.5,2.0,2.5,3.0])
    ax.set_xticklabels(["","left","","center","","right",""],fontsize=15)
    ax.set_yticks([3.0,2.5,2.0,1.5,1.0,0.5,0.0])
    ax.set_yticklabels(["","baseline","","baseline","","baseline",""],
rotation=90,fontsize=15)
    ax.set_xlim(0.0,3.0)
    ax.set_ylim(0.0,3.0)

    ax.grid(ls="-",lw=2,color="b",alpha=0.5)

    plt.show()
```

2. 运行结果（见图 4-7）

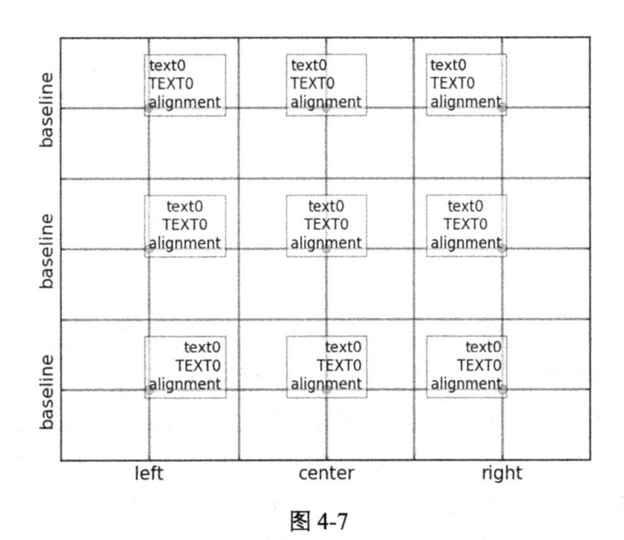

图 4-7

3. 代码精讲

为了说明参数 multialignment 的不同取值的展示效果，我们以水平左对齐和垂直基线对齐为例，讲解参数 multialignment 的使用方法。

（1）参数 va 取值“baseline”表示以添加文本内容的坐标点的纵坐标作为水平线的对齐方式。

（2）参数 multialignment 的取值可以是“left”“center”和“right”，这些参数值可以分别产生多行文本的左对齐、居中对齐和右对齐的可视化效果，这与 Microsoft Word 中的段落对齐的编辑效果类似。

4.3.5 文本注释箭头的连接风格

在模块 pyplot（或者类 Axes 的实例方法 Axes.annotate()）中，函数 annotate()可以用来绘制连接两个点的箭头，这两个连接点，一个是注释点，另一个是注释内容点。函数 annotate()的注释过程就是，在给定坐标系统（xycoords）下的 xy 处的点，用 xytext 位置处的 textcoords 坐标系统下的点通过指定样式的箭头进行内容标注。连接两个点的箭头可以通过参数 arrowprops 指定。如果只想绘制箭头本身，不添加注释内容，那么可以使用空字符串作为注释内容，即函数 annotate()中的第一个参数是空字符串。一般而言，绘制箭头需要执行以下几个步骤（见图 4-8），其中，绘制过程里涉及的键都是参数 arrowprops 的字典值对应的键。

第 1 步：创建两个点之间的连接路径，连接路径通过键 connectionstyle 进行控制。

第 2 步：如果给定补片 patchA 和 patchB，那么连接路径就被剪切以求避开补片 patchA 和 patchB。

第 3 步：连接路径可以进一步由键 shrinkA 和 shrinkB 按照给定的像素数进行缩进处理。

第 4 步：通过键 arrowstyle 可以控制箭头补片，从而将连接路径改变成箭头补片的样式。

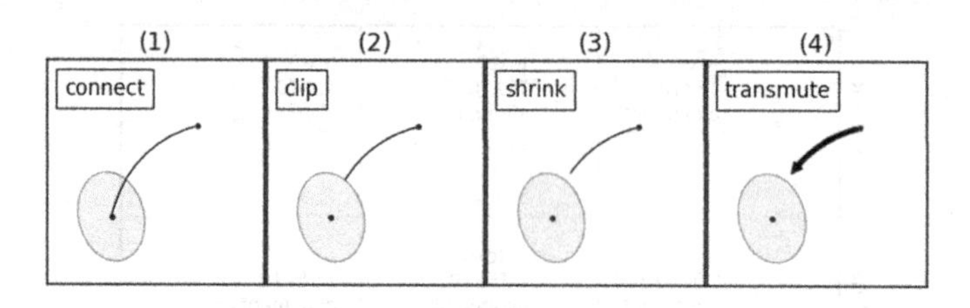

图 4-8

两个点之间的连接路径是由键 connectionstyle 和相应的连接风格创建的。连接风格可以有“angle”“angle3”“arc”“arc3”和“bar”，其中带数字“3”的连接风格“angle3”和“arc3”表示连接路径是二次样条曲线的一部分，包括 3 个控制点。而且，有些箭头样式只有在连接路径是二次样条曲线样式时才可以使用，这些箭头样式包括“fancy”“simple”和“wedge”，也就是说，这些箭头样式只可以使用“angle3”和“arc3”连接风格。在剪切（patchA 和 patchB）和缩进（shrinkA 和 shrinkB）之后，这些连接路径就会变成箭头补片，箭头补片的样式根据键 arrowstyle 的取值确定。关于键 arrowstyle 的键值的类型和展示效果在 4.1.2 节中已经阐述过，这里就不再介绍了。需要补充的是，如果注解内容给定，那么补片 patchA 默认设定为文本内容的边界框补片。围绕文本内容的边界框通过参数 bbox 进行绘制。连接路径的起点默认设定为文本范围的中心，这个中心是归一化到 0~1 之间的浮点数的坐标点数对，例如，0 和 0 表示文本范围的左下角，1 和 1 表示文本范围的右上角。连接路径的起点可以通过键 relpos 的浮点数数对进行控制，默认起点是文本范围的中心，即 0.5 和 0.5。接下来，我们就通过具体代码来学习不同文本注释箭头的连接风格的实现方法。

1. 代码实现

示例代码见 figure_4_9.py 文件。

2. 运行结果（见图 4-9）

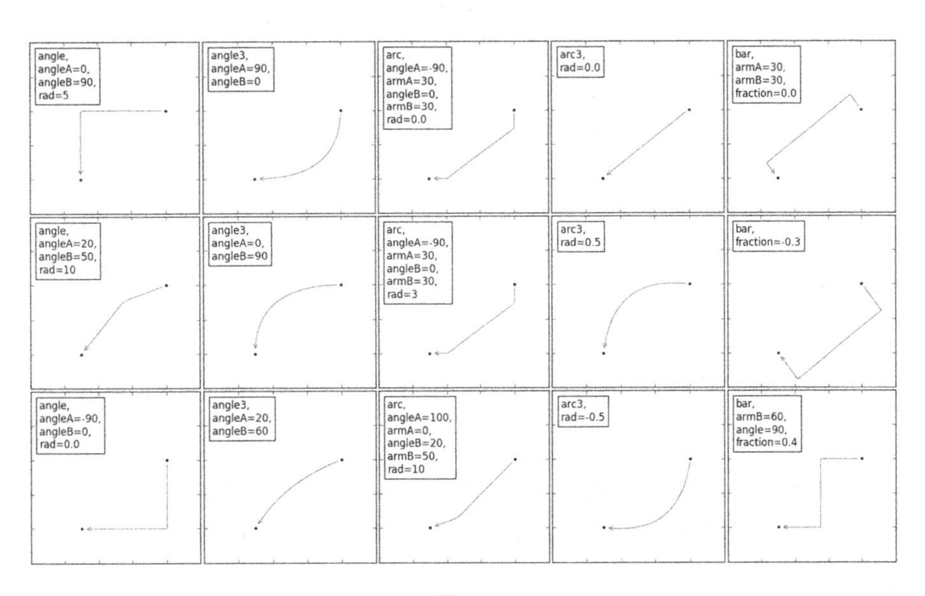

图 4-9

3. 代码精讲

（1）导入 pyplot 模块和 NumPy 包。

```
import matplotlib.pyplot as plt
import numpy as np
```

（2）绘制 3 行 5 列的子区布局。

```
fig,ax = plt.subplots(3,5,figsize=(8, 5),sharex=True,sharey=True)
```

（3）设置文本框的样式。

```
bbox = dict(boxstyle="square",facecolor="w",edgecolor="k")
```

（4）当文本注释箭头的连接风格 connectionstyle 取值“angle”时，例如，子区 1、子区 6 和子区 11，如果需要连接风格是圆角折线箭头，那么需要设置弧度 rad 为任意非零浮点数，浮点数越大，圆角折线的弧度越大。angleA 和 angleB 分别控制起点和终点处的连接路径的旋转角度，负数表示顺时针方向旋转。例如，绘制子区 1 的代码如下：

```
    # subplot(3,5,1)
    ax[0,0].plot([x1,x2],[y1,y2],".")

    ax[0,0].annotate("",
              xy=(x1,y1),xycoords="data",
              xytext=(x2,y2),textcoords="data",
              arrowprops=dict(arrowstyle="->",
                              color="gray",
                              shrinkA=5,
                              shrinkB=5,
                              patchA=None,
                              patchB=None,
connectionstyle="angle,angleA=0,angleB=90,rad=5"))

    ax[0,0].text(0.05,0.95,"angle,\nangleA=0,\nangleB=90,\nrad=5",ha="left",
va="top",bbox=bbox)

    ax[0,0].set_xlim(0,1)
    ax[0,0].set_ylim(0,1)
    ax[0,0].set_xticklabels([])
    ax[0,0].set_yticklabels([])
```

（5）当连接风格 connectionstyle 取值“angle3”时，例如，子区 2、子区 7 和子区 12，不需要指定弧度数大小也可以实现圆角折线的连接风格。例如，绘制子区 2 的代码如下：

```
    # subplot(3,5,2)
    ax[0,1].plot([x1,x2],[y1,y2],".")

    ax[0,1].annotate("",
              xy=(x1,y1),xycoords="data",
              xytext=(x2,y2),textcoords="data",
              arrowprops=dict(arrowstyle="->",
                              color="gray",
                              shrinkA=5,
                              shrinkB=5,
                              patchA=None,
                              patchB=None,
                              connectionstyle="angle3,angleA=90,angleB=0"))

    ax[0,1].text(0.05,0.95,"angle3,\nangleA=90,\nangleB=0",ha="left",va="top",
bbox=bbox)

    ax[0,1].set_xlim(0,1)
```

```
    ax[0,1].set_ylim(0,1)
    ax[0,1].set_xticklabels([])
    ax[0,1].set_yticklabels([])
```

（6）当连接风格 connectionstyle 取值“arc”时，例如，子区 3、子区 8 和子区 13，同样需要指定弧度数大小才可以实现圆角折线的连接风格，armA 和 armB 分别是起点和终点处以像素数作为度量单位的旋转手臂的长度。例如，绘制子区 3 的代码如下：

```
    # subplot(3,5,3)
    ax[0,2].plot([x1,x2],[y1,y2],".")

    ax[0,2].annotate("",
                xy=(x1,y1),xycoords="data",
                xytext=(x2,y2),textcoords="data",
                arrowprops=dict(arrowstyle="->",
                                color="gray",
                                shrinkA=5,
                                shrinkB=5,
                                patchA=None,
                                patchB=None,

connectionstyle="arc,angleA=-90,armA=30,angleB=0,armB=30,rad=0.0"))

    ax[0,2].text(0.05,0.95,"arc,\nangleA=-90,\narmA=30,\nangleB=0,\narmB=30,
\nrad=0.0",ha="left",va="top",bbox=bbox)

    ax[0,2].set_xlim(0,1)
    ax[0,2].set_ylim(0,1)
    ax[0,2].set_xticklabels([])
    ax[0,2].set_yticklabels([])
```

（7）当连接风格 connectionstyle 取值“arc3”时，例如，子区 4、子区 9 和子区 14，可以直接指定弧度数大小，进而控制连接路径的弯曲程度，弧度数可以取负值，以实现弧线的对称翻转。例如，绘制子区 4 的代码如下：

```
    # subplot(3,5,4)
    ax[0,3].plot([x1,x2],[y1,y2],".")

    ax[0,3].annotate("",
                xy=(x1,y1),xycoords="data",
                xytext=(x2,y2),textcoords="data",
                arrowprops=dict(arrowstyle="->",
                                color="gray",
                                shrinkA=5,
                                shrinkB=5,
                                patchA=None,
```

```
                    patchB=None,
                    connectionstyle="arc3,rad=0.0"))

    ax[0,3].text(0.05,0.95,"arc3,\nrad=0.0",ha="left",va="top",bbox=bbox)

    ax[0,3].set_xlim(0,1)
    ax[0,3].set_ylim(0,1)
    ax[0,3].set_xticklabels([])
    ax[0,3].set_yticklabels([])
```

（8）当连接风格 connectionstyle 取值“bar”时，例如，子区 5、子区 10 和子区 15，实现柱体样式的连接风格，fraction 的数值越大，柱体的宽度越大。fraction 也可以取负值，以实现连接路径的对称翻转。如果 fraction 取值为零，则可以使用 armA 和 armB 实现同样的柱体连接路径。例如，绘制子区 5 的代码如下：

```
    # subplot(3,5,5)
    ax[0,4].plot([x1,x2],[y1,y2],".")

    ax[0,4].annotate("",
             xy=(x1,y1),xycoords="data",
             xytext=(x2,y2),textcoords="data",
             arrowprops=dict(arrowstyle="->",
                    color="gray",
                    shrinkA=5,
                    shrinkB=5,
                    patchA=None,
                    patchB=None,
                    connectionstyle="bar,armA=30,armB=30,fraction=
                    0.0"))

    ax[0,4].text(0.05,0.95,"bar,\narmA=30,\narmB=30,\nfraction=0.0",ha="left",
va="top",bbox=bbox)

    ax[0,4].set_xlim(0,1)
    ax[0,4].set_ylim(0,1)
    ax[0,4].set_xticklabels([])
    ax[0,4].set_yticklabels([])
```

（9）调整子区布局的位置和子区之间的距离。

```
    fig.subplots_adjust(left=0.05,right=0.95,bottom=0.05,top=0.95,wspace=0.02,
hspace=0.02)
```

注意：

在连接风格的不同取值里，相应的属性是用逗号分隔的参数的组合模式，而且一种连接风格的属性中的有些参数并不适合另一种连接风格的属性组合模式。

相应属性的具体组合模式如表 4-1 所示。

表 4-1

连接风格	用逗号分隔的参数的组合模式
angle	angleA=90,angleB=0,rad=0.0
angle3	angleA=90,angleB=0
arc	angleA=0,angleB=0,armA=None,armB=None,rad=0.0
arc3	rad=0.0
bar	armA=0.0,armB=0.0,fraction=0.3,angle=None

接下来，我们再通过一个例子，了解一下键 arrowstyle 的取值和键 connectionstyle 的取值的组合模式。具体而言，箭头样式“simple”“fancy”和“wedge”只能和箭头连接风格“arc3”或“angle3”进行组合使用。也就是说，一些箭头样式如果需要与连接风格组合使用，那么只有与二次样条曲线的连接风格进行组合才可以正常展示可视化效果。相应组合的具体代码和展示效果（见图 4-10）如下所示。

1. 代码实现

```
import matplotlib.pyplot as plt
import numpy as np

fig,ax = plt.subplots(1,3,figsize=(3,3),sharex=True,sharey=True)

x1,y1 = 0.3,0.3
x2,y2 = 0.7,0.7

bbox = dict(boxstyle="square",facecolor="w",edgecolor="k")

# subplot(131)
ax[0].annotate("simple",
               xy=(x1,y1),xycoords="data",
               xytext=(x2,y2),textcoords="data",
               bbox=dict(boxstyle="round",fc="w",ec="k"),
               arrowprops=dict(arrowstyle="simple,head_length=0.7,
               head_width=0.6,tail_width=0.3",
                               color="gray",
                               shrinkA=5,
                               shrinkB=5,
                               patchB=None,
                               connectionstyle="angle3,angleA=0,angleB=90"),
                 size=25,
```

```
                ha="center",
                va="center")

    ax[0].text(0.05,0.95,"angle3,\nangleA=0,\nangleB=90",ha="left",va="top",
bbox=bbox,size=20)

    ax[0].set_xlim(0,1)
    ax[0].set_ylim(0,1)
    ax[0].set_xticklabels([])
    ax[0].set_yticklabels([])

    # subplot(132)
    ax[1].annotate("fancy",
              xy=(x1,y1),xycoords="data",
              xytext=(x2,y2),textcoords="data",
              bbox=dict(boxstyle="round",fc="w",ec="k"),
              arrowprops=dict(arrowstyle="fancy,head_length=0.4,
              head_width=0.4,tail_width=0.6",
                          color="gray",
                          shrinkA=5,
                          shrinkB=5,
                          patchB=None,
                          connectionstyle="arc3,rad=0.5"),
                size=25,
                ha="center",
                va="center")

    ax[1].text(0.05,0.95,"arc3,\nrad=0.5",ha="left",va="top",bbox=bbox,size=20)

    ax[1].set_xlim(0,1)
    ax[1].set_ylim(0,1)
    ax[1].set_xticklabels([])
    ax[1].set_yticklabels([])

    # subplot(133)
    ax[2].annotate("wedge",
              xy=(x1,y1),xycoords="data",
              xytext=(x2,y2),textcoords="data",
              bbox=dict(boxstyle="round",fc="w",ec="k"),
              arrowprops=dict(arrowstyle="wedge,tail_width=0.5",
                          color="gray",
                          shrinkA=5,
                          shrinkB=5,
                          patchB=None,
```

```
                        connectionstyle="arc3,rad=-0.3"),
                size=25,
                ha="center",
                va="center")

    ax[2].text(0.05,0.95,"arc3,\nrad=-0.3",ha="left",va="top",bbox=bbox,
size=20)

    ax[2].set_xlim(0,1)
    ax[2].set_ylim(0,1)
    ax[2].set_xticklabels([])
    ax[2].set_yticklabels([])

    fig.subplots_adjust(left=0.05,right=0.95,bottom=0.05,top=0.95,wspace=0.02,
hspace=0.02)

    plt.show()
```

2. 运行结果（见图 4-10）

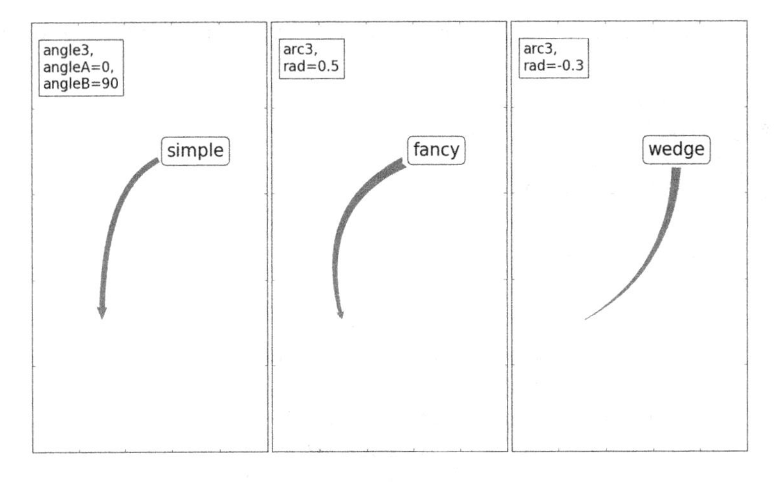

图 4-10

最后，我们再通过具体代码和运行结果，探索参数 arrowprops 的字典取值的键 relpos 的使用方法。

1. 代码实现

```
    import matplotlib.pyplot as plt
    import numpy as np
```

```
fig,ax = plt.subplots(1,3,figsize=(3,3),sharex=True,sharey=True)

x1,y1 = 0.2,0.2
x2,y2 = 0.8,0.8

bbox = dict(boxstyle="square",facecolor="w",edgecolor="k")

# subplot(131)
ax[0].annotate("relpos=(0.0,0.0)",
               xy=(x1,y1),xycoords="data",
               xytext=(x2,y2),textcoords="data",
               bbox=dict(boxstyle="round4",fc="w",ec="k"),
               arrowprops=dict(arrowstyle="-|>",
                               color="k",
                               relpos=(0.0,0.0),
                               connectionstyle="arc3,rad=0.3"),
                 size=15,
                 ha="center",
                 va="center")

ax[0].text(0.05,0.95,"arc3,\nrad=0.3",ha="left",va="top",bbox=bbox,size=20)

ax[0].set_xlim(0,1)
ax[0].set_ylim(0,1)
ax[0].set_xticklabels([])
ax[0].set_yticklabels([])

# subplot(132)
ax[1].annotate("relpos=(1.0,0.0)",
               xy=(x1,y1),xycoords="data",
               xytext=(x2,y2),textcoords="data",
               bbox=dict(boxstyle="round4",fc="w",ec="k"),
               arrowprops=dict(arrowstyle="-|>",
                               color="k",
                               relpos=(1.0,0.0),
                               connectionstyle="arc3,rad=-0.3"),
                 size=15,
                 ha="center",
                 va="center")

ax[1].text(0.05,0.95,"arc3,\nrad=-0.3",ha="left",va="top",bbox=bbox,size=20)

ax[1].set_xlim(0,1)
ax[1].set_ylim(0,1)
```

```
    ax[1].set_xticklabels([])
    ax[1].set_yticklabels([])

    # subplot(133)
    ax[2].annotate("relpos=(0.2,0.8)",
                   xy=(x1,y1),xycoords="data",
                   xytext=(x2,y2),textcoords="data",
                   bbox=dict(boxstyle="round4",fc="w",ec="k"),
                   arrowprops=dict(arrowstyle="-|>",
                                   color="k",
                                   relpos=(0.2,0.8),
                                   connectionstyle="arc3,rad=-0.3"),
                      size=15,
                      ha="center",
                      va="center")

    ax[2].text(0.05,0.95,"arc3,\nrad=-0.3",ha="left",va="top",bbox=bbox,size=20)

    ax[2].set_xlim(0,1)
    ax[2].set_ylim(0,1)
    ax[2].set_xticklabels([])
    ax[2].set_yticklabels([])

    fig.subplots_adjust(left=0.05,right=0.95,bottom=0.05,top=0.95,wspace=0.02,
hspace=0.02)

    plt.show()
```

2. 运行结果（见图 4-11）

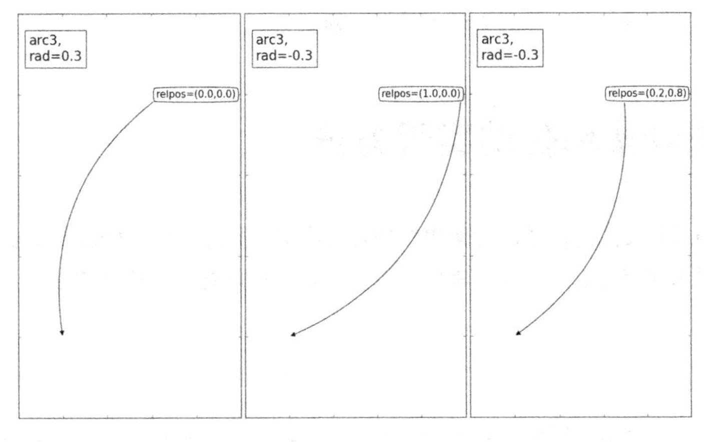

图 4-11

第5章

调整计量单位和计量方法

对于开展数据可视化实践而言，关键的环节就是数据的有效展示。要想使得展示效果更加理想，就自然要涉及单位和刻度两方面的内容。具体而言，单位是指坐标轴上一个单位的刻度线的距离的计量单位，可以有弧度、角度、厘米、英寸、秒、分钟和赫兹。刻度则是指坐标轴的刻度线的计量方法，可以有线性计量、对数计量、几率对数计量和对称式对数计量。下面，我们就分别通过具体的例子详细讲解调整计量单位和计量方法的操作要领。

5.1 不同计量单位的实现方法

单位的概念与我们使用的尺子的计量单位的含义类似，只是单位的概念更加多元化，可以使用除长度单位中的厘米和英寸之外的其他单位，例如，弧度和角度、秒和分钟等。

5.1.1 弧度和角度的实现方法

通常来讲，弧度和角度是频繁使用的计量单位。一般而言，展示弧度和角度的刻度标签的操作步骤过于烦琐，实现起来不是很简便。如果可以在数据可视化的实践过程中以弧度和角度作为计量单位，从而通过刻度标签进行展示，就可以使得展示效果变得更加精细和清晰。接下来，我们就通过具体代码来演示弧度和角度的实现方法。

1. 代码实现

```
import matplotlib.pyplot as plt
import numpy as np

from basic_units import radians,degrees,cos

x = np.linspace(0,9.5,500)
rad_x = [i*radians for i in x]

fig,ax = plt.subplots(2,1)

ax[0].plot(rad_x,cos(rad_x),ls="-",lw=3,color="k",xunits=radians)
ax[0].set_xlabel("")

ax[1].plot(rad_x,cos(rad_x),ls="--",lw=3,color="cornflowerblue",xunits=
degrees)
ax[1].set_xlabel("")

fig.subplots_adjust(hspace=0.3)

plt.show()
```

2. 运行结果（见图 5-1）

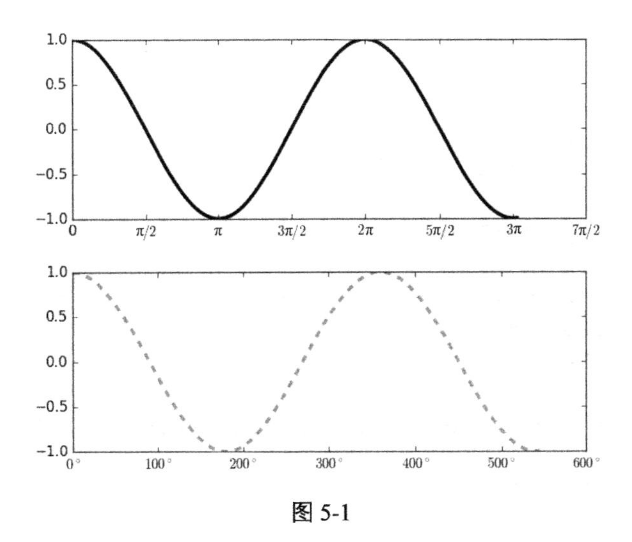

图 5-1

3. 代码精讲

（1）我们需要将模块 basic_units 中的实例 radians、degrees 和 cos 导入，Python 文件 basic_units.py 可以访问 https://github.com/matplotlib/matplotlib/blob/master/examples/units/basic_units.py 地址进行下载。为了正常执行脚本，需要将 basic_units.py 文件和执行脚本放在同一目录下。

（2）变量 rad_x 是将数组 x 中的每个数值用对应弧度数进行数值标记 TaggedValue(value,radians) 的列表。

（3）将列表 rad_x 作为参数代入实例方法 plot()中，借助参数 xunits 分别在子区 1 和子区 2 中，绘制 *x* 轴是弧度“xunits=radians”和角度“xunits=degrees”单位的折线图。

（4）调用实例方法 set_xlabel()隐藏 *x* 轴的轴标签。

（5）调用实例方法 subplots_adjust()调整子区之间的空隙高度。

需要补充的是，弧度和角度可以相互换算。因此，我们使用弧度数列表 rad_x 在以角度“xunits=degrees”作为计量单位的 *x* 轴上依然可以正确地绘制折线图，获得理想的可视化效果。

5.1.2 厘米和英寸的实现方法

长度计量单位中的厘米和英寸是 Python 数据可视化中的常用计量单位，而且厘米和英寸可以相互换算。这样，在同一绘图区域中，同时使用厘米和英寸作为计量单位就成为可能。在代码实现上，厘米实例 cm 和英寸实例 inch 通过实例方法 add_conversion_factor()在单位换算上也可以得到实现。下面，我们就通过具体代码来讲解以厘米和英寸作为计量单位的实现方法。

1. 代码实现

```
import matplotlib.pyplot as plt
import numpy as np

from basic_units import cm,inch

x = np.linspace(0,10,6)
cm_x = [i*cm for i in x]

fig,ax = plt.subplots(2,2)

ax[0,0].plot(cm_x,cm_x,ls="-",lw=3,color="k",xunits=cm,yunits=cm)
ax[0,0].set_ylabel("")
ax[0,0].set_xlabel("")

ax[0,1].plot(cm_x,cm_x,ls="--",lw=3,color="cornflowerblue",xunits=cm,
yunits=inch)
ax[0,1].set_ylabel("")
```

```
ax[0,1].set_xlabel("")
ax[0,1].set_xlim(2,8)

ax[1,0].plot(cm_x,cm_x,ls="-.",lw=3,color="gold",xunits=inch,yunits=cm)
ax[1,0].set_ylabel("")
ax[1,0].set_xlabel("")
ax[1,0].set_xlim(2*cm,8*cm)

ax[1,1].plot(cm_x,cm_x,ls=":",lw=3,color="purple",xunits=inch,yunits=inch)
ax[1,1].set_ylabel("")
ax[1,1].set_xlabel("")

plt.show()
```

2. 运行结果（见图 5-2）

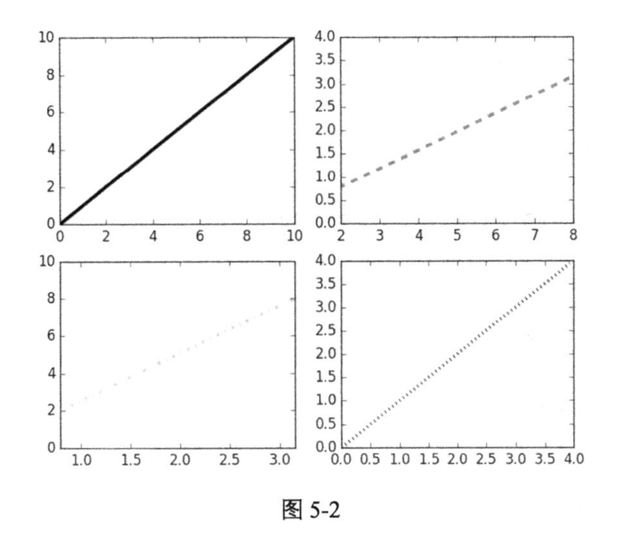

图 5-2

3. 代码精讲

（1）通过推导列表 cm_x 获得以厘米作为计量单位的长度元素列表，长度元素是借助实例 cm 进行数值与厘米的标记数值对应获得的实例 TaggedValue(value,cm)。

（2）在子区 1 中，使用参数 xunits 和 yunits，调用实例方法 plot()绘制坐标轴的计量单位都是厘米的折线图。这个绘图区域的展示效果就是一般情况下的坐标轴区域。

（3）在子区 2 中，分别借助参数 xunits 和 yunits 设置 x 轴是厘米和 y 轴是英寸的坐标轴区域。同时，调用“ax[0,1].set_xlim(2,8)”语句，实现调整 x 轴的刻度线范围的目标，而且刻度线范围自动理解成当前的 x 轴的计量单位。

（4）在子区 3 中，通过设置“xunits=inch”和“yunits=cm”，在绘图区域里，设置 x 轴用英寸作为计量单位、y 轴用厘米作为计量单位的坐标轴系统。而且，调用“ax[1,0].set_xlim(2*cm,8*cm)”语句，由于在模块 basic_units 中英寸和厘米存在单位换算，同时 x 轴使用英寸作为计量单位，所以使用厘米作为计量单位调整 x 轴的刻度线范围会自动换算成以英寸作为 x 轴的刻度线范围。

（5）在子区 4 中，绘制 x 轴和 y 轴都是英寸的坐标轴区域。

5.1.3 秒、赫兹和分钟的实现方法

秒和分钟都是经常用到的时间单位，而且它们之间也存在单位换算。下面，我们就使用面向对象的编程方法设置以秒和分钟作为计量单位的坐标轴区域。

1. 代码实现

```
import matplotlib.pyplot as plt
import numpy as np

from basic_units import secs,minutes,hertz

t = [2,4,3,5,8,6,7,9]
secs_t = [time*secs for time in t]

fig,ax = plt.subplots(3,1,sharex=True)

ax[0].scatter(secs_t,secs_t,s=10*np.max(t),c="steelblue",marker="o")
ax[0].set_xlabel("")
ax[0].set_ylabel("")

ax[1].scatter(secs_t,secs_t,s=10*np.max(t),c="gold",marker="D",yunits=
hertz)
ax[1].set_xlabel("")
ax[1].set_ylabel("")
ax[1].axis([1,10,0,1])

ax[2].scatter(secs_t,secs_t,s=10*np.max(t),c="brown",marker="^",yunits=
hertz)
ax[2].yaxis.set_units(minutes)
ax[2].set_xlabel("")
ax[2].set_ylabel("")
ax[2].axis([1,10,0,1])

fig.subplots_adjust(hspace=0.2)

plt.show()
```

2. 运行结果（见图 5-3）

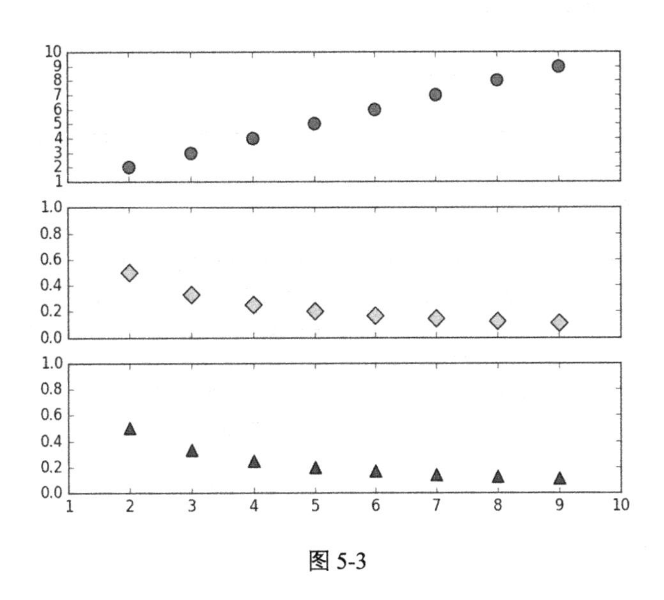

图 5-3

3. 代码精讲

这里，我们以 Python 代码的形式，在以秒、赫兹和分钟作为计量单位的坐标轴上，实现了绘制散点图的目标。

（1）在子区 2 中，借助参数 yunits 来设置 y 轴的计量单位，具体而言，通过"yunits=hertz"将 y 轴的计量单位设置成赫兹。赫兹是频率单位，即每秒的旋转圈数，秒是时间单位，秒和赫兹的单位换算关系是$T = 1/f$。

（2）在子区 3 中，通过调用"ax[2].yaxis.set_units(minutes)"语句，也就是说，通过调用实例方法 set_units()，重新将 y 轴的计量单位设置成分钟，从而实现计量单位之间的换算。

5.1.4　文本注释位置的坐标系统的设置方法

文本注释的展示效果在很大程度上受文本注释位置的影响，而且，文本注释位置又由于采用的坐标系统的不同而呈现出不同的文本移动情况。接下来，我们就将文本注释位置的坐标系统的选择和实例 cm、实例 inch 的使用方法相结合，深入理解和掌握文本注释位置的实现方法。

1. 代码实现

```
import matplotlib.pyplot as plt

from basic_units import cm
from matplotlib.patches import Ellipse
```

```
fig,ax = plt.subplots(1,1)

font_style={"family":"monospace","fontsize":15,"weight":"bold"}

ellipse = Ellipse((2*cm,1*cm),0.05*cm,0.05*cm,color="blue")

ax.add_patch(ellipse)

ax.annotate("fancy",xy=(2*cm,1*cm),xycoords="data",
                     xytext=(0.8*cm,0.85*cm),textcoords="data",
                     bbox=dict(boxstyle="round",fc="w",ec="k"),
                     arrowprops=dict(arrowstyle="fancy,head_length=0.4,
                     head_width=0.4,tail_width=0.6",
                                         fc="gray",
                                         connectionstyle="arc3,rad=0.3",
                                         shrinkA=5,
                                         patchB=ellipse,
                                         shrinkB=5),
                     ha="right",
                     va="top",
                     **font_style)

ax.annotate("fancy",xy=(2*cm,1*cm),xycoords="data",
                     xytext=(0.8,0.85),textcoords="axes fraction",
                     bbox=dict(boxstyle="round",fc="w",ec="k"),
                     arrowprops=dict(arrowstyle="fancy,head_length=0.4,
                     head_width=0.4,tail_width=0.6",
                                         fc="gray",
                                         connectionstyle="arc3,rad=0.3",
                                         shrinkA=5,
                                         patchB=ellipse,
                                         shrinkB=5),
                     ha="right",
                     va="top",
                     **font_style)

ax.set_xlim(0*cm,3*cm)
ax.set_ylim(0*cm,3*cm)

plt.show()
```

2. 运行结果（见图 5-4）

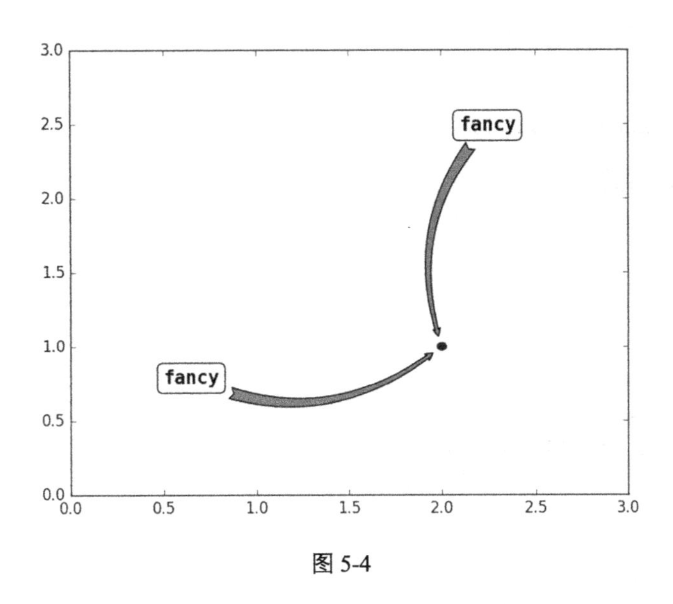

图 5-4

3. 代码精讲

通过参数 textcoords 设置文本注释位置的坐标系统。

（1）参数 textcoords 取值“axes fraction”表示坐标轴长度归一化到 0~1 之间的浮点数的坐标系统，即 0 和 0 是坐标轴的左下角，1 和 1 是坐标轴的右上角。这样，“xytext=(0.8,0.85)”就控制文本注释位置出现在 x 轴长度的 80%和 y 轴长度的 85%的绘图区域的文本移动效果。

（2）参数 textcoords 取值“data”就意味着使用绝对长度的坐标系统，而且是将长度与实例 cm 进行标记值对应的绝对长度。因此，“xytext=(0.8*cm,0.85*cm)”就实现了文本注释位置出现在绘图区域的 x 轴刻度线的 0.8 和 y 轴刻度线的 0.85 的位置。

（3）我们依然使用实例 cm 完成长度标记值对应的工作，从而完成 x 轴和 y 轴的长度范围的调整任务，使得注释点和注释内容可以被正确地标记和展示。

5.2 不同计量方法的操作原理

坐标轴的刻度线的计量方法有很多种，使用最频繁的就是线性计量方法，如果遇到一些特殊情况，则还可以使用对数计量、几率对数计量和对称式对数计量等计量方法。接下来，我们就将使用这些计量方法绘制的图形放在不同子区里，对照讲解它们之间的区别和联系，以使读者可以清楚地理解每种计量方法的使用场景和操作原理。

1. 代码实现

```
import matplotlib.pyplot as plt
import numpy as np

x = np.linspace(1,10,1000)
y1 = [2**j for j in x]
y2 = [0.09*j for j in x]


fig,ax = plt.subplots(2,2)

# linear
ax[0,0].plot(x,y1)
ax[0,0].set_yscale("linear")
ax[0,0].set_title("linear")
ax[0,0].grid(True,ls="-",lw=1,color="gray")

# log
ax[0,1].plot(x,y1)
ax[0,1].set_yscale("log")
ax[0,1].set_title("log")
ax[0,1].grid(True,ls="-",lw=1,color="gray")

# logit
ax[1,0].plot(x,y2)
ax[1,0].set_yscale("logit")
ax[1,0].set_title("logit")
ax[1,0].grid(True,ls="-",lw=1,color="gray")
ax[1,0].set_ylim(0.1,0.9)

# symlog
ax[1,1].plot(x,y2-np.average(y2))
ax[1,1].set_yscale("symlog",linthreshy=0.02)
ax[1,1].set_title("symlog")
ax[1,1].grid(True,ls="-",lw=1,color="gray")

fig.subplots_adjust(hspace=0.3,wspace=0.3)

plt.show()
```

2. 运行结果（见图 5-5）

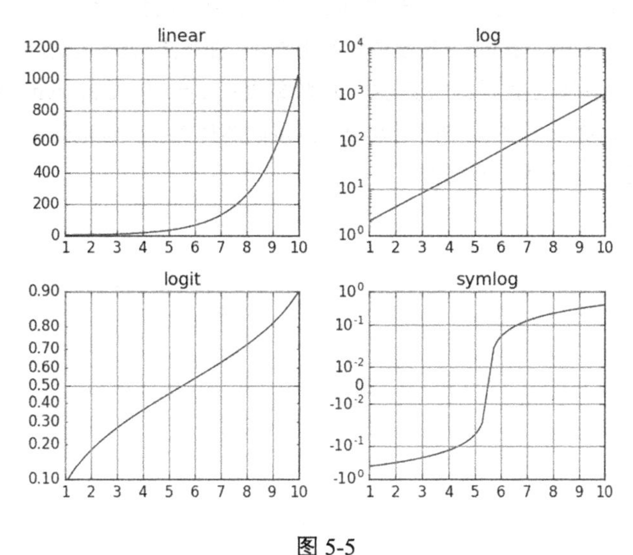

图 5-5

3. 代码精讲

（1）在子区 1 中，调用实例方法 set_yscale()设置 y 轴的计量方法采用线性计量，这是 matplotlib 中的坐标轴绘图区域的默认刻度。这是一幅指数函数曲线图形，曲线的起始变化率并不是很大，直到 x 轴上的刻度标签 8~10 对应的 y 轴上的线性刻度的变化量才有了较大增加。

（2）在子区 2 中，使用“ax[0,1].set_yscale("log")”语句，设置 y 轴的刻度采用对数计量方法。也就是说，将 y 轴上的对应刻度线上的刻度标签进行以 10 为底的对数变换，即进行如下数值变换：$y_{\text{new}} = \log_{10}(y)$。此时，$y$ 轴上的对数刻度线之间的距离就变得相对不均匀，从而使得曲线的变化率出现了较大的变化，与子区 1 中的 y 轴刻度线相比，刻度变换后的刻度线位置更加分散地分布在 y 坐标轴上。

注意：

y 轴上的刻度标签没有转换为对数刻度下的刻度标签，依然将数组 y1 中的元素作为刻度标签，只是将刻度标签转换为以 10 为底的指数形式，从而进行线性刻度下的刻度标签的统一标注。

（3）在子区 3 中，y 轴的刻度计量方法使用的是 logit 刻度，logit 刻度与线性刻度之间的变换公式是$y_{\text{new}} = \log_{10}[y/(1-y)]$。logit 刻度对 y 轴上的数值范围是有要求的，数值范围限制在开区间 0~1 之间，即(0,1)。为了使得 y 轴上的刻度标签更好地展示，我们使用实例方法 set_ylim()对 y 轴的刻度线范围进行了具体调整。而且，y 轴上的刻度标签没有转换为 logit 刻度下的刻度标签，依然将数组 y2 中的元素作为刻度标签。

（4）在子区 4 中，我们采用了 smylog 刻度的计量方法，使得曲线出现了对称的变化趋势，y 轴上的 symlog 刻度线之间的距离也呈现出关于$y = 0$对称的特征，即 y 轴上的$y > 0$的刻度线之间的距离和$y < 0$的刻度线之间的距离完全相同，刻度线的数值的绝对值完全相同。同时，相较于使用 logit 刻度的曲线变化趋势，在采用了 smylog 刻度的计量方法后，曲线走势变得更加明显。目前，matplotlib 中采用的刻度计量方法基本上就是线性刻度、对数刻度、logit 刻度和 symlog 刻度。实例方法 set_xscale()和 set_yscale()的参数的具体使用取决于刻度的选择类型。也就是说，刻度的选择类型不同，相对应的参数的使用情况也是不同的。

第 6 章

调整刻度线和刻度标签及轴脊的展示效果

坐标轴的核心组成元素就是刻度线、刻度标签和轴脊，而且坐标轴是绘图区域的关键架构。这样，我们探讨坐标轴的组成元素的焦点就自然转移到刻度线、刻度标签和轴脊上面。轴脊是坐标轴的载体，坐标轴上通常有 4 根轴脊，在轴脊上面放置刻度线和刻度标签。刻度标签用来描述刻度线的位置，即刻度线位置的数值标记。接下来，我们就通过一系列的案例来探讨坐标轴的核心组成元素的相关内容。

6.1 刻度线和刻度标签及轴标签的位置调整

在通常情况下，绘图区域里的刻度线和刻度标签分别设置在坐标轴的底部轴脊和左侧轴脊上。我们也可以通过调用 Axes.xaxis 和 Axes.yaxis 的实例方法调整刻度线和刻度标签及轴标签的位置。下面，我们就通过子区的方式来展示调整刻度线和刻度标签及轴标签位置的实现方法。

1. 代码实现

```
import matplotlib.pyplot as plt
import numpy as np

fig = plt.figure(1,figsize=(8,8),dpi=80,facecolor="w")
fontsize = 1.5*0.1*fig.dpi
font_style = {"family":"sans-serif","fontsize":fontsize,"weight":"black"}

# xaxis separate tick and ticklabel
ax0_0 = fig.add_subplot(2,2,1,axisbg="yellowgreen",alpha=.1)
ax0_0.xaxis.set_ticks_position("top")
ax0_0.xaxis.set_label_position("top")
ax0_0.set_xlabel("separate tick and ticklabel",**font_style)

# xaxis universal tick and ticklabel
ax0_1 = fig.add_subplot(2,2,2,axisbg="yellowgreen",alpha=.1)
ax0_1.xaxis.tick_top()
ax0_1.xaxis.set_label_position("top")
ax0_1.xaxis.set_label_text("universal tick and ticklabel",**font_style)

# yaxis separate tick and ticklabel
ax1_0 = fig.add_subplot(2,2,3,axisbg="yellowgreen",alpha=.1)
ax1_0.yaxis.set_ticks_position("right")
ax1_0.yaxis.set_label_position("right")
ax1_0.set_ylabel("separate tick and ticklabel",**font_style)

# yaxis universal tick and ticklabel
ax1_1 = fig.add_subplot(2,2,4,axisbg="yellowgreen",alpha=.1)
ax1_1.yaxis.tick_right()
ax1_1.yaxis.set_label_position("right")
ax1_1.yaxis.set_label_text("universal tick and ticklabel",**font_style)

fig.subplots_adjust(wspace=0.3)

plt.show()
```

2. 运行结果（见图 6-1）

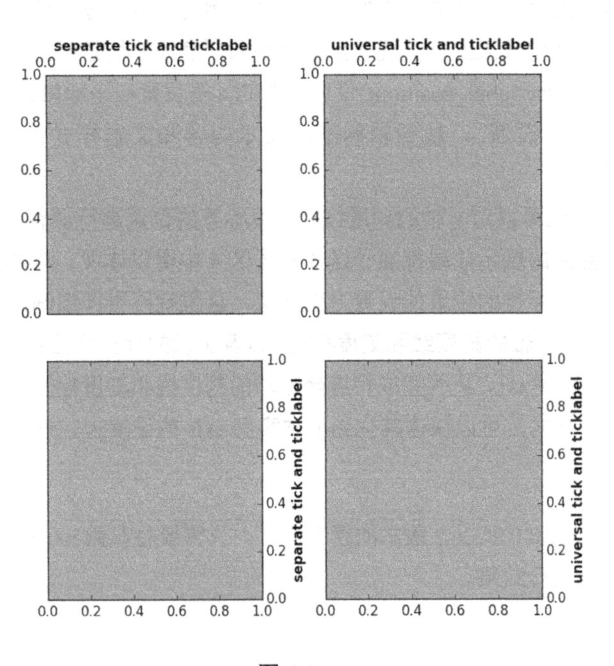

图 6-1

3. 代码精讲

（1）调用函数 figure()生成宽高相同的、白色背景的、分辨率为 80 像素的画布对象 fig。

（2）设置文本字体大小 fontsize。

（3）设置文本格式字典 font_style。

（4）调用实例方法 add_subplot()向画布对象 fig 中添加子区 1，子区 1 的坐标轴背景色是黄绿色，生成 Axes 对象 ax0_0。

（5）调用实例方法 set_ticks_position()设置刻度线的位置在顶部轴脊上，即通过“ax0_0.xaxis.set_ticks_position("top")”语句，将 x 轴的刻度线的位置调整为在顶部轴脊处。

（6）利用实例方法 set_label_position()设置 x 轴的标签位置在 x 轴的顶部，具体而言，就是通过“ax0_0.xaxis.set_label_position("top")”语句，实现 x 轴标签位置的调整。

（7）调用实例方法 set_xlabel()设置 x 轴标签的文本内容和文本样式。

（8）调用“fig.add_subplot(2,2,2,axisbg="yellowgreen",alpha=.1)”语句，生成子区 2 中的类 Axes 的实例 ax0_1。

（9）调用实例方法 tick_top()设置刻度线和刻度标签的位置在 x 轴的顶部。这里需要强调的是，调用实例方法 tick_top()既可以设置刻度线的位置，还可以设置刻度标签的位置，而调用实例方法

set_ticks_position()只能调整刻度线的位置。但是，调整刻度线的位置通常就可以调整刻度标签的位置，这是由于刻度标签是对刻度线的位置的文本标注，因此刻度标签的位置会随着刻度线的位置的变化而变化，从而在可视化效果上也实现了刻度标签和刻度线的位置同时调整的目标。

（10）调用实例方法 set_label_position()设置 x 轴的标签位置在坐标轴的顶部。

（11）在子区 2 中，设置 x 轴的轴标签的文本内容和文本样式，可以通过调用实例方法 set_label_text()得以实现。

（12）类似地，我们也可以对 y 轴的刻度线和刻度标签的位置进行调整，以及设置 y 轴标签的位置和标签的样式。调整后的展示效果都在子区 3 和子区 4 中得以体现，具体的实现方法与调整 x 轴的刻度线和刻度标签及轴标签的位置的设置方法类似，这里就不再详细阐述了。

需要补充的是，设置 x 轴的刻度线和刻度标签，以及 x 轴的标签位置和样式都是通过 Axes.xaxis 方式间接转化成 x 轴的实例 axis，从而完成相应坐标轴的刻度线和刻度标签及轴标签的设置工作的。同理，利用 Axes.yaxis 方式，可以快速转化到 y 轴实例 axis 的设置上，进而完成相应的调整任务。

4. 内容补充

对于使用 matplotlib 2.0.0 及以上版本的读者而言，只需要将参数 axisbg 换成 facecolor，就可以正常地执行脚本，获得运行结果。

6.2 刻度线的位置和数值的动态调整

在一般情况下，刻度线的位置和刻度线相应位置处的数值（刻度标签）是由生成图形的原始数据决定的。如果需要调整刻度线的位置和对应的数值，那么可以使用函数 xticks()和 yticks()，或者实例方法 set_xticks()和 set_yticks()进行展示效果的改变。但是，这种调整是相对固定的。也就是说，我们不能根据原始数据的改变做出相应的调整，只能机械地用不变的模式进行可视化效果的提高。下面，我们就介绍如何根据不同的原始数据科学、合理地调整刻度线的位置和数值。

1. 代码实现

```
import matplotlib.pyplot as plt
import numpy as np

from matplotlib.ticker import FuncFormatter,MaxNLocator

fig,ax = plt.subplots()

ticklabels = "stage1 stage2 stage3 stage4 stage5"
ticklabels_list = ticklabels.split(" " )
```

```
x = np.linspace(0,len(ticklabels_list)-1,len(ticklabels_list))
y = np.exp(-x)

ax.plot(x,y,lw=3,color="steelblue",marker="s",mfc="r",mec="r")

def tick_controller(value,position):
        if int(value) in x:
             return ticklabels_list[int(value)]
        else:
             return " "

ax.xaxis.set_major_formatter(FuncFormatter(tick_controller))
ax.xaxis.set_major_locator(MaxNLocator(integer=True))

xticklabel_text = ax.get_xticklabels()
for i,j in enumerate(xticklabel_text):
     j.set_family("monospace")
     j.set_fontsize(12)
     j.set_weight("bold")
     j.set_rotation(30)

ax.margins(0.25)

plt.show()
```

2. 运行结果（见图 6-2）

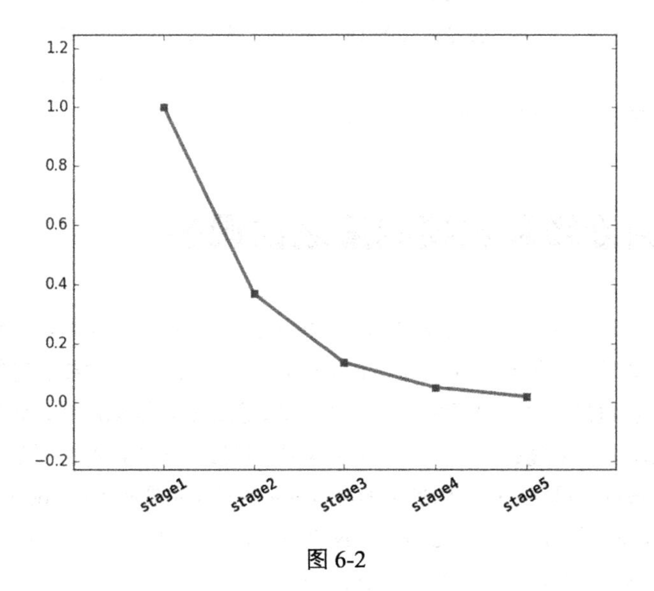

图 6-2

3. 代码精讲

（1）使用 Python 中的函数 split()，对变量 ticklabels 存储的字符串以空格作为分隔符进行切分，从而形成将字符串切片后的由字符串元素所组成的列表 ticklabels_list。

（2）在这里，我们没有使用实例方法 set_xticks()设置刻度线的位置和相应位置处的数值，而是通过实例方法 set_major_formatter()和 set_major_locator()分别设置主刻度线所在位置的数值和刻度线的位置的。这两个实例方法的参数分别是类 Formatter 的子类 FuncFormatter 的实例和类 Locator 的实例，其中，子类 FuncFormatter 的构造函数接收函数参数 tick_controller，函数 tick_controller()接收两个参数，分别是刻度线所在位置的数值 value 和刻度线所在的位置 position。如果类 MaxNLocator 的构造函数中的参数 integer 取值是 True，那么，只有当刻度线所在位置的数值是整数时，轴脊上的刻度线和刻度线对应位置的数值才会显示。

（3）通过调用实例方法 get_xticklabels()来获得 Text 实例列表 xticklabel_text，通过文本 Text 的参数对应的实例方法来设置 x 轴的刻度标签的样式，即更新类 Text 的实例的属性。调整 x 轴的刻度标签的样式具体包括设置字体类型、改变文本尺寸、文本渲染类型和文本旋转角度。

需要补充的是，实例方法 margins(m)可以调整数据范围的空白区域，也就是说，m 倍的数据区间会被添加到原来数据区间的两端。数据范围的空白区域的调整类型既包括 x 轴的数据区间，也包括 y 轴的数据区间，参数 m 的取值范围是开区间$(-0.5,+\infty)$内的浮点数。例如，如果数据区间是[0,2]，那么参数$\mathrm{m}=0.2$就会将原来的数据区间变成[−0.4,2.4]，数据范围的空白区域增加了。如果参数 m 在开区间(−0.5,0)内取值，那么原来的数据区间就会被剪切，即原来的数据范围的空白区域会缩小。例如，参数$\mathrm{m}=-0.2$，数据区间[0,2]就会变成[0.4,1.6]，即数据区间[0,2]的两端会被去掉 0.4 个单位长度，数据范围的空白区域被削减了。实例方法 margins(m,n)中的参数 m 和 n 分别用于调整 x 轴和 y 轴的数据范围的空白区域。当然，也可以分别通过实例方法 set_xmargin()和 set_ymargin()调整 x 轴和 y 轴的数据范围的空白区域。因此，实例方法 margins()的实质作用就是通过调整坐标轴的数据范围，来调整绘图区域里的图形之外的空白区域的大小。

6.3 主要刻度线和次要刻度线的调整

谈到刻度线的设置问题，就不能不提模块 ticker。模块 ticker 主要用来设置刻度线的位置和样式。模块 ticker 中有两个非常重要的类：Locator 和 Formatter。类 Locator 主要决定刻度线的位置，类 Formatter 主要控制刻度线的样式。刻度线通常包含主要刻度线和次要刻度线，而且次要刻度线默认是关闭的。通过设置次要刻度线的位置，可以显示次要刻度线；通过设置次要刻度线的样式，可以改变次要刻度线的数值标记风格（刻度标签）。类 Locator 的子类主要有 NullLocator、FixedLocator、LinearLocator、LogLocator、MultipleLocator、MaxNLocator、AutoMinorLocator 和 AutoLocator。类 Formatter 的子类主要有 NullFormatter、FuncFormatter、FormatStrFormatter 和 ScalarFormatter。次要刻度线之所以不显示，是因为次要刻度线的位置和样式使用了类 NullLocator（不显示刻度线）和 NullFormatter（在刻度线上不显示刻度标签）。另外，画图时默认使用 AutoLocator 类控制刻度线的位置。接下来，我们就通过一个具体案例来说明主要刻度线和次要刻度线的设置问题。

1. 代码实现

```
    import matplotlib.pyplot as plt
    import numpy as np

    from matplotlib.ticker import MultipleLocator,FormatStrFormatter,
AutoMinorLocator,NullFormatter,FixedLocator

    fig,ax = plt.subplots(3,1)

    # subplot(3,1,1)
    majorLocator = MultipleLocator(1.5)
    majorFormatter = FormatStrFormatter("%1.1f")
    minorLocator = MultipleLocator(0.5)
    minorFormatter = NullFormatter()

    x = np.linspace(0,2*np.pi,500)
    y = np.cos(2*np.pi*x)*np.exp(-x)

    ax[0].plot(x,y,lw=3,color="cornflowerblue")

    ax[0].xaxis.set_major_locator(majorLocator)
    ax[0].xaxis.set_major_formatter(majorFormatter)


    ax[0].xaxis.set_minor_locator(minorLocator)
    ax[0].xaxis.set_minor_formatter(minorFormatter)

    # subplot(3,1,2)
    minorLocator = AutoMinorLocator()

    x = np.linspace(0,2*np.pi,500)
    y = np.cos(2*np.pi*x)*np.exp(-x)

    ax[1].plot(x,y,lw=3,color="cornflowerblue")

    ax[1].xaxis.set_minor_locator(minorLocator)

    ax[1].tick_params(axis="x",which="major",length=6,width=1.5)
    ax[1].tick_params(axis="x",which="minor",length=4,width=1,color="r")
```

```
# subplot(3,1,3)
majorLocator = FixedLocator([0,np.pi/2,np.pi,3*np.pi/2,2*np.pi])
minorLocator = AutoMinorLocator(2)

x = np.linspace(0,2*np.pi,500)
y = np.cos(2*np.pi*x)*np.exp(-x)

ax[2].plot(x,y,lw=3,color="cornflowerblue")

ax[2].xaxis.set_major_locator(majorLocator)

ax[2].xaxis.set_minor_locator(minorLocator)

ax[2].tick_params(which="major",length=6,width=1.5)
ax[2].tick_params(which="minor",length=4,width=1,color="r")

ax[2].set_xticklabels(["0",r"$\pi/2$",r"$\pi$",r"$3\pi/2$",r"$2\pi$"])

plt.show()
```

2. 运行结果（见图 6-3）

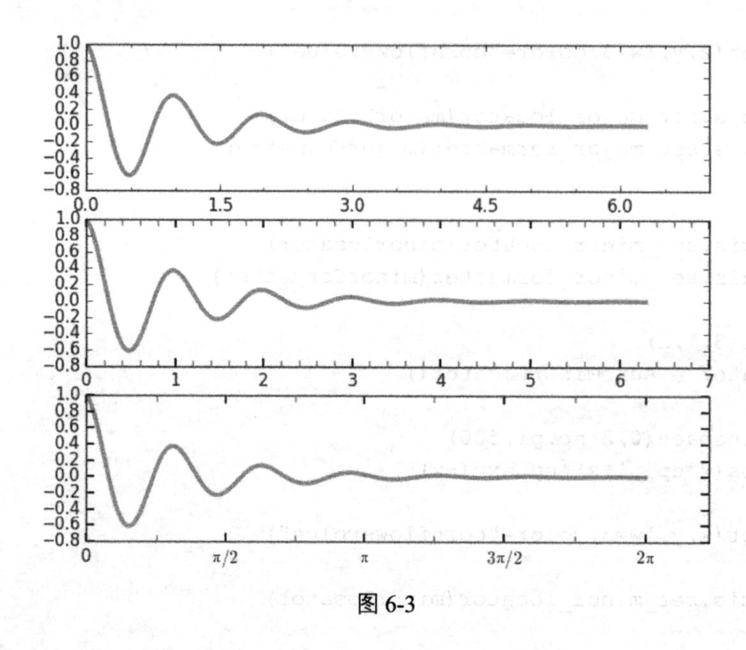

图 6-3

3. 代码精讲

（1）在子区 1 中，使用类 MultipleLocator 设置主要刻度线和次要刻度线的位置，分别使用类

FormatStrFormatter 和 NullFormatter 设置主要刻度线和次要刻度线的样式。具体而言，执行“ax[0].xaxis.set_major_locator(majorLocator)”语句，可以将主要刻度线的位置以每隔 1.5 的单位长度进行标记；执行“ax[0].xaxis.set_minor_locator(minorLocator)”语句，可以实现次要刻度线的位置以每隔 0.5 的单位长度进行设置的调整需求。调用“ax[0].xaxis.set_major_formatter(majorFormatter)”语句，将主要刻度线的样式设置成“%1.1f”风格的格式化字符串，实例 FormatStrFormatter("%1.1f")表示将刻度线上的数值设置成 1 个小数位数的浮点数的字符串风格。调用“ax[0].xaxis.set_minor_formatter(minorFormatter)”语句，设置在次要刻度线上不放置刻度标签，也就是刻度值。

（2）在子区 2 中，执行“ax[1].xaxis.set_minor_locator(minorLocator)”语句，设置次要刻度线的位置，实例方法 AutoMinorLocator()会将每个主要刻度线之间的距离均匀地分成 5 等份。调用实例方法 tick_params()设置 x 轴的主要刻度线和次要刻度线的外观，包括刻度线的宽度、长度及颜色。

（3）在子区 3 中，实例 FixedLocator([0,np.pi/2,np.pi,3*np.pi/2,2*np.pi])将刻度线放置在指定数值“0”“np.pi/2”“np.pi”“3*np.pi/2”和“2*np.pi”的位置上，实例 AutoMinorLocator(2)将每个刻度线之间的距离分成两个区间单位，这些实例以参数形式传入实例方法 set_major_locator()和 set_minor_locator()中，具体通过调用“ax[2].xaxis.set_major_locator(majorLocator)”和“ax[2].xaxis.set_minor_locator(minorLocator)”语句，实现主要刻度线和次要刻度线的位置调整的目标。调用实例方法 tick_params()设置坐标轴的刻度线的外观，即刻度线的宽度、长度和颜色。调用“ax[2].set_xticklabels(["0",r"$\pi/2$",r"π",r"$3\pi/2$",r"2π"])”语句，将主要刻度线上的数值样式转换成弧度制形式的刻度标签。

4. 内容补充

matplotlib 库中的模块 ticker 主要用来设置刻度线的位置和格式化刻度标签的样式。谈到刻度线位置的设置方法，主要使用模块 ticker 中类 Locator 的子类，包括 AutoMinorLocator、FixedLocator、IndexLocator、LinearLocator、LogLocator、MaxNLocator、NullLocator、MultipleLocator 等。关于刻度线样式的设置方法，主要使用模块 ticker 中类 Formatter 的子类，包括 FixedFormatter、FormatStrFormatter、FuncFormatter、LogFormatter、NullFormatter、ScalarFormatter 等。由于这些子类的具体使用方法与“代码实现”部分里介绍的子类的使用方法类似，因此这里就不再详细介绍这些子类的使用方法了。

6.4 轴脊的显示与隐藏

一根坐标轴 axis 的轴脊就是一条连接坐标轴 axis 的刻度标签和刻度线的直线。在绘图区域中，一般有 4 根轴脊，这些轴脊既可以放在任意位置，也可以显示和隐藏。关于轴脊的显示和隐藏的控制问题，主要通过实例方法 set_visible()得以实现。下面，我们就通过具体代码来介绍轴脊的显示与隐藏的实现方法。

1. 代码实现

```
import matplotlib.pyplot as plt
import numpy as np

x = np.linspace(0,2*np.pi,500)
y = 1.85*np.sin(x)

fig,ax = plt.subplots(3,1)

# subplot(3,1,1)
ax[0].plot(x,y,lw=3,color="dodgerblue")

ax[0].set_ylim(-2,2)

ax[0].set_axis_bgcolor("lemonchiffon")

# subplot(3,1,2)
ax[1].plot(x,y,lw=3,color="dodgerblue")

ax[1].spines["right"].set_visible(False)
ax[1].spines["top"].set_visible(False)

ax[1].xaxis.set_ticks_position("bottom")
ax[1].yaxis.set_ticks_position("left")

ax[1].set_ylim(-3,3)

ax[1].set_axis_bgcolor("lemonchiffon")

# subplot(3,1,3)
ax[2].plot(x,y,lw=3,color="dodgerblue")

ax[2].spines["right"].set_color("none")
ax[2].spines["top"].set_color("none")

ax[2].yaxis.tick_left()
ax[2].xaxis.tick_bottom()

ax[2].spines["left"].set_bounds(-1,1)
ax[2].spines["bottom"].set_bounds(0,2*np.pi)

ax[2].set_ylim(-2,2)

ax[2].set_axis_bgcolor("lemonchiffon")
```

```
fig.subplots_adjust(hspace=0.3)

plt.show()
```

2. 运行结果（见图 6-4）

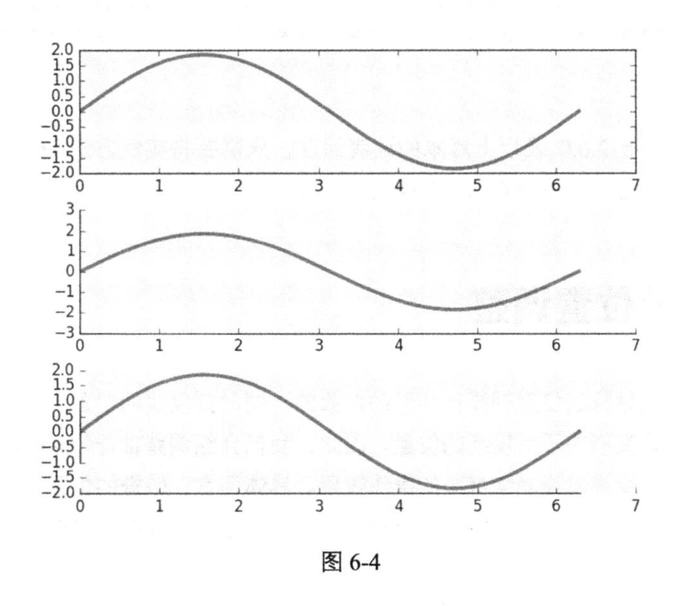

图 6-4

3. 代码精讲

（1）在子区 1 中，调用“ax[0].set_ylim(-2,2)”语句，设置 y 轴的数据范围；调用类 Axes 的实例方法 set_axis_bgcolor()，设置坐标轴的背景色。

（2）在子区 2 中，通过调用“ax[1].spines”语句，获得 Axes 实例 ax[1]的属性 spines 的字典类型的属性值，这个字典属性值的键是轴脊的位置，键值是类 Spine 的实例。通过调用“ax[1].spines["right"]”语句，获得右侧轴脊实例 Spine，进一步调用实例方法 Spine.set_visible()控制右侧轴脊的显示状态，即通过调用“ax[1].spines["right"].set_visible(False)”语句，实现右侧轴脊的隐藏状态。同理，通过调用“ax[1].spines["top"].set_visible(False)”语句，将顶部轴脊的显示效果设置成隐藏状态。调用 XAxis 和 YAxis 的实例方法 set_ticks_position()，分别将 x 轴的刻度线和 y 轴的刻度线放置在底部轴脊和左侧轴脊上。调用“ax[1].set_ylim(-3,3)”语句，设置 y 轴的数据范围。

（3）在子区 3 中，使用类 Spine 的实例方法 set_color()将右侧轴脊和顶部轴脊的颜色设置成没有颜色“none”，从而实现“隐藏”右侧轴脊和底部轴脊的目标。在设置 x 轴和 y 轴刻度线位置的过程中，调用了 XAxis 的实例方法 tick_bottom()，将坐标轴的刻度线和刻度标签同时放置在坐标轴的底部。同样，调用 YAxis 的实例方法 tick_left()，将坐标轴的刻度线和刻度标签同时放置在坐标轴的左侧。调用 Spine 的实例方法 set_bounds()设置轴脊的长度范围，具体而言，调用“ax[2].spines["left"].set_ bounds(-1,1)”语句，设置左侧轴脊的长度边界；调用“ax[2].spines["bottom"].set_bounds(0,2*np.pi)”语句，调整底部轴脊的长度边界。这样，我们获得了刻度标签和刻度线没有全部落在左侧和底部轴脊上的可视化效果，这是因为我们将轴脊的长度边界调整到小于刻度线的数值标记的数据范围。

需要补充的是，实例方法 set_ylim()用来设置当前坐标轴 axes 的 *y* 轴的数据范围，实例方法 Spine.set_bounds()用来实现设置轴脊的边界范围的需求。因此，前者是用来调整坐标轴 axis 的数据范围的，后者是用来设置轴脊的长度边界的。前者的调整范围更大，后者的调整范围更局部。

4. 内容补充

对于使用 matplotlib 2.0.0 及以上版本的读者而言，只需要将实例方法 set_axis_bgcolor()换成 set_facecolor()，就可以正常地执行脚本，获得运行结果。

6.5 轴脊的位置调整

坐标轴的移动是以轴脊的位置调整作为移动对象的，同时刻度线的位置也是以轴脊作为参照标准的，刻度标签的位置又取决于刻度线的位置。因此，我们介绍调整轴脊位置的实现方法就具有很好的实践意义，具有“牵一发而动全身”的操作效果。具体而言，轴脊的位置调整主要通过调用类 Spine 的实例方法 set_position()得以实现。接下来，我们就通过具体代码来讲解轴脊位置调整的实现方法。

1. 代码实现

```
import matplotlib.pyplot as plt
import numpy as np

x = np.linspace(0,2,1000)
y = 0.9*np.sin(np.pi*x)

fig,ax = plt.subplots(2,3)

# subplot(2,3,1)
ax[0,0].plot(x,y,lw=3,color="steelblue")

ax[0,0].spines["right"].set_visible(False)
ax[0,0].spines["top"].set_visible(False)

# set left and bottom spines position
ax[0,0].spines["left"].set_position(("data",0.5))
ax[0,0].spines["bottom"].set_position(("data",1))
```

```
# set tickline position of bottom and left spines
ax[0,0].xaxis.set_ticks_position("bottom")
ax[0,0].yaxis.set_ticks_position("left")

ax[0,0].set_ylim(-1,1)
ax[0,0].set_axis_bgcolor("lemonchiffon")

# subplot(2,3,4)
ax[1,0].plot(x,y,lw=3,color="steelblue")

ax[1,0].spines["right"].set_color("none")
ax[1,0].spines["top"].set_color("none")

# set left and bottom spines position
ax[1,0].spines["left"].set_position("zero")
ax[1,0].spines["bottom"].set_position("zero")

# set tickline position of bottom and left spines
ax[1,0].xaxis.tick_bottom()
ax[1,0].yaxis.tick_left()

ax[1,0].set_ylim(-1,1)
ax[1,0].set_axis_bgcolor("lemonchiffon")

# subplot(2,3,2)
ax[0,1].plot(x,y,lw=3,color="steelblue")

ax[0,1].spines["right"].set_visible(False)
ax[0,1].spines["top"].set_visible(False)

# set left and bottom spines position
ax[0,1].spines["left"].set_position(("axes",0.25))
ax[0,1].spines["bottom"].set_position(("axes",0.75))

# set tickline position of bottom and left spines
ax[0,1].xaxis.set_ticks_position("bottom")
ax[0,1].yaxis.set_ticks_position("left")

ax[0,1].set_ylim(-1,1)
ax[0,1].set_axis_bgcolor("lemonchiffon")

# subplot(2,3,5)
ax[1,1].plot(x,y,lw=3,color="steelblue")
```

```
ax[1,1].spines["right"].set_color("none")
ax[1,1].spines["top"].set_color("none")

# set left and bottom spines position
ax[1,1].spines["left"].set_position("center")
ax[1,1].spines["bottom"].set_position("center")

# set tickline position of bottom and left spines
ax[1,1].xaxis.tick_bottom()
ax[1,1].yaxis.tick_left()

ax[1,1].set_ylim(-1,1)
ax[1,1].set_axis_bgcolor("lemonchiffon")

# subplot(2,3,3)
ax[0,2].plot(x,y,lw=3,color="steelblue")

ax[0,2].spines["right"].set_visible(False)
ax[0,2].spines["top"].set_visible(False)

# set left and bottom spines position
ax[0,2].spines["left"].set_position(("outward",3))
ax[0,2].spines["bottom"].set_position(("outward",2))

# set tickline position of bottom and left spines
ax[0,2].xaxis.set_ticks_position("bottom")
ax[0,2].yaxis.set_ticks_position("left")

ax[0,2].set_ylim(-1,1)
ax[0,2].set_axis_bgcolor("lemonchiffon")

# subplot(2,3,6)
ax[1,2].plot(x,y,lw=3,color="steelblue")

ax[1,2].spines["right"].set_color("none")
ax[1,2].spines["top"].set_color("none")

# set left and bottom spines position
ax[1,2].spines["left"].set_position(("outward",-3))
ax[1,2].spines["bottom"].set_position(("outward",-2))

# set tickline position of bottom and left spines
ax[1,2].xaxis.tick_bottom()
ax[1,2].yaxis.tick_left()
```

```
ax[1,2].set_ylim(-1,1)
ax[1,2].set_axis_bgcolor("lemonchiffon")

fig.subplots_adjust(wspace=0.35,hspace=0.2)

plt.show()
```

2. 运行结果（见图 6-5）

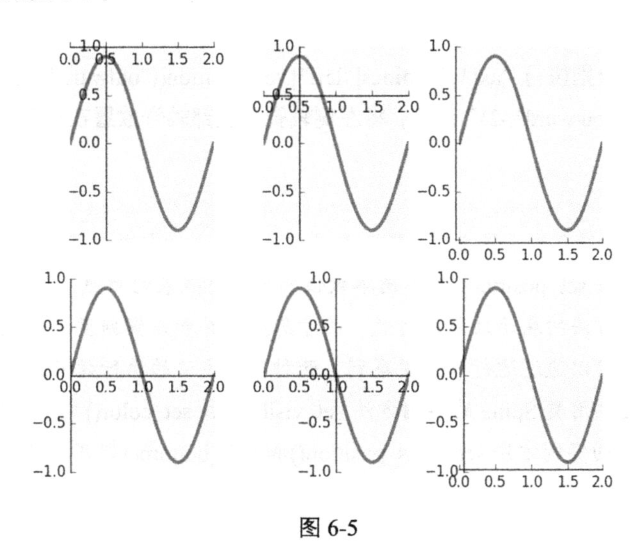

图 6-5

3. 代码精讲

（1）在子区 1（左上角的绘图区域）中，调用类 Spine 的实例方法 set_position()控制轴脊的位置移动。实例方法 set_position(position)的参数 position 是一个含有两个元素的元组，其中，第一个元素是轴脊的位置类型，第二个元素是轴脊位置的数值描述。具体而言，“ax[0,0].spines["left"].set_position(("data",0.5))”语句中的实例方法 set_position()的参数值是“("data",0.5)”，表示轴脊的位置类型是数值坐标系统，左侧轴脊放置在 x 轴的 0.5 刻度线处。同理，“ax[0,0].spines["bottom"].set_position(("data",1))”语句中的实例方法 set_position()的参数值是“("data",1)”，表示轴脊的位置类型是数值坐标系统，底部轴脊调整到 y 轴的 1.0 刻度线处。

（2）在子区 4（左下角的绘图区域）中，实例方法 set_position()的参数值是“zero”，相当于参数值“("data",0.0)”。调用“ax[1,0].set_ylim(-1,1)”语句，设置 y 轴的数据范围。调用类 Axes 的实例方法 set_axis_bgcolor()设置坐标轴的背景色。

（3）在子区 2 中，“ax[0,1].spines["left"].set_position(("axes",0.25))”语句中的实例方法 set_position()的参数值是“("axes",0.25)”，表示轴脊的位置类型是 Axes 坐标系统，即坐标轴的长度采用归一化到[0,1]的浮点数的计量方法，左侧轴脊放置在 x 轴长度的 25%的刻度线处，底部轴脊放

置在 y 轴长度的 75%的刻度线处。

（4）在子区 5 中，分别调用"ax[1,1].spines["left"].set_position("center")"和"ax[1,1].spines["bottom"].set_position("center")"语句，将左侧轴脊和底部轴脊放置在 x 轴长度的 50%和 y 轴长度的 50%的刻度线处。

（5）在子区 3 中，"ax[0,2].spines["left"].set_position(("outward",3))"语句中的实例方法 set_position()的参数值是"("outward",3)"，表示将左侧轴脊放置在距离数据区域 3 个点的外侧位置处。同理，执行"ax[0,2].spines["bottom"].set_position(("outward",2))"语句，将底部轴脊放置在距离数据区域 2 个点的外侧位置处。

（6）在子区 6 中，分别执行"ax[1,2].spines["left"].set_position(("outward",-3))"和"ax[1,2].spines["bottom"].set_position(("outward",-2)"语句，将左侧轴脊和底部轴脊放置在距离数据区域 3 个点和 2 个点的内侧位置处。

注意：

子区 1 和子区 4、子区 2 和子区 5、子区 3 和子区 6 都是关于轴脊位置调整的展示效果的比较。这种比较既包括实例方法 set_position()的不同参数值的可视化效果的对照，也包括隐藏轴脊和设置刻度线位置的不同实现方法的展示效果的对照。关于隐藏轴脊和设置刻度线位置的不同实现方法的展示效果的对照，我们可以通过运行结果观察到，两种实现方法的执行效果完全相同。也就是说，以底部轴脊为例，通过调用类 Spine 的实例方法 set_visible()和 set_color()都可以将底部轴脊进行隐藏，通过调用类 XAxis 的实例方法 set_ticks_position()和 tick_bottom()都可以将刻度线和刻度标签放置在底部轴脊上。

4. 内容补充

对于使用 matplotlib 2.0.0 及以上版本的读者而言，只需要将实例方法 set_axis_bgcolor()换成 set_facecolor()，就可以正常地执行脚本，获得运行结果。

第 3 篇

交互

Learn data, and you can tell stories that more people don't even know about yet but are eager to hear.

——Nathan Yau

本篇主要讲解具有交互效果的图形的实现方法，包括绘制动态图形（动画）的方法，以及实现 GUI 效果和事件处理效果的方法。

第 7 章

实现图形的动画效果

在 matplotlib 中，不仅可以绘制静态图形，也可以绘制动态图形。对于动态图形来说，我们称之为动画或许会让读者更容易明白。绘制动画的方法主要有两种：一种是使用模块 animation 绘制动画；另一种是调用模块 pyplot 的 API 绘制动画。下面，我们就分别通过实用案例加以讲解，以使读者理解这两种方法的区别和联系。

7.1 使用模块 animation 绘制动画

一般而言，在绘制复杂动画时，主要借助模块 animation 来完成。下面，我们就详细介绍模块 animation 中的类 FuncAnimation 的使用方法。

1. 代码实现

```
import matplotlib.pyplot as plt
import numpy as np

from matplotlib.animation import FuncAnimation
```

```
fig, ax = plt.subplots(1,1)

x = np.linspace(0,2*np.pi,5000)
y = np.exp(-x)*np.cos(2*np.pi*x)
line, = ax.plot(x,y,color="cornflowerblue",lw=3)
ax.set_ylim(-1.0,1.0)

# to clear current frame
def init():
     line.set_ydata([np.nan]*len(x))
     return line,

# to update the data
def animate(data):
     line.set_ydata(np.exp(-x)*np.cos(2*np.pi*x+float(data)/100))
     return line,

# to call class FuncAnimation which connects animate and init
ani = FuncAnimation(
      fig,
      animate,
      init_func=init,
      frames=200,
      interval=2,
      blit=True)

# to save the animation
ani.save("mymovie.mp4",fps=20,writer="ffmpeg")

plt.show()
```

2. 运行结果（见图 7-1）

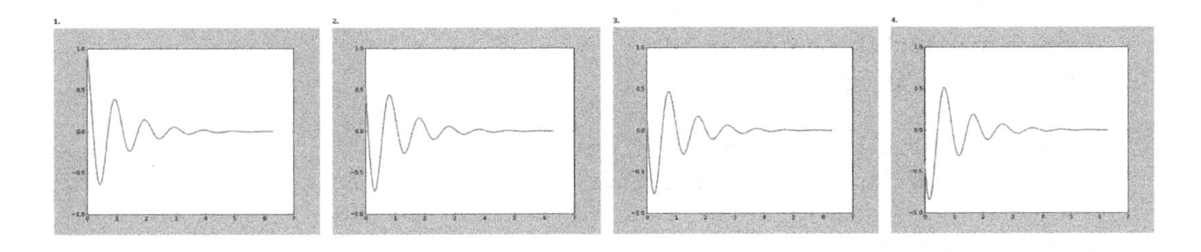

图 7-1

3. 代码精讲

（1）我们定义了两个函数 init()和 animate()，函数 init()的作用是在绘制下一帧动画画面之前清空画布窗口中的当前动画画面，函数 animate()的作用是绘制每帧动画画面。这两个函数的返回值“line”后面的符号“,”是不可以省略的，原因就是只有添加了符号“,”，才可以使得返回值是 Line2D 对象。

（2）同理，通过调用“ax.plot(x,y,color="cornflowerblue",lw=3)”语句，获得的返回值“line”的后面也需要添加符号“,”。

（3）函数 init()和 animate()分别作为参数值传入类 FuncAnimation 的构造函数中。类 FuncAnimation 的构造函数主要接收的参数有 Figure 对象、函数 func、帧数 frames、帧与帧之间的间隔时间 interval。

（4）调用实例方法 save()，将绘制的每帧动画画面（图形）保存成图像文件，然后将全部图像文件转存成视频文件，也就是动画 mymovie.mp4，这个动画的文件格式是 MPEG-4 Movie。如果计算机安装的是 Windows 操作系统，则可以使用系统自带的 Windows Media Player 软件打开，当然也可以使用其他视频播放软件打开。动画保存在生成动画的执行脚本所在的路径下。

（5）调用模块 pyplot 中的函数 show()，生成自动播放动画内容的画布窗口。在图 7-1 中，展示了从动画内容中选取的 4 帧动画画面。

7.2 调用模块 pyplot 的 API 绘制动画

在生活中，很多人都看过万花筒，纸筒随着手向一个方向转动，在纸筒里会看到五彩缤纷的图案，很是奇妙。其实，我们的生活本身也是丰富多彩的，这种美好从一定程度上来讲是由四季变换所产生的，我们不妨将其称为生活万花筒。下面，我们就用 Python 代码的形式模拟生活万花筒，在数据可视化的世界里，探索数据之美，感受动画之妙。

1. 代码实现

```
import matplotlib.pyplot as plt
import numpy as np

from matplotlib.patches import Circle
from warnings import filterwarnings

# ignore warning
filterwarnings("ignore",".*GUI is implemented.*")

# set several variables
word = "kaleidoscope"
```

```
    row = int(len(word)/4)
    col = int(len(word)/4)
    num = int(len(word)/4)

    data = np.random.random((row,col,num))
    colorMap = ["spring","summer","autumn","winter"]

    subplot_row = int(len(word)/6)
    subplot_col = int(len(word)/6)

    font = dict(family="monospace",weight="bold",style="italic",fontsize=10)
    subplot_kw = dict(aspect="equal",frame_on=False,xticks=[],yticks=[])

    # create subplots
    fig,ax = plt.subplots(subplot_row,subplot_col,subplot_kw=subplot_kw)

    # generate a subplot
    def rowcolgenerator(r,c,season):
        index = colorMap.index(season)
        t = index*num
        subtitle = "No.{} '{}' Theme of the {}"
        for j in range(len(data)):
            ax[r,c].cla()
            collection = ax[r,c].pcolor(data[j,:],cmap=colorMap[index])
            patch = Circle((1.5,1.5),radius=1.5,transform=ax[r,c].transData)
            collection.set_clip_path(patch)
            element = colorMap[index].capitalize()
            ax[r,c].set_title(subtitle.format((j+1),word[t:t+3],element),
            **font)
            ax[r,c].set_axis_off()
            plt.pause(0.15)

    # create animation
    def animation():
        i = 0
        for r in range(subplot_row):
            for c in range(subplot_col):
                rowcolgenerator(r,c,colorMap[i])
                i += 1

        title = "Life Kaleidoscope Consists of Four Seasons"
        plt.suptitle(title,family="serif",weight="black",fontsize=20)

        plt.subplots_adjust(wspace=0.05,hspace=0.2)
```

```
if __name__ == "__main__":
    animation()
```

2. 运行结果（见图 7-2）

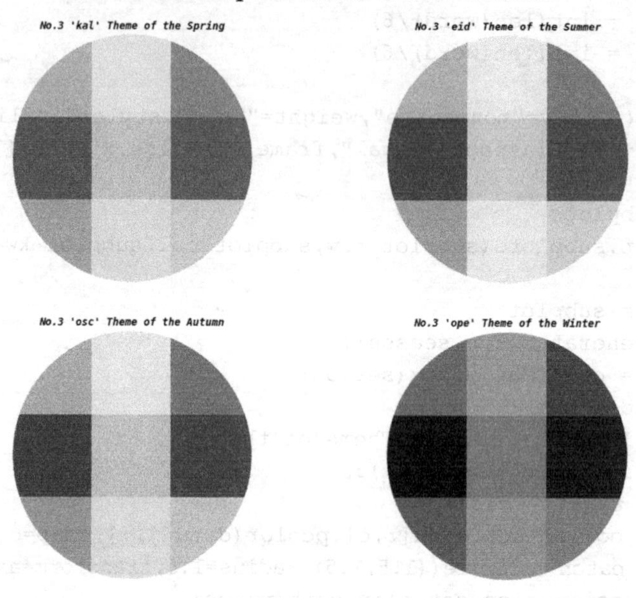

图 7-2

3. 代码精讲

（1）导入模块 pyplot、patches 和 warnings，其中，模块 patches 主要用于导入类 Circle，模块 warnings 主要用于导入函数 filterwarnings()。导入 NumPy 包用于生成类 ndarray 的数据对象。

注意：

函数 filterwarnings(action,message)主要用来设置对于警告信息而言脚本所采用的运行模式，其中，参数 action 用来设置脚本运行模式，参数 message 用来收集必须与正则表达式相匹配的警告信息。

（2）通过调用“np.random.random((row,col,num))”语句，生成在半开区间[0.0,1.0)内的随机浮点数的数组 array，数据对象 ndarray 的形状是 row 行 col 列，而且数组 array 中的每个元素都包含 num 个浮点数。

（3）通过调用“colorMap = ["spring","summer","autumn","winter"]”语句，将颜色映射表的名称存储在列表 colorMap 中。

（4）通过调用“subplot_kw = dict(aspect="equal",frame_on=False,xticks=[],yticks=[])”语句，用字典数据结构设置子区的坐标轴的展示形式，参数 aspect 的取值将 x 轴的刻度线之间的单位距离和 y

轴的刻度线之间的单位距离设置成长度相同，参数 frame_on 的取值将轴脊隐藏，参数 xticks 和 yticks 的取值分别将 x 轴和 y 轴的刻度线去掉，相应地，也将坐标轴上的刻度标签去掉。

（5）函数 rowcolgenerator()的功能主要是在每个子区上绘制图形。具体而言，通过调用“ax[r,c].cla()”语句，清除当前子区里的坐标轴 ax[r,c]上的图形。然后在坐标轴 ax[r,c]上，调用类 Axes 的实例方法重新绘制图形，也就是通过调用“ax[r,c].pcolor(data[j,:],cmap=colorMap[index])”语句，绘制模拟颜色图，参数 cmap 用来设置模拟颜色图所使用的颜色映射表的名称。通过调用“Circle((1.5,1.5),radius=1.5,transform=ax[r,c].transData)”语句，绘制一个半径为 1.5、圆心在(1.5,1.5)位置处的圆形补片，参数 transform 的取值表示使用 ax[r,c]的坐标系统，也就是使用类 Axes 的坐标系统，例如，(0,0)表示坐标轴的左下角，(1,1)表示坐标轴的右上角。调用类 Collection 的实例方法 set_clip_path()，将圆形补片 patch 作为剪切模板或裁剪路径，裁剪出一幅圆形样式的模拟颜色图。变量 element 存储的是首字母大写的颜色映射表的名称。调用类 Axes 的实例方法 set_title()设置子区的文本标题。调用类 Axes 的实例方法 set_axis_off()关闭 x 和 y 坐标轴，也就是说，将两个维度的坐标轴隐藏。最后，调用模块 pyplot 中的函数 pause()，设置在执行下一句代码之前的延迟时间，这个函数一般可以用来实现简单的动画效果。

注意：

模块 pyplot 中的函数 pause()不可以使用内置模块 time 中的函数 sleep()代替，即使两个函数的作用都是对于给定若干秒数而言，延迟执行脚本中的代码语句。

（6）函数 animation()的功能主要是通过 for 循环语句，分别在每个子区上绘制圆形模拟颜色图。其中，调用模块 pyplot 中的函数 suptitle()在画布上添加文本标题，调用模块 pyplot 中的函数 subplots_adjust()分别设置子区之间的宽度和高度。

（7）通过 if 语句，如果执行脚本，那么条件表达式“__name__ == "__main__"”的返回值是“True”，进而调用函数 animation()，从而完成绘制动画的任务。

4. 内容补充

函数 pause()通常用来绘制简单的动画内容，模块 animation 通常用来绘制更加复杂的动画内容。当然，这里讲的简单与复杂是相对而言的。

第 8 章

实现 GUI 效果

借助 matplotlib，除可以绘制动画内容外，还可以实现用户图形界面的效果，也就是 GUI 效果。GUI 是用户使用界面的英文单词首字母的缩写。接下来，我们就以模块 widgets 中的类 RadioButtons、Cursor 和 CheckButtons 的使用方法为例，详细讲解实现 GUI 效果的思路和方法。

8.1 类 RadioButtons 的使用方法

通过调用类 RadioButtons，可以在画布中添加具备选择功能的收音机按钮，实现类似网页项目栏中的单击按钮的体验效果，就如同按下收音机的功能按钮一般，进而通过按下按钮的操作过程，最终实现绘制内容的改变。

1. 代码实现

```
import matplotlib.pyplot as plt
import numpy as np

from matplotlib.widgets import RadioButtons
```

```
x = np.linspace(0.0,2.0,1000)
y1 = 1.5*np.cos(2*np.pi*x)
y2 = 1.0*np.cos(2*np.pi*x)
y3 = 0.8*np.cos(2*np.pi*x)

fig,ax = plt.subplots(1,1)
line, = ax.plot(x,y1,color="red",lw=2)
plt.subplots_adjust(left=0.35)

axesbgcolor = "cornflowerblue"

# a set of radionbuttons about amplitude
ax1 = plt.axes([0.1,0.7,0.15,0.15],axisbg=axesbgcolor)
radio1 = RadioButtons(ax1,("1.5 A","1.0 A","0.8 A"))

def amplitudefunc(label):
    hzdict = {"1.5 A":y1,"1.0 A":y2,"0.8 A":y3}
    ydata = hzdict[label]
    line.set_ydata(ydata)
    plt.draw()

radio1.on_clicked(amplitudefunc)

# a set of radiobuttons about color
ax2 = plt.axes([0.1,0.4,0.15,0.15],axisbg=axesbgcolor)
radio2 = RadioButtons(ax2,("red","green","orange"))

def colorfunc(label):
    line.set_color(label)
    plt.draw()

radio2.on_clicked(colorfunc)

# a set of radionbuttons about linestyle
ax3 = plt.axes([0.1,0.1,0.15,0.15],axisbg=axesbgcolor)
radio3 = RadioButtons(ax3,("-","--","-.",":"))

def linestylefunc(label):
    line.set_linestyle(label)
    plt.draw()

radio3.on_clicked(linestylefunc)

plt.show()
```

2. 运行结果（见图 8-1）

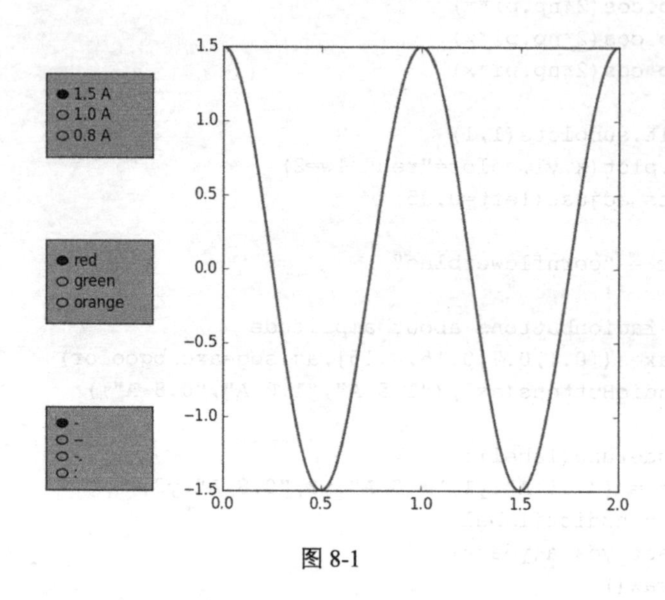

图 8-1

3. 代码精讲

（1）在 GUI 效果的实现过程中，通过调用“from matplotlib.widgets import RadioButtons”语句，从模块 widgets 中导入类 RadioButtons，实现向画布中添加按钮的关键一步。

（2）在添加第一组振幅按钮的过程中，首先向画布中添加一个坐标轴实例 ax1，这是一个长度和高度都归一化到 0~1 之间的正方形坐标轴，距离画布左边缘和底部分别是画布长度的 10%和高度的 70%，下面需要添加的收音机按钮就会被放置在这个坐标轴内部。

（3）接着向类 RadioButtons 的构造函数中传递坐标轴实例 ax1 和按钮的标签内容，目的是向坐标轴中添加指定振幅大小的收音机按钮。

（4）定义振幅函数 amplitudefunc()，在该函数中，调用函数 draw()更新单击了相应按钮后的画布内容。函数 draw()一般使用在交互模式下的画布内容的更新操作的过程里。

（5）调用实例方法 on_clicked()，在振幅按钮被单击时，就会将振幅按钮的文本标签内容作为参数值传入函数 amplitudefunc()中，最终实现振幅函数 amplitudefunc()的调用目标。也就是说，实例方法将按钮的标签内容与振幅函数联系起来，从而实现单击不同的按钮出现相应振幅的图形的 GUI 效果。

（6）在第二组颜色按钮的制作过程中，除添加坐标轴实例 ax2 和生成颜色按钮实例 RadioButtons 外，主要借助函数 colorfunc()完成颜色按钮功能的设置工作，也就是通过实例方法 on_clicked()将颜色按钮功能赋予颜色文本标签内容，从而实现单击不同的颜色按钮出现不同颜色的线条的 GUI 效果。

（7）对于第三组线条风格按钮的设置思路和方法与前两组完全相同，实现方法的关键就是定义函数 linestylefunc()及调用实例方法 on_clicked()，这里就不再逐一进行相关内容的讲解了。

4. 内容补充

对于使用 matplotlib 2.0.0 及以上版本的读者而言，只需要将参数 axisbg 换成 facecolor，就可以正常地执行脚本，获得运行结果。

8.2 类 Cursor 的使用方法

通过使用类 Cursor，可以向图形中添加一组横纵交叉的直线，从而实现图形界面中任何位置的数值定位的可视化效果。从某种意义上来讲，这种横纵交叉线又很像数值放大镜，可以清楚地显示任何位置的坐标数值。在金融行业里，我们会非常频繁和适宜地使用交叉线来窥探数据的规律和特点。

1. 代码实现

```
import matplotlib.pyplot as plt
import numpy as np

from matplotlib.widgets import Cursor

lineprops=dict(color="red",lw=2)

fig,ax = plt.subplots(1,1,subplot_kw=dict(axisbg="lemonchiffon"))

x = np.random.random(100)
y = np.random.random(100)
ax.scatter(x,y,marker="o")
ax.set_xlim(-0.02,1.02)
ax.set_ylim(-0.02,1.02)

cursor = Cursor(ax,useblit=True,**lineprops)

plt.show()
```

2. 运行结果（见图 8-2）

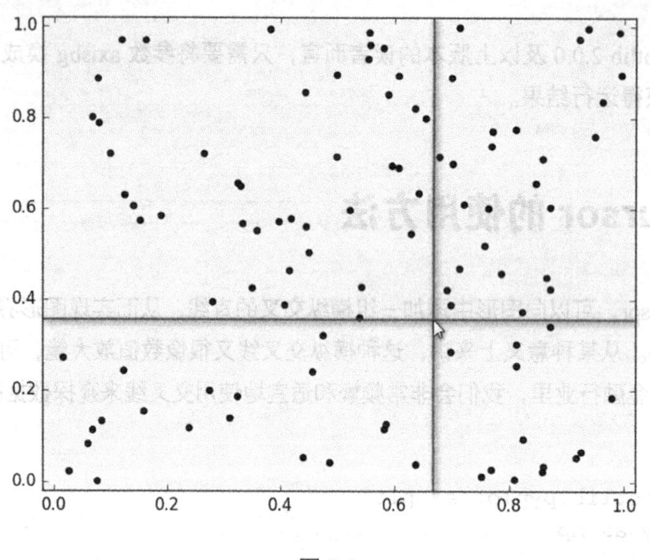

图 8-2

3. 代码精讲

（1）通过调用“from matplotlib.widgets import Cursor”语句，实现类 Cursor 的导入工作。通过绘制散点图，实现横纵交叉线的显示对象的展示工作。

（2）调用“Cursor(ax,useblit=True,**lineprops)”语句，实现横纵交叉线的展示需求。同时，使用参数 lineprops 设置横纵交叉线的线条颜色和线条宽度等属性特征。

4. 内容补充

对于使用 matplotlib 2.0.0 及以上版本的读者而言，只需要将参数 axisbg 换成 facecolor，就可以正常地执行脚本，获得运行结果。

8.3 类 CheckButtons 的使用方法

我们在浏览 COLORBREWER 2.0 网站（http://colorbrewer2.org）时，为了增强配色方案的可视化效果，会使用页面中的复选框来选择需要展示的内容。图 8-3 左侧线框中所展示的内容就是复选框的典型样式。

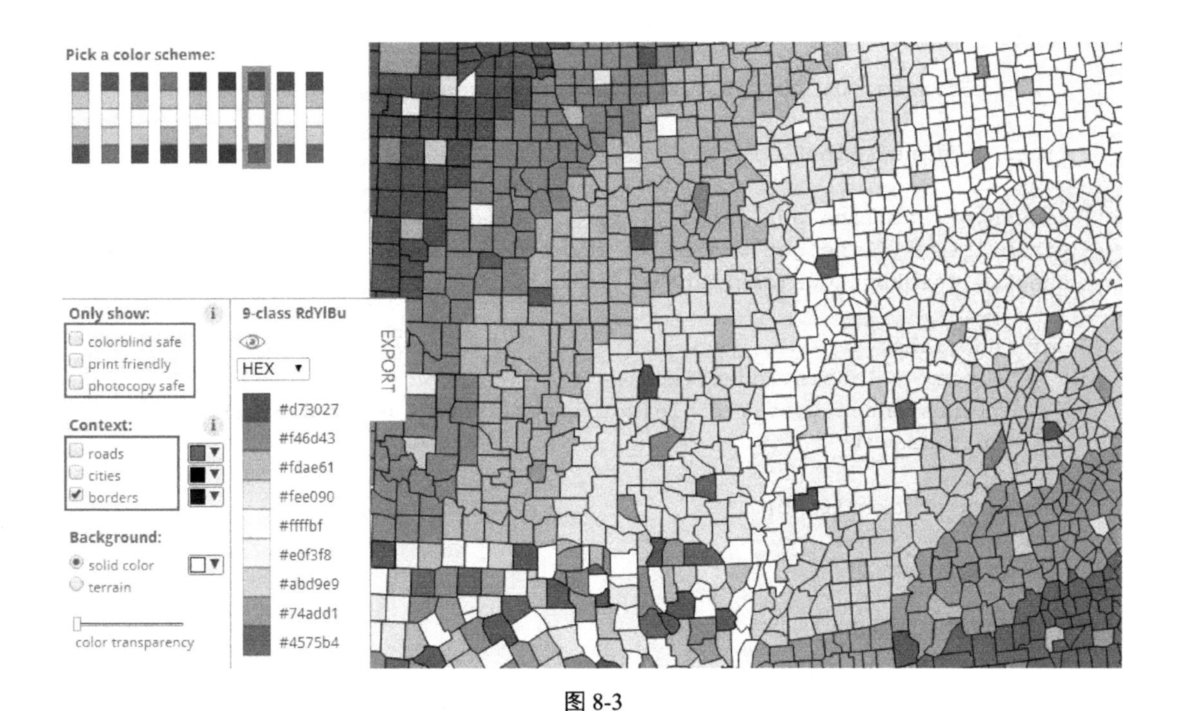

图 8-3

如果要将网页中的点选框迁移到 matplotlib 的绘图区域中，就可以通过调用类 CheckButtons 来得以实现。也就是说，我们可以在画布中添加点选按钮来实现网页上的点选框的 GUI 效果。

1. 代码实现

```
import matplotlib.pyplot as plt
import numpy as np

from matplotlib.widgets import CheckButtons

x = np.linspace(0.0,2.0,1000)
y1 = 1.2*np.cos(2*np.pi*x)
y2 = 1.0*np.cos(2*np.pi*x)
y3 = 0.8*np.cos(2*np.pi*x)

fig,ax = plt.subplots(1,1)
line1, = ax.plot(x,y1,color="red",lw=2,visible=False,label="1.2 A")
line2, = ax.plot(x,y2,color="green",lw=2,label="1.0 A")
line3, = ax.plot(x,y3,color="orange",lw=2,label="0.8 A")
plt.subplots_adjust(left=0.30)

axesbgcolor = "cornflowerblue"
```

```
cax = plt.axes([0.1,0.4,0.1,0.15],axisbg=axesbgcolor)

lines = [line1,line2,line3]

labels = [str(line.get_label()) for line in lines]
visibility = [line.get_visible() for line in lines]
check = CheckButtons(cax,labels,visibility)

def func(label):
    index = labels.index(label)
    lines[index].set_visible(not lines[index].get_visible())
    plt.draw()

check.on_clicked(func)

plt.show()
```

2. 运行结果（见图 8-4）

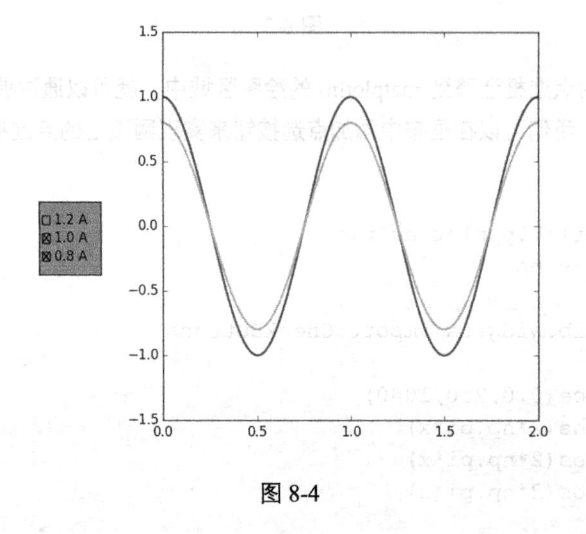

图 8-4

3. 代码精讲

我们绘制 3 条曲线，它们的颜色分别是红色、绿色和橘黄色，其中曲线颜色是红色的线条不显示。

（1）向画布中添加一个坐标轴，得到坐标轴实例 cax。接下来，我们会向这个坐标轴上放置点选按钮。

（2）通过推导列表分别获得曲线的标签列表 labels 和可见情况列表 visibility。

（3）调用类 CheckButtons 获得实例 check，在这个过程中，会将坐标轴实例 cax、标签列表 labels 和可见情况列表 visibility 作为参数值传入类 CheckButtons 的构造函数中。

（4）定义一个函数 func()，这个函数主要实现两个功能：其一是将点选按钮与曲线的可见情况进行关联，这个功能是通过实例方法 set_visible()来完成的，最主要的是实例方法“set_visible(not lines[index].get_visible())”中的“not”关键字；其二是通过调用函数 draw()将点选后的画布内容进行更新，以显示出点选后的绘图内容。

（5）调用实例方法 on_clicked()将点选动作和曲线显示联系起来，完成点选不同选项按钮出现相应曲线的 GUI 效果的工作目标。

4. 内容补充

对于使用 matplotlib 2.0.0 及以上版本的读者而言，只需要将参数 axisbg 换成 facecolor，就可以正常地执行脚本，获得运行结果。

第 9 章

实现事件处理效果

我们借助 matplotlib 可以实现事件处理效果，例如，单击关闭画布会出现画布被关闭的文本提示，在画布上的图形界面任意位置单击可以获得放大后的此处图形界面等。下面，我们就挑选一些典型的事件处理案例来讲解实现事件处理效果的方法。

9.1 单击关闭画布后出现事件结果提示

当关闭画布后，通过引入事件处理机制，就可以看到事件处理结果的文本内容。也就是说，我们对画布所做的动作是可以被捕捉到的，进而以文本形式展示捕捉到的事件信息。

1. 代码实现

```
from __future__ import print_function
import matplotlib.pyplot as plt

def handle_event(close):
    print("Handling Event: Closed Figure!")
```

```
font_style = dict(family="serif",weight="black",size=50)

fig = plt.figure()
fig.canvas.mpl_connect("close_event", handle_event)

plt.text(0.15, 0.5,"close_event",**font_style)

plt.show()
```

2. 运行结果（见图 9-1）

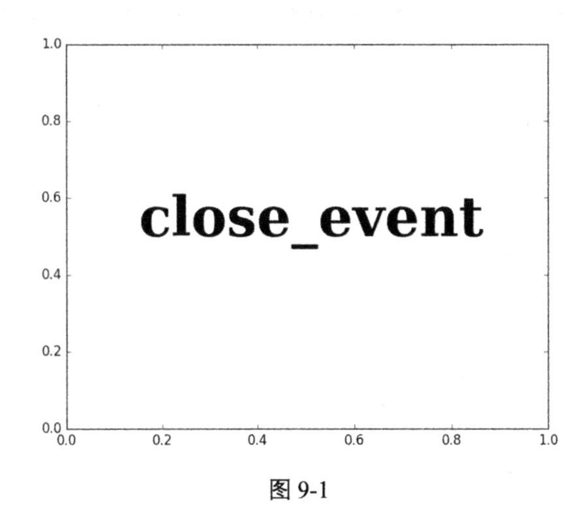

图 9-1

3. 代码精讲

（1）运行上述代码后，会出现图 9-1 所示的效果。如果关闭图 9-1 所在的画布，就会出现图 9-2 所示的事件处理效果。

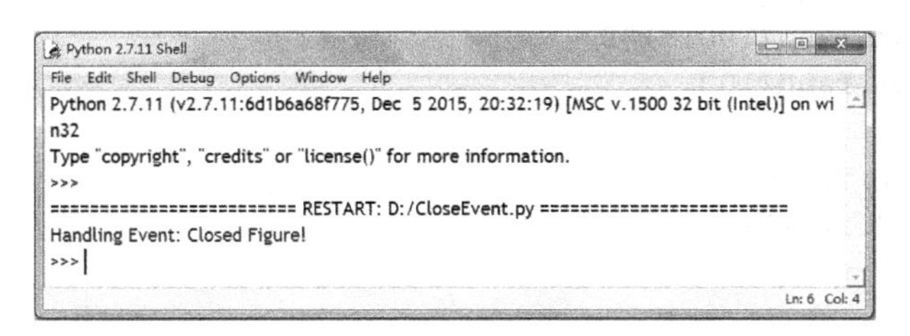

图 9-2

（2）在图 9-2 中，我们看到了关闭画布后的事件处理效果，即获得了文本提示信息。

（3）通过这种事件处理机制，我们就可以对任何关闭画布的事件进行有效追踪和记录了。

（4）这一事件处理机制的关键代码是“fig.canvas.mpl_connect("close_event", handle_event)”，也就是

将关闭画布事件和事件处理效果进行关联，从而使得关闭动作可以被有效地追踪和展示。事件处理效果是在函数 handle_event()中进行设置的，也就是以文本形式展示事件处理效果。

9.2 画布局部放大效果的实现方法

如果我们想尝试观察图形展示界面上的局部视图效果，就可以借助事件处理机制以图形局部放大效果的方式进行细节展示。这样，即使展示效果不好观察，也可以通过局部放大的办法进行展示效果的深入考察和分析。接下来，我们就以散点图为例，讲解局部放大效果的设置方法。

1. 代码实现

```
import matplotlib.pyplot as plt
import numpy as np

fig1,ax1 = plt.subplots(1,1)
fig2,ax2 = plt.subplots(1,1)

ax1.set_xlim(0,1)
ax1.set_ylim(0,1)
ax1.set_autoscale_on(False)
ax1.set_title("Click to zoom")

ax2.set_xlim(0.0,0.4)
ax2.set_ylim(0.0,0.4)
ax2.set_autoscale_on(False)
ax2.set_title("Zoom window")

x = np.random.rand(100)
y = np.random.rand(100)
s = np.random.rand(100)*100
c = np.random.rand(100)

ax1.scatter(x,y,s,c)
ax2.scatter(x,y,s,c)


def clicktozoom(event):
    if event.button != 1:
        return
    x,y = event.xdata,event.ydata
    ax2.set_xlim(x-0.15,x+0.15)
```

```
        ax2.set_ylim(y-0.15,y+0.15)
        fig2.canvas.draw()

fig1.canvas.mpl_connect("button_press_event", clicktozoom)

plt.show()
```

2. 运行结果（见图 9-3 和图 9-4）

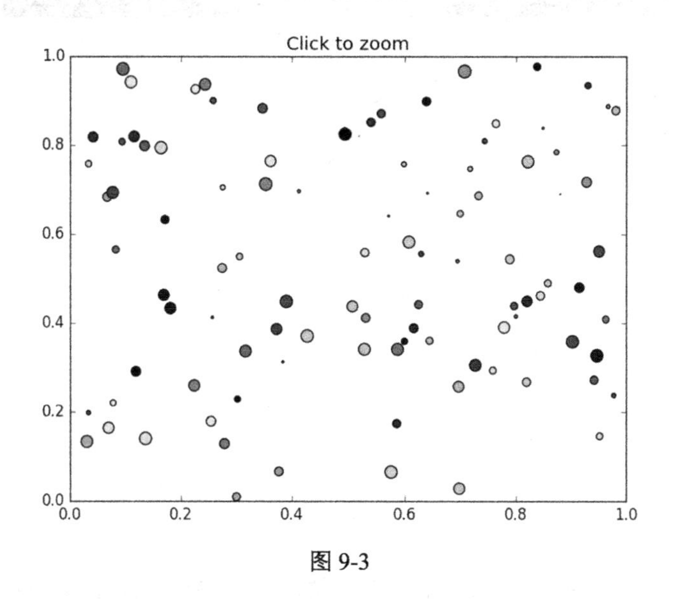

图 9-3

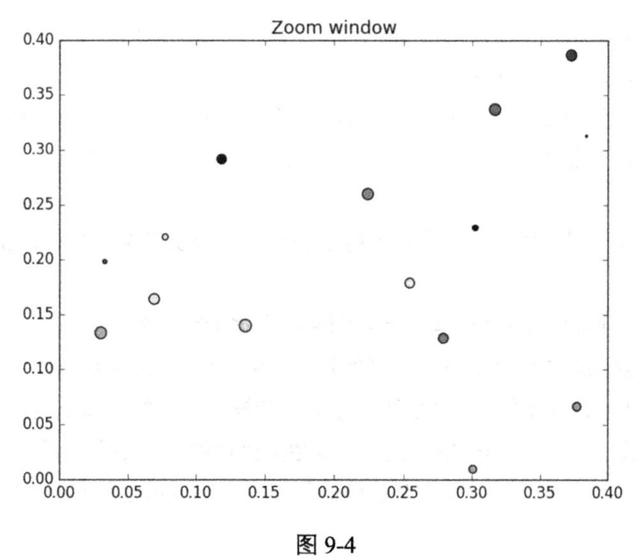

图 9-4

3. 代码精讲

（1）通过执行上面的示例代码，我们获得了图 9-3 和图 9-4。其中，图 9-3 是原始数据的展示效果，图 9-4 是取自图 9-3 的左下角[0.00,0.40]范围的展示效果，这种可视化效果很像使用可变焦距相机对图 9-3 的左下角进行取景拍摄，从而获得了图 9-4 所示的视觉效果。通过单击图 9-3 中的数据点，就可以看到以此数据点为中心的局部放大的展示效果，如图 9-5 所示。

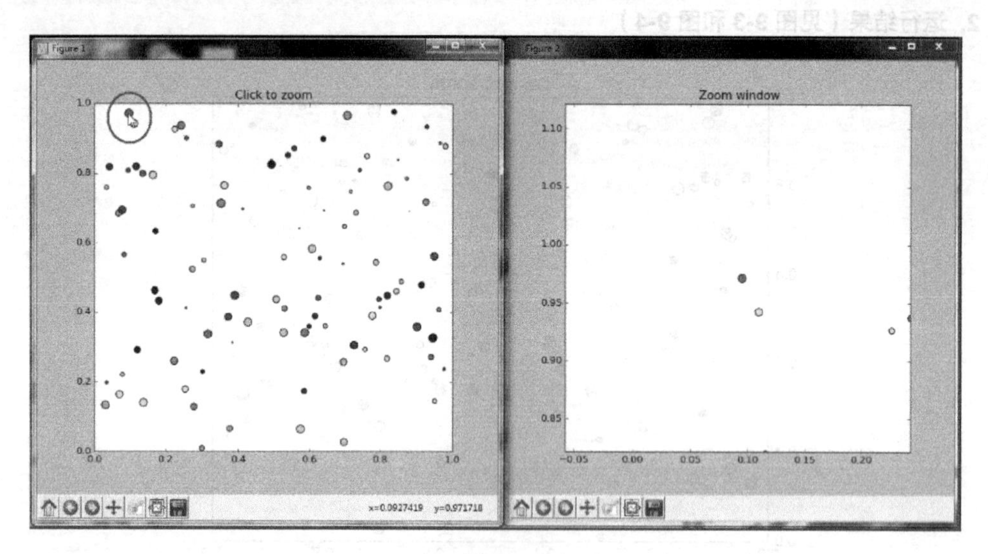

图 9-5

（2）将鼠标指针移动到图 9-5 中圆圈所标识的位置，然后单击此处的数据点，就会在右侧放大效果画布中展示以此数据点为中心的局部展示效果，相当于对此数据点进行放大展示。这样，我们就得到了画布局部放大的可视化效果。

（3）实现这一事件处理效果的关键代码是“fig1.canvas.mpl_connect("button_press_event", clicktozoom)”，即将事件处理名称与事件处理效果进行有效关联，从而完成特定事件处理模式的执行任务。

（4）在“代码实现”部分里，我们建立了两个画布，分别设定原始画布的版幅和放大画面的版幅，即画布 1 和画布 2。

（5）调用实例方法 scatter()在两个画布上绘制原始数据的散点图。

（6）函数 clicktozoom()的作用就是设置事件处理效果。如果在原始画布上单击散点图中的某一点或某一处，那么此处的数据点的横、纵坐标的数值就会被赋给变量 x 和 y，从而以 x 和 y 为圆心、以 0.15 为半径重新设置画布 2 中的版幅，进而实现放大画面的事件处理效果。

（7）将事件处理类型和事件处理效果有机地进行整合，完成单击散点图中的任意位置后放大展示的可视化效果。

第 4 篇

探索

The purpose of visualization is insight, not pictures.

——Ben Shneiderman

本篇主要讲解从外部导入图像加载到绘图区域的实现方法，绘制 3D 图形和地图的方法，以及结合前面章节介绍的应用方向，讲解综合交叉的应用场景。

第 10 章

从外部导入图像加载到绘图区域

对于 matplotlib 强大的绘图功能而言，matplotlib 的绘图优势不仅体现在可以在坐标轴上绘制图形，还体现在可以从外部导入图像作为坐标轴上的图形加以展示。通过向坐标轴中引入图像，可以极大地丰富绘图区域的展示素材和展示形式。接下来，我们就着重介绍这方面的实现方法。实现方法的关键就是函数 imread()和 imshow()的调用。有关这两个函数的使用方法和应用场景，都会在接下来的内容里详细讲解。

10.1 外部图像的多样化展示

从外部导入的图像通常是以图片的形式存在的，而且图片样式一般是矩形的。如果需要将矩形图片以其他样式在坐标轴上进行展示，那么这个需求就需要借助图片剪切、加载和展示等方法加以实现。下面，我们就具体讲解调整图片展示样式进而展示图片的实现方法。

1. 代码实现

```
import matplotlib.pyplot as plt
```

```
from matplotlib.cbook import get_sample_data
from matplotlib.patches import Circle

with get_sample_data("d://sunflower.png",asfileobj=True) as imageFile:
    imageArray = plt.imread(imageFile)

fig,ax = plt.subplots(1,1)
ai = ax.imshow(imageArray)
patch = Circle((605,360),radius=350,transform=ax.transData)
ai.set_clip_path(patch)

ax.set_axis_off()

plt.show()
```

2. 运行结果（见图 10-1）

图 10-1

3. 代码精讲

（1）从模块 cbook 中导入函数 get_sample_data()，以及从模块 patches 中导入类 Circle。

（2）借助关键字 with 和函数 get_sample_data()，同时使用关键字 as，将图片文件以 Python 文件对象形式存储在变量 imageFile 中。使用函数 imread()，将文件对象 imageFile 转化成数组 array，进而将数组存储在变量 imageArray 中，实现将外部图片转换成 numpy.ndarray 的目标，也就是 NumPy 包中的类 ndarray，类 ndarray 属于 *N* 维（N-Dimensions）数组。

（3）调用坐标轴实例 ax 的实例方法 imshow()，将以数组形式存储的图像 imageArray 加载到坐标轴上，将模块 image 中的类 AxesImage 的实例存储在变量 ai 中，以供后续使用。

（4）调用模块 patches 中的类 Circle，绘制一个圆心在(605,360)处、半径是 350 的圆形补片，其中，参数 transform 的取值是“ax.transData”，表示使用数值坐标系统。

（5）调用模块 image 中的类 AxesImage 的实例方法 set_clip_path()，将补片实例 patch 作为参数值传入实例方法中。也就是执行“ai.set_clip_path(patch)”语句，将圆形补片作为切割模板，借助圆形模板完成图片的裁剪过程，从而产生圆形图片的可视化效果。

（6）为了更好地展示裁剪后的图片效果，调用坐标轴实例 ax 的实例方法 set_axis_off()将坐标轴隐藏，从而单纯地展示剪切后的图片样式。

4. 内容补充

在“代码实现”部分里，使用的绝对路径只是起到演示说明的作用，读者可以根据自己的图像素材的实际保存位置灵活设置路径内容。

10.2 地势图

当我们观看一幅地图时，呈现在眼前的图景都是平面的。也就是说，我们无法直观地感受到森林、河流、山脊和丘陵等自然景观的立体特征和地貌。这时候，可以想象我们正在直升机上俯瞰大自然，但是光线不够好，无法清楚地看到自然全貌和地质特点。如果我们在直升机上架设一盏探照灯，那么自然景观的本来面貌就会清晰地展现在我们面前。顺着这个思路，我们可以绘制地势图，使得平面地图呈现出立体效果。下面，我们就详细讲解地势图的绘制方法。

1. 代码实现

```
import matplotlib.pyplot as plt
import numpy as np

from matplotlib.cbook import get_sample_data
from matplotlib.colors import LightSource

fontstyle = dict(fontsize=25,weight="bold",family="serif")

filePath = get_sample_data("jacksboro_fault_dem.npz",asfileobj=False)

with np.load(filePath) as jfdem:
    elev = jfdem["elevation"]

fig,ax = plt.subplots(1,2)

ls = LightSource(azdeg=315,altdeg=45)
```

```
    ai1 = ax[0].imshow(elev,cmap=plt.cm.gist_earth)
    fig.colorbar(ai1,ax=ax[0],orientation="horizontal")

    rgba = ls.shade(elev,cmap=plt.cm.gist_earth,vert_exag=0.05,blend_mode=
"soft")
    ai2 = ax[1].imshow(rgba)
    fig.colorbar(ai1,ax=ax[1],orientation="horizontal")

    fig.suptitle("shaded relief plot blending with 'soft'",y=0.92,**fontstyle)

    plt.show()
```

2. 代码精讲

（1）导入函数 get_sample_data()和类 LightSource。

（2）通过函数 get_sample_data()获得文件路径 filePath。

（3）通过“np.load(filePath)”语句、关键字 with 和 as，将获得的数组 array 存储在变量 elev 中。

（4）通过调用“LightSource(azdeg=315,altdeg=45)”语句，就相当于在西北方向上架起一盏探照灯，即方向角是 315°（从南方起顺时针旋转），海拔是 45°（海平面以上）。

（5）调用实例方法 imshow()将数组按照“gist_earth”颜色映射表进行数值投射，从而形成地理信息图。从图中也可以看到，在坐标轴上展示图像就是将数组按照颜色映射表进行投射。因此，图像就是由数组组成的。

（6）调用类 Figure 的实例 fig 的实例方法 colorbar()向子区 1 中添加颜色标尺，从而清楚地显示图像中的海拔高度。颜色标尺是水平放置的。

（7）绘制地势图，调用类 LightSource 的实例方法 shade()，将地理信息数据 elev 和照射光源的类型结合起来，同时使用相同的颜色映射表，最后得到 NumPy 数组 rgba。

（8）调用实例方法 imshow()，在坐标轴实例 ax[1]上，将数组 rgba 映射成图像，即子区 2 中的地势图。同样，在子区 2 中，也添加水平放置的颜色标尺。

（9）调用类 Figure 的实例方法 suptitle()向画布中添加居中对齐的文本内容。通过子区 2 中的地势图，就可以进一步地观察地貌和景观分布了，有助于全面掌握具体位置的地貌特征和资源分布状况。

10.3 热力图

热力图（Heatmap）是一种数据的图形化表示，具体而言，就是将二维数组中的元素用颜色表示。热力图在样式上类似于模拟颜色图或数据表格。热力图之所以非常有用，是因为它能够从整体视角上展示数据，更确切地说是数值型数据。使用 imshow()函数可以非常容易地制作热力图。接下来，我们就通过一个案例来详解讲解绘制热力图的方法。

1. 代码实现

```
import matplotlib.pyplot as plt
import numpy as np

golfer_stats = ["GIR","Scrambling","Bounce Back",
                "Ball Striking","Sand Saves","Birdie Conversion"]

golfer_names = ["Golfer %d" % i for i in range(1,7)]

# we use the normalized percentages.
golfer_percentages = np.random.randn(6,6)
shape = golfer_percentages.shape

fig,ax = plt.subplots()

im = ax.imshow(golfer_percentages,cmap="Greens")
colorbar = fig.colorbar(im,ax=ax)
colorbar.set_label("Golfer normalized percentages",rotation=-90,va="bottom")

ax.set_xticks(np.arange(0,shape[1],1))
ax.set_yticks(np.arange(0,shape[0],1))

ax.set_xticklabels(golfer_names)
ax.set_yticklabels(golfer_stats)

# add text to each area of heatmap
for i in range(len(golfer_stats)):
    for j in range(len(golfer_names)):
        text = ax.text(i,j,round(golfer_percentages[j,i],1),
                       ha="center",
                       va="center",
                       color="w")

# turn tick line off and set tick label position
ax.tick_params(direction="out",
               bottom=False,
               right=False,
               labeltop=True,
               labelbottom=False)

# set tick label format
plt.setp(ax.get_xticklabels(),
         rotation=-30,
         ha="right",
```

```
    rotation_mode="anchor")

# turn spines off
spinesTupleList = list(ax.spines.items())
for i,each in enumerate(spinesTupleList):
        spine = each[1]
        spine.set_visible(False)

# set minor tick line position and create white grid
ax.set_xticks(np.arange(0.5,shape[1]-1,1),minor=True)
ax.set_yticks(np.arange(0.5,shape[0]-1,1),minor=True)
ax.grid(which="minor",color="w",linestyle="-",linewidth=3)

# turn minor tick line off
ax.tick_params(which="minor",top=False,bottom=False,left=False,right=False)

fig.tight_layout()
plt.show()
```

2. 运行结果（见图 10-2）

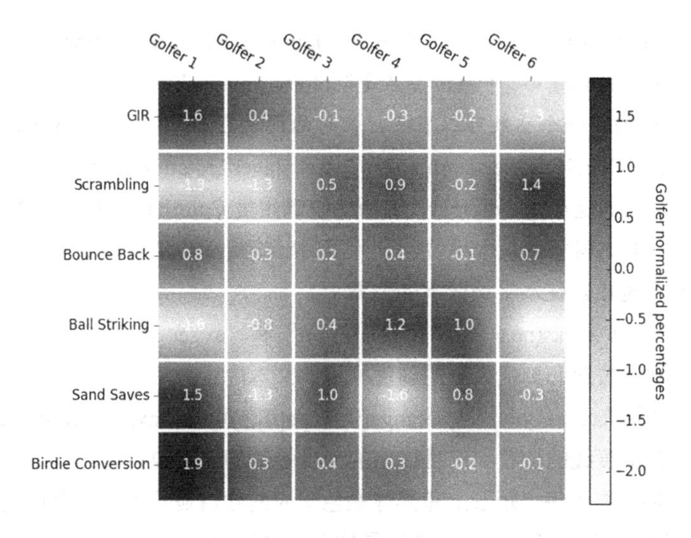

图 10-2

3. 代码精讲

通过图 10-2 可以观察到，热力图的典型特征就是：数值越大，热力图中的矩形方块的颜色越深。在图 10-2 中，热力图右侧的颜色标尺清楚地呈现出数值与颜色的映射关系。下面，我们通过图 10-2 详细讲解热力图的绘制原理。

我们使用“GIR”和“Sand Saves”等统计量，刻画每位高尔夫运动员在竞赛中的发挥情况。同时，使用“Golfer 1”和“Golfer 2”等选手的竞技成绩，可以比较他们在不同方面的优势和不足。例如，对于“Birdie Conversion”统计值，我们可以比较每位选手的小鸟球转化情况。也就是说，热力图是上面两个维度的有机组合，用颜色饱和度的变化刻画数值的变化，从而实现既可以“横向比较”也可以“纵向比较”的可视化效果。

接下来，我们就对“代码实现”里的部分关键语句进行深入讲解和分析。

（1）将统计量的名称和高尔夫选手的名称分别放在列表 golfer_stats 和 golfer_names 里，其中，变量 golfer_names 中存储的是推导列表。将统计量和高尔夫选手进行组合，将各位选手的标准化统计值放在列表 golfer_percentages 里，生成一个 6 行 6 列的二维数组，其中的元素，也就是标准化统计值，服从标准正态分布。

（2）我们重点讲解“im = ax.imshow(golfer_percentages,cmap="Greens")”语句。调用 Axes 的实例方法 imshow()，将二维数组 golfer_percentages 作为参数值传入实例方法 imshow()里，参数 cmap 的参数值是“Greens”，这是一个不同饱和度的绿色的颜色映射表。返回值 im 是 AxesImage 实例，通过调用“fig.colorbar(im,ax=ax)”语句，将二维数组的元素和颜色进行映射，这种映射关系就用颜色标尺来显示。

注意：

*由于“fig.colorbar(im,ax=ax)”语句调用的是类 Figure 的实例方法 colorbar()，所以实例方法 colorbar()的第一个参数不可以省略，即调用签名是“colorbar(mappable,**kwargs)”；而“plt.colorbar()”语句中的函数 colorbar()的第一个参数可以省略，此时的调用签名是“colorbar(**kwargs)”。*

（3）在“colorbar.set_label("Golfer normalized percentages",rotation=-90,va="bottom")”语句中，由于变量 colorbar 中存储的是实例 Colorbar，因而可以调用类 Colorbar 的实例方法 set_label()，设置颜色标尺的内容标签，将内容标签从水平位置开始顺时针旋转 90°，在垂直方向上，内容标签底端对齐，也就是将内容标签放置在水平线以下的位置上。

（4）调用通过“ax.set_xticks(np.arange(0,shape[1],1))”和“ax.set_xticklabels(golfer_names)”语句，分别设置 *x* 轴的刻度线的位置和刻度线上的刻度标签的文本内容。

相对应地，通过调用“ax.set_yticks(np.arange(0,shape[0],1))”和“ax.set_yticklabels(golfer_stats)”语句，分别设置 *y* 轴的刻度线的位置和刻度线上的刻度标签的文本内容。

（5）为了可以在热力图的每个矩形上将具体颜色对应的数值显示出来，调用类 Axes 的实例方法 text()，将具体数值标注在矩形上面，实现对具体颜色的量化标注。

注意：

在图 10-2 中，x 轴上的刻度标签是升序排列的，但是 y 轴上的刻度标签是降序排列的，而且图中每个矩形的位置用一个有序实数对表示就是(i,j)。但是，二维数组 golfer_percentages 里的元素位置却是 golfer_percentages[j,i]，也就是说，描述元素位置的下标与刻画矩形位置的有序数对中的横纵坐标的位置是对调的，而且数组的下标是从 0 开始计算的，横纵坐标的最小值也都是数值 0。

（6）通过调用“ax.tick_params(direction="out",bottom=False,right=False,labeltop=True,labelbottom=False)”语句，设置刻度线的显示方向和显示位置，同时设置刻度标签的显示位置。具体来讲，将刻度线放置在坐标轴的外侧，将底端和右侧的刻度线隐藏，将 x 轴上的刻度标签放置在顶部，将 x 轴上底端的刻度标签隐藏。

（7）通过调用“plt.setp(ax.get_xticklabels(),rotation=-30,ha="right",rotation_mode="anchor")”语句，设置 x 轴顶部的刻度标签的放置方向和旋转模式，参数 rotation_mode 的取值是“anchor”，表示先右侧对齐再顺时针旋转 30°，参数 rotation_mode 的其他取值表示先旋转文本方向再进行文本对齐。

（8）用变量 spinesTupleList 保存元组列表。也就是说，调用“ax.spines”语句可以生成轴脊字典，字典的键表示轴脊位置，键值表示轴脊实例 Spine。通过“ax.spines.items()”语句，也就是调用字典的 items()方法，返回值是一个列表，列表中的元素是一个由键和键值构成的二元元组。也就是说，返回值是一个由元组构成的列表，每个元组都是由轴脊的位置和轴脊实例组成的。

（9）使用前面讲过的方法，调用实例方法 set_visible()将坐标轴的全部轴脊隐藏。

（10）对坐标轴的次要刻度线的位置进行设置，在次要刻度线上设置网格线，以及将次要刻度线设置成隐藏状态。

（11）在完成上面这些关键语句之后，就可以使用函数 show()显示如图 10-2 所示的热力图了。

4. 内容补充

在 Python 3.x 中，需要使用内置函数 list()将可迭代对象转化成列表。

10.4 设置图片具有超链接功能

我们在浏览 COLORBREWER 2.0 网站（http://colorbrewer2.org）时，经常会单击网页中的图片，单击图片后，网页就会跳转到新的页面。也就是说，这是一种具有超链接（Hyperlink）功能的图片，如图 10-3 所示。

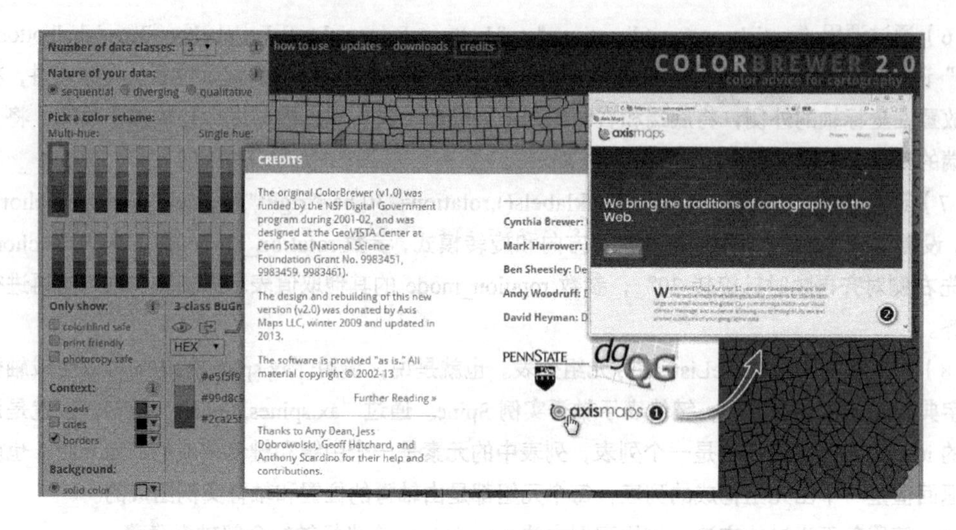

图 10-3

在图 10-3 中，当我们将鼠标指针放在“圆圈 1”所在位置的图片上时，鼠标指针的样式发生改变，由“箭头”样式变成“手柄”样式；当我们单击“圆圈 1”所在位置的图片后，页面就会跳转到“圆圈 2”所在位置的网页，这就是一个完整的网页跳转的演示过程。下面，我们就在 matplotlib 中创建超链接图片，而且生成的超链接图片保存在 SVG（Scalable Vector Graphics）格式的文件里。SVG 格式的文件也称为可缩放矢量图，可以用浏览器打开和查看，从而模拟在网页中单击具有超链接功能的图片的交互设计效果。接下来，我们就以 Python 代码的方式，详细讲解具有超链接功能的图片的生成方法。

1. 代码实现

```
import matplotlib.pyplot as plt
from matplotlib.offsetbox import AnnotationBbox,OffsetImage,TextArea

fig = plt.figure()

# set background of picture in the axes
ax0 = plt.axes([0.0,0.0,1.0,1.0],frameon=True,aspect="equal")
backgroundData = plt.imread("D:\hyperlink_image\map.jpg")
im0 = ax0.imshow(backgroundData)
ax0.set_axis_off()

# set point links with urls
pc = plt.scatter([351,823],[343,163],c="r",edgecolors="r",s=50,alpha=0.8)
pc.set_urls(["https://www.trip.com","https://www.wunderground.com"])
```

```
# add arrow to the background of picture
ax0.annotate("",xy=(351,343),
             xytext=(823,163),
             xycoords="data",
             textcoords="data",
             arrowprops=dict(
                 arrowstyle="fancy,head_length=0.6,head_width=0.6,
                 tail_width=0.5",
                 shrinkA=10,
                 shrinkB=10,
                 connectionstyle="arc3,rad=0.3",
                 color="b"))

#annotate 1st position with a image box
imageData = plt.imread("D:\hyperlink_image\das-Auto.png")
imagebox = OffsetImage(imageData,zoom=0.035)

ab_image = AnnotationBbox(imagebox,xy=(351,343),
                   xybox=(-50,40),
                   xycoords="data",
                   boxcoords="offset points",
                   pad=0.05,
                   frameon=True,
                   arrowprops=dict(
                       arrowstyle="-",
                       shrinkA=0,
                       shrinkB=5,
                       relpos=(1.0, 0.0)))

ax0.add_artist(ab_image)

#  annotate 2rd position with a linked image
ax1 = plt.axes([0.63,0.8,0.1,0.1],frameon=True,aspect="equal")
imageData = plt.imread("D:\hyperlink_image\pilot.png")
im = ax1.imshow(imageData,url="https://www.lufthansa.com")
#im.set_url("https://www.lufthansa.com")
ax1.set_axis_off()

# annotate 2rd position with a text box
textprops=dict(fontsize=10,weight="bold",color="b")
textbox = TextArea("TRAVEL",textprops=textprops)

ab_text = AnnotationBbox(textbox,xy=(823,163),
                          xybox=(-40,52),
```

```
                                          xycoords="data",
                                          boxcoords="offset points",
                                          pad=0.2,
                                          bboxprops=dict(facecolor="gray",alpha=0.5),
                                          arrowprops=dict(
                                              arrowstyle="-",
                                              shrinkA=0,
                                              shrinkB=5,
                                              relpos=(0.5, 0.0)))

    ax0.add_artist(ab_text)

    fig.savefig("hyperlink_image.svg")
```

2. 代码精讲

在讲解“代码实现”部分之前，先简要介绍该实例效果图的设计思路。这是一张描述乘飞机去巴西旅行的图片。当准备去旅行时，几条关键信息需要重点考虑：航班、天气和住宿。

这几条关键信息最好可以实时查询。因此，通过互联网的形式将这些信息与之匹配是既简单又高效的实现方式。这样，就在效果图中分别用“飞机”和两个“实心圆点”标记航班、天气和住宿信息。要想使这种标记可以动态地展示相关信息，就需要将这种标记赋予超链接的功能，从而单击不同的标记，可以实时查询相关信息。需要补充的是，为了使两个“实心圆点”更加清晰地展示相关信息，可以分别用一张图片和一行文本内容进行标注。

接下来，就可以具体讲解“代码实现”部分里的关键语句了。

（1）既然是旅游图片，那么最好可以添加一张地图作为背景图片。为此，我们首先创建一个坐标轴 ax0，通过调用“plt.imread("D:\hyperlink_image\map.jpg")”语句，将地图文件读入变量 backgroundData 中。

（2）通过调用“ax0.imshow(backgroundData)”语句，将 NumPy 数组 backgroundData 加载到坐标轴 ax0 上。

（3）为了更好地呈现旅游图片的效果，通过调用“ax0.set_axis_off()”语句将坐标轴隐藏。

这样，通过上面的操作步骤，就完成了旅游图片的背景图片的设置工作。

（4）我们需要向背景图片中添加“实心圆点”，这个过程可以通过“plt.scatter([351,823],[343,163],c="r",edgecolors="r",s=50,alpha=0.8)”语句完成。

（5）为了使得这两个“实心圆点”具有链接网页的超链接功能，可以使用“pc.set_urls(["https://www.trip. com","https://www.wunderground.com"])”语句，将这两个“实心圆点”分别与这两个网址进行对应和匹配，从而实现左侧圆点链接的是旅游网站，右侧圆点链接的是天气网站。

（6）我们使用了一个没有“注解内容”的有指示注解将这两个圆点连接起来，实现去巴西旅行的可视化效果。这是通过调用类 Axes 的实例方法 annotate()实现的。实例方法 annotate()的参数含义如下。

- s：注解的内容。
- xy：需要进行解释的位置，即被解释内容的位置。
- xycoords：xy 的坐标系统，参数值“data”表示使用数值坐标系统。
- xytext：注解内容所在的位置。如果把注解内容想象成一个矩形，那么 xytext 标记的是左下角顶点的位置。
- textcoords：xytext 的坐标系统。
- weight：注解内容的显示风格。
- color：注解内容的颜色。
- arrowprops：指示箭头的属性，包括箭头风格、颜色等。

现在，这两个“实心圆点”已经具有超链接功能了。为了更清晰地注明它们的具体属性，我们分别用图像和文本对这两个圆点进行标注。左侧圆点用图像进行标注，右侧圆点用文本进行标注。

首先，我们讲解左侧图像的添加方法。

（7）通过调用“plt.imread("D:\hyperlink_image\das-Auto.png")”语句，将汽车图片导入 NumPy 数组中。也就是说，图像的本质就是多维数组。

（8）调用模块 offsetbox 中的类 OffsetImage，也就是通过“OffsetImage(imageData,zoom=0.035)”语句，完成图像内容和尺寸的设置工作。其中，参数 zoom 是图像内容的缩放系数，系数越小，图像越小。

（9）要想将调整后的图像以有指示注解的形式添加到背景图片上，需要使用模块 offsetbox 中的类 AnnotationBbox。类 AnnotationBbox 的构造函数和前面讲过的实例方法 annotate()非常相似，区别就是，实例方法 annotate(text)中的参数 text 存储的是文本内容；在类 AnnotationBbox 的构造函数中，参数 imagebox 存储的是类 OffsetBox 的实例，也就是变量 imagebox 存储的实例。

（10）为了说明类 AnnotationBbox 的构造函数的参数含义，我们将“代码实现”部分里的变量 ab_image 存储的类 AnnotationBbox 的构造函数简化成“AnnotationBbox(imagebox,xy,xybox,xycoords,boxcoords,pad,frameon,arrowprops)”语句，通过此语句来具体讲解添加图像内容的有指示注解的实现方法。在这里，需要重点讲解的参数如下。

- imagebox：类 OffsetBox 的实例。
- xy：需要进行解释的位置，即被解释内容的位置。
- xybox：需要放置图像的位置，即注解内容所在的位置。
- xycoords：xy 的坐标系统，参数值“data”表示使用数值坐标系统。
- boxcoords：xybox 的坐标系统，参数值“offset points”表示偏离 xy 值的以点计数的距离。

其他参数的含义与实例方法 annotate()的参数含义一致，这里就不再阐述了。

（11）调用“ax0.add_artist(ab_image)”语句，从而完成左侧圆点的图像标注任务。

其次，我们讲解右侧文本的添加方法。

（12）调用“TextArea("TRAVEL",textprops=textprops)”语句，生成 OffsetBox 实例存储在变量 textbox 中。

（13）用字典 textprops 设置文本内容“TRAVEL”的字体属性。

（14）同样，调用类 AnnotationBbox 的构造函数，此时构造函数中的第一个参数 textbox 存储的也是类 OffsetBox 的实例，其他参数的用法和含义与添加左侧圆点的图像标注相同。需要补充说明的是，参数 bboxprops 可以用来设置文本框的外观样式和颜色等属性。

（15）调用“ax0.add_artist(ab_text)”语句，实现在右侧圆点处添加文本和文本框的标注目标。

现在，我们已经介绍了具有超链接功能的两个“实心圆点”的实现方法，以及完成了对应的标注内容的设置方法的讲解任务。

下面，我们就具体讲解“飞机”图像的添加方法，同时使得“飞机”图像具有超链接功能，实现实时查询航班信息的目标。

（16）通过调用“plt.axes([0.63,0.8,0.1,0.1],frameon=True,aspect="equal")”语句，再次添加一个坐标轴，获得一个坐标轴实例 ax1。

（17）通过调用函数 imread()将“飞机”图像文件导入，获得 NumPy 数组，存储在变量 imageData 中。

（18）通过调用类 Axes 的实例方法 imshow()，也就是说，通过调用“ax1.imshow(imageData,url="https://www.lufthansa.com")”语句，一方面将图像文件加载到坐标轴上，另一方面使得图像具有超链接功能。

（19）同样，为了使得图像更加逼真，利用“ax1.set_axis_off()”语句，将坐标轴隐藏。

（20）调用类 Figure 的实例 fig 的实例方法 savefig()，将经过上述操作过程生成的旅游信息图片保存成 SVG 格式的文件（缩放矢量图），使用相对路径的存储方法指定生成的文件 hyperlink_image.svg 存储在和执行脚本所在位置相同的路径下。

3. 内容补充

由于函数 imread()可以处理的图像文件的类型相对单一，因而建议读者在执行脚本之前，安装 Pillow 包，从而完成 PIL 包的安装过程。这样，在已经安装 matplotlib 库的基础上，使用 Pillow 包可以处理更多类型的图像文件。对于 Pillow 包的安装方法而言，读者可以在命令行客户端界面通过“pip install *.whl”方法完成安装过程。另外，在“代码实现”部分里，使用的绝对路径只是起到演示说明的作用，读者可以根据自己的图像素材的实际保存位置及生成文件的保存位置，灵活地设置图像和文件的存储路径。如果生成文件的存储路径使用相对路径，那么生成的文件会保存在和执行脚本所在位置相同的路径下。

10.5 添加画布层面的外部图像

在前面，我们讲过向坐标轴添加图像的实例方法 imshow()。现在，我们介绍向画布添加图像的实例方法 figimage()。虽然图像的载体不同，一个是坐标轴层面的载体（可以理解成 Axes），另一个是画布层面的载体（可以理解成 Figure），但是这两种实例方法的操作思路是相同的。也就是说，都是先将图像文件导入脚本中，然后以 NumPy 数组（多维数组）的形式进行图形信息的存储，最后将 NumPy 数组传入实例方法中，从而完成图像文件的加载过程。下面，我们就通过一个案例来具体讲解在画布上加载图像文件的实现方法，以及两种实例方法组合使用的展示效果。

1. 代码实现

```
import matplotlib.pyplot as plt

# create a new figure
fig = plt.figure()

# figure picture
# use "r" to avoid escape sequence \f
imageData1 = plt.imread(r"D:\figure_image\captain-bird.png")
# add an image to the figure
fig.figimage(imageData1,200,100,origin="upper",alpha=0.05,resize=True,
zorder=1)

# axes pictrue
imageData2 = plt.imread(r"D:\figure_image\treasure-map.png")
# display an image i.e. data on a 2D raster
plt.imshow(imageData2,alpha=1.0)
plt.axis("off")

# set several points
plt.scatter([348,445,657],[387,523,415],c="black",edgecolor="w",s=50)

bboxs=dict(facecolor="navy",edgecolor="navy",alpha=0.8)
plt.text(299,369,r"#1$\ \Re\Game\Im$",fontsize=15,color="w",bbox=bboxs)
plt.text(404,504,r"#2$\ \ss\ell\wp$",fontsize=15,color="w",bbox=bboxs)
plt.text(614,399,r"#3$\ \hslash\imath\jmath$",fontsize=15,color="w",bbox=
bboxs)

plt.annotate("where to go...",xy=(552,363),
             xycoords="data",
             xytext=(555,308),
             textcoords="data",
             weight="black",
             color="#000000",
             arrowprops=dict(arrowstyle="<|-",
                             relpos=(0.2,0.0)))
```

```
    # set a diagram describing the points
    diagramContent = r"#1$\ \ $"+r"$\bigstar$"*3+"\n"+\
                     r"#2$\ \ $"+r"$\bigstar$"*4+"\n"+\
                     r"#3$\ \ $"+r"$\bigstar$"*1+"\n"+\
                     r"#?$\ \ $"+"???"
    bbox={"boxstyle":"round","facecolor":"#F3F0ED",
          "edgecolor":"#453B34","linewidth":2,
          "linestyle":"--","alpha":0.8}
    plt.text(688,162,diagramContent,
             fontsize=25,
             color="#453B34",
             rotation=-5,
             bbox=bbox)

    plt.text(663,62,"Potential Treasure",fontsize=20,color="k",weight="bold",
rotation=-5)

    # save a SVG file
    fig.savefig(r"D:\figure_image\figure_image.svg")
```

2. 运行结果（见图 10-4）

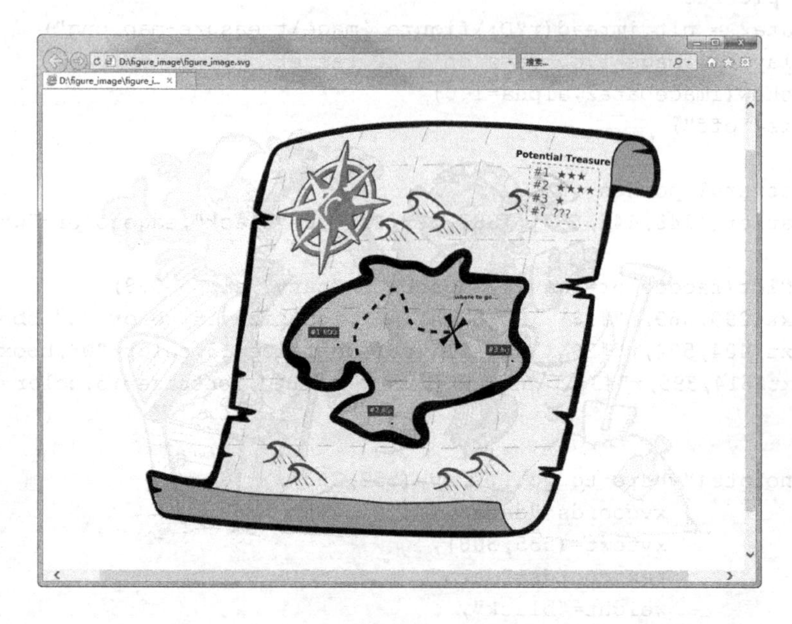

图 10-4

3. 代码精讲

在讲解“代码实现”部分之前，先介绍图 10-4 的绘制思路。我们先尝试在画布上添加图像，在图 10-4 中就是具有水印效果的“鹦鹉和船长图”；然后在画布上创建坐标轴，同时在坐标轴上添加图像，也就是图 10-4 中的“地图”；最后，在坐标轴上添加文本内容。这样，我们就完成了添加画布层面的外部图像，以及使用 SVG 格式保存可视化内容的任务。

下面，我们就具体讲解绘制图 10-4 所示的可视化内容的实现方法。

（1）调用模块 pyplot 中的函数 figure()，生成类 Figure 的实例 fig。

（2）调用模块 pyplot 中的函数 imread()，将 PNG 格式的图像文件“captain-bird”以 NumPy 数组的形式存储在变量 imageData1 中。

注意：

在文件路径前面有一个字母“r”，这是因为“\f”是转义序列，需要添加字母“r”，表示“D:\figure_image\captain-bird.png”是图像文件的绝对路径，同时不将“\f”进行转义。这样，在加载绝对路径形式的文件时，就可以避免发生输入/输出类型的错误。

（3）调用类 Figure 的实例 fig 的实例方法 figimage()，将图像文件“captain-bird”加载到画布中，也就是通过“fig.figimage(imageData1,200,100,origin="upper",alpha=0.05,resize=True,zorder=1)”语句，添加图像到画布上，以及设置图像在画布上的显示状态。实例方法 figimage()的参数含义如下。

- imageData1：以 NumPy 数组形式存储的图像文件。
- xo,yo：图像偏移以像素为单位的距离。
- origin：将坐标轴的起始点(0,0)设在坐标轴的左上角。
- alpha：图像文件在画布上的透明度。
- resize：是否使得图像大小适合画布尺寸。
- zorder：图像文件在画布上的放置层次，数值越大，图像越排在前面。

（4）调用模块 pyplot 中的函数 imread()，将 PNG 格式的图像文件“treasure-map”同样以 NumPy 数组的形式存储在变量 imageData2 中。

（5）同样地，调用模块 pyplot 中的函数 imshow()将图像文件加载到坐标轴上。

（6）通过调用“plt.axis("off")”语句，将坐标轴的呈现状态变为隐藏模式。

（7）通过调用“plt.scatter([348,445,657],[387,523,415],c="black",edgecolor="w",s=50)”语句，在坐标轴上绘制散点图。

（8）调用模块 pyplot 中的函数 annotate()和 text()，分别对“×”形图案和散点图中的标记进行注释。

（9）散点图里的标记内容是通过 matplotlib 自带的 TeX 功能实现文本内容的渲染的。例如，在“plt.text(299,369,r"#1$\ \Re\Game\Im$",fontsize=15,color="w",bbox=bboxs)”语句中，通过使用“r"$$"”模式将 LaTeX 表达式“\ \Re\Game\Im”嵌入“r"$$"”的美元符之间。

（10）对于“×”形图案，调用函数 annotate()添加了一段有指示注解的文本内容“where to go...”。

（11）通过调用函数 text()，在坐标轴右上角位置处，分别添加一段文本内容和一行文本内容的主题。

（12）这段文本说明的内容存储在变量 diagramContent 中。变量 diagramContent 中存储的若干行文本内容，每行的末尾都以“\”结束（除了最后一行文本），符号“\”表示文本内容的自然换行。这种形式通常用在文本内容过于复杂、写在一行不便于阅读和检查的情况下。

（13）使用变量 bbox 保存文本框的设置样式。

（14）文本说明的主题“Potential Treasure”的字体经过了加粗和顺时针旋转的显示状态的处理。

（15）调用类 Figure 的实例 fig 的实例方法 savefig()，将上面的图像和文本内容存储在 SVG 格式的文件“figure_image”里，使用绝对路径的存储方法指定文件的存储位置。

这样，我们就实现了同时在画布上添加图像和展示图像，以及保存全部图像的操作目标，最终完成了在浏览器中打开和查看图像文件的可视化任务。

4. 内容补充

在“代码实现”部分里，使用的绝对路径只是起到演示说明的作用，读者可以根据自己的图像素材的实际保存位置及生成文件的保存位置，灵活地设置图像和文件的存储路径。

10.6 借助滤镜使得图像产生多样化的展示效果

现在，随着智能手机的广泛普及，围绕智能手机设计的 App 也涵盖了我们生活的方方面面。在照相这一方面，很多智能手机和 App 都具有美化图片的功能，也就是通常所讲的滤镜效果。通过使用滤镜，可以将图片渲染成很多种展示效果，如模糊、边缘增强、浮雕图案、平滑、锐化、轮廓等。下面，我们就使用 scipy 包实现图片的滤镜效果，依然通过 Python 代码的形式，讲解图片的滤镜效果的实现方法。

1. 代码实现

```
import matplotlib.pyplot as plt
import scipy.misc as msc

from os.path import basename,dirname,join

def filterMode():
    boxFilter = ["none","blur",
                 "edge_enhance","edge_enhance_more",
                 "emboss","sharpen","contour","smooth_more"]
    return boxFilter

def readImage(fname):
```

```
    image = msc.imread(fname)
    return image

def saveFilterImage(fname):
    boxFilter = filterMode()
    image = msc.imread(fname)
    directName = dirname(fname)
    fileName = basename(fname)
    subName = fileName.split(".")[0]
    extenName = fileName.split(".")[1]
    for i,name in enumerate(boxFilter):
        if name != "none":
            saveDirectory = join(directName,
                                 "{}_{}.{}".format(subName,
                                                   name,
                                                   extenName))
            msc.imsave(saveDirectory,msc.imfilter(image,name))

def showFilterImage(fname):
    font = dict(family="monospace",weight="black")
    image = readImage(fname)
    boxFilter = filterMode()
    rows = 2
    cols = int(len(boxFilter)/2)
    fig,ax = plt.subplots(rows,cols)
    k = 0
    for row in range(rows):
        for col in range(cols):
            if boxFilter[k] != "none":
                ax[row,col].imshow(msc.imfilter(image,boxFilter[k]))
                ax[row,col].set_title(boxFilter[k],**font)
                ax[row,col].set_axis_off()
            else:
                ax[row,col].imshow(image)
                ax[row,col].set_title("source_image",**font)
                ax[row,col].set_axis_off()
            k+=1

    fig.subplots_adjust(left=0.03,right=0.97,
                        bottom=0.15,top=0.85,
                        hspace=0.005,wspace=0.02)

    plt.show()
```

```
def main(fname):
    saveFilterImage(fname)
    showFilterImage(fname)


if __name__ == "__main__":
    try:
        main(r"D:\filterimage\tree_image.jpg")
    except Exception as exc:
        print(exc)
```

2. 运行结果（见图 10-5）

图 10-5

3. 代码精讲

（1）通过调用“import scipy.misc as msc”语句，将 scipy 包的子包 misc 导入脚本中，记为“msc”。

（2）在函数 filterMode()中，使用列表 boxFilter 存储滤镜效果的名称，其中“none”表示不对图像进行滤镜处理，它只是为了将原始图像与其他施加滤镜效果的图像进行比较，人为添加到列表 boxFilter 中的，不是滤镜效果的可选模式。

（3）在函数 saveFilterImage()中，将经过滤镜处理的图像保存在原始图像所在的路径下，如图 10-6 所示。

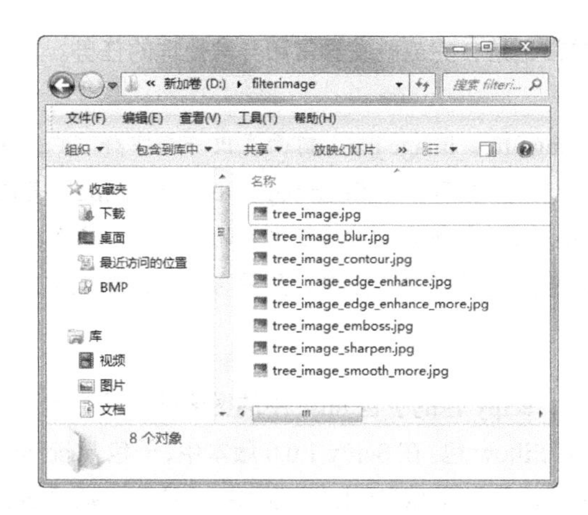

图 10-6

（4）通过调用“msc.imread(fname)”语句，将原始图像以 NumPy 数组的形式保存在变量 image 中。由于变量 image 的形状（image.shape）是1273 × 1920 × 3，所以变量 image 是一个 RGB 通道形式的 NumPy 数组。分别调用函数 dirname()和 basename()，获得绝对路径 fname 的路径部分和文件名部分。通过 for 循环语句“for i,name in enumerate(boxFilter)”，使用迭代的方式完成对原始图像的滤镜效果的操作任务。其中，调用函数 join()，将路径部分和标记滤镜效果名称的文件名组合起来，在它们之间插入“\”作为分隔符，从而将组合起来的绝对路径保存在变量 saveDirectory 中。调用函数 imfilter(arr,ftype)对图像进行滤镜处理，可供选择的滤镜效果保存在变量 boxFilter 中，其中，参数 arr 是 NumPy 数组 array，参数 ftype 是滤镜效果，也就是通过调用“msc.imfilter(image,name)”语句，完成滤镜效果的处理任务，其中，参数 name 是滤镜效果的名称。需要强调的是，“none”不是可选的滤镜效果。通过调用函数 imsave()，将经过滤镜处理的以 NumPy 数组形式存储的图像保存在 saveDirectory 路径下，也就是通过调用“msc.imsave(saveDirectory,msc.imfilter(image,name))”语句，将经过滤镜处理的图像保存在指定路径下。

（5）在函数 showFilterImage()中，主要完成经过滤镜处理的图像的展示任务。通过“plt.subplots(rows,cols)”语句，使用函数 subplots()完成画布对象 fig 和坐标轴实例列表 ax 的创建任务。通过两次 for 循环，完成子区图像的定位任务。在每个位置上，调用类 Axes 的实例方法 imshow()将经过滤镜处理的图像加载到坐标轴上，分别调用类 Axes 的实例方法 set_title()和 set_axis_off()设置子区的标题和隐藏坐标轴。需要强调的是，对于原始图像，我们只是将其展示在坐标轴上，而不进行滤镜处理。调用类 Figure 的实例方法 subplots_adjust()，设置子区边缘与画布边缘的间距、子区之间的宽度距离和高度距离。

（6）在函数 main()中，主要完成函数的调用任务。也就是说，通过执行脚本，完成“main(r"D:\filterimage\tree_image.jpg")”语句的调用任务，从而分别调用函数 saveFilterImage()和 showFilterImage()，完成保存施加滤镜效果的图像和展示施加滤镜效果的图像的任务。而且在调用函数 main()的过程中，使用异常语法，完成触发异常和异常处理的任务。

注意：

在文件路径“D:\filterimage\tree_image.jpg”前面多出一个字符“r”，这是因为“\f”和“\t”都是转义序列，需要添加字母“r”，表示“D:\filterimage\tree_image.jpg”是图像文件的绝对路径，同时不将“\f”和“\t”进行转义，从而在加载绝对路径形式的文件时，避免发生输入/输出类型的错误。

这样，就实现了既展示施加滤镜效果的图像，又保存施加滤镜效果的图像的可视化目标。

4. 内容补充

因为没有安装 Pillow 包，scipy 包的子包 misc 中的图像处理函数是不可以使用的，所以建议读者在使用 SciPy 时，提前安装 Pillow 包。在 SciPy 1.0.0 版本中，子包 misc 里的函数 imfilter()、imread()和 imsave()已经不可以使用了，并且在 SciPy 1.2.0 版本中，这些函数将被删除。由于 Pillow 包是对 PIL 包的替代，PIL 包是“Python Image Library”的缩写，可以提供图像处理功能，而且支持很多种文件格式，也就是说，完成 Pillow 包的安装就会将 PIL 包安装完成，因此，作为对 SciPy 1.0.0 和 SciPy 1.2.0 的功能补充，可以直接使用 PIL 包中的过滤功能替代函数 imfilter()的滤镜效果，也就是通过模块 Image 中的函数 open()和模块 Image 中的类 Image 的实例方法 filter()，以及模块 ImageFilter 中的类 BLUR、EMBOSS、EDGE_ENHANCE、SHARPEN、SMOOTH 等实现滤镜效果。我们在 Python shell 模式下以类 BLUR 为例演示模糊滤镜效果的使用方法，如下：

```
>>> from PIL import Image,ImageFilter
>>> image = Image.open(r"d:\filterimage\tree_image.jpg")
>>> imageBlur = image.filter(ImageFilter.BLUR)
>>> imageBlur.save(r"d:\tree_image_blur.png")
>>> imageBlur.show()
```

对于 Pillow 包的安装方法而言，读者可以在命令行客户端界面通过“pip install *.whl”方法完成安装过程。对于函数 imread()和 imsave()的替换方案，可以直接选择模块 pyplot 中的函数 imread()和 imsave()，或者使用 imageio 包中的函数 imread()和 imwrite()。imageio 包可以在命令行客户端界面通过“pip install imageio”方法完成安装过程。我们在 Python shell 模式下演示具体的使用方法，如下：

```
>>> from imageio import imread,imwrite
>>> image = imread(r"D:\filterimage\tree_image.jpg")
>>> image.shape  # image is a numpy array
(1273, 1920, 3)
>>> gCh = image[:,:,1]
>>> imwrite(r"D:\tree_image_gray.png",gCh)
```

另外，在“代码实现”部分里，使用的绝对路径只是起到演示说明的作用，读者可以根据自己的图像素材的实际保存位置灵活设置路径内容。

10.6.1　颜色的翻转

我们不仅可以使用前面介绍的滤镜效果,还可以自己设计滤镜效果,颜色的翻转就是其中之一。我们以子包 misc 中的函数 ascent()为例，简要介绍设计滤镜效果的方法。

1. 代码实现

```
import matplotlib.pyplot as plt
import scipy.misc as msc

fig,ax = plt.subplots(1,2)

font = dict(family="serif",weight="bold")

ascent = msc.ascent()
inverted_ascent = 255 - ascent

# show source image
ax[0].imshow(ascent)
ax[0].set_title("source_image",**font)
ax[0].set_axis_off()

# show inverted image
ax[1].imshow(inverted_ascent)
ax[1].set_title("inverted_image",**font)
ax[1].set_axis_off()

plt.show()
```

2. 运行结果（见图 10-7）

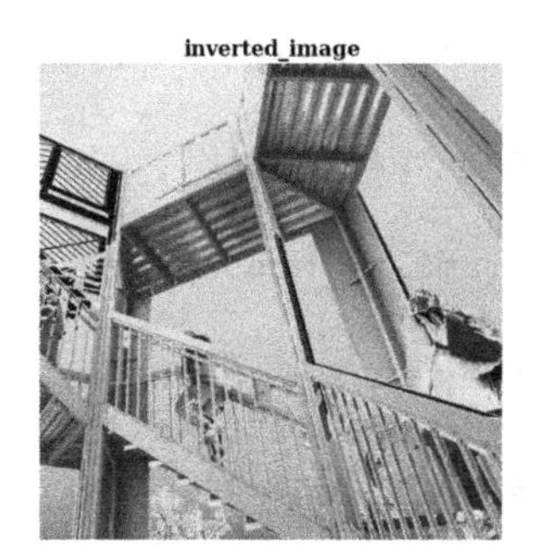

图 10-7

3. 代码精讲

（1）通过调用“msc.ascent()”语句，获得 NumPy 数组形式的图像 ascent。

（2）由于数组 ascent 的形状（ascent.shape）是512 × 512，所以这是一个单通道的 NumPy 数组。

（3）另外，数组 ascent 中的元素最大值（ascent.max()）是 255，这样，为了获得图像颜色的翻转效果，可以使用最大值 255 减去数组 ascent 中的全部值，改变控制图像颜色的数值，进而对图像完成施加滤镜效果的任务。

（4）具体而言，为了观察到施加滤镜效果的图像的变化情况，分别在子区 1 和子区 2 中调用类 Axes 的实例方法 imshow()，将施加滤镜效果前后的图像分别加载到坐标轴上，完成原始图像和图像颜色翻转的对比和展示任务。

（5）图像之所以会产生这种颜色变化，是因为图像的本质就是 NumPy 数组，通过改变数组中的元素取值，就可以实现改变图像颜色的目标，也就是完成了施加滤镜效果的可视化任务。

我们还可以选择单通道 NumPy 数组中的若干行和若干列，实现原始图像的放大效果，当然，这也可以理解成对图像施加滤镜效果。感兴趣的读者也可以探索其他设计滤镜效果的方法，从而实现定制化地施加滤镜效果的可视化目标。

注意：

在导入原始图像的过程中，需要区分获得单通道 NumPy 数组和 RGB 通道 NumPy 数组的实现方法的差异。

10.6.2 RGB 通道 NumPy 数组转换成单通道 NumPy 数组

我们使用一个简单的案例，介绍将 RGB 通道 NumPy 数组转换成单通道 NumPy 数组的实现方法。

1. 代码实现

```
import matplotlib.pyplot as plt

fig,ax = plt.subplots(2,2)

font = dict(family="monospace",weight="bold")

# get the array of RGB channels
outfile = plt.imread(r"D:\filterimage\tree_image.jpg")
print("the array 'outfile' shape: {}".format(outfile.shape))

# get the arrays of the red, green and blue channels
rCh = outfile[:,:,0]
print("the array 'rCh' shape: {}".format(rCh.shape))
```

```
gCh = outfile[:,:,1]
print("the array 'gCh' shape: {}".format(gCh.shape))

bCh = outfile[:,:,2]
print("the array 'bCh' shape: {}".format(bCh.shape))

# show source image
ax[0,0].imshow(outfile)
ax[0,0].set_title("source_image",**font)
ax[0,0].set_axis_off()

# show the images of the red, green and blue channels
ax[0,1].imshow(rCh)
ax[0,1].set_title("rCh_image",**font)
ax[0,1].set_axis_off()

ax[1,0].imshow(gCh)
ax[1,0].set_title("gCh_image",**font)
ax[1,0].set_axis_off()

ax[1,1].imshow(bCh)
ax[1,1].set_title("bCh_image",**font)
ax[1,1].set_axis_off()

plt.show()
```

2. 运行结果（见图 10-8）

图 10-8

3. 代码精讲

（1）通过调用“plt.imread(r"D:\filterimage\tree_image.jpg")”语句，将 RGB 颜色模型的 NumPy 数组存储在变量 outfile 中，这个数组的形状（outfile.shape）是 1273×1920×3。

（2）通过调用“outfile[:,:,1]”语句，就可以获得绿色（Green）单通道的 NumPy 数组，将数组保存在变量 gCh 中，这个数组的形状（gCh.shape）是 1273×1920。

（3）由此可见，通过数组切片“outfile[:,:,1]”，可以将 RGB 通道的 NumPy 数组 outfile 转化成单通道的 NumPy 数组 gCh。

关于数组切片的操作原理和实现方法如下所示。

使用 NumPy 包生成的数组 array，数组维度既可以是一维的，也可以是多维的。下面就分别讲解一维数组和多维数组的切片方法。

首先，我们讲解一维数组的切片方法。

```
import numpy as np

a = np.linspace(1,10,10)
>>> array([ 1.,  2.,  3.,  4.,  5.,  6.,  7.,  8.,  9., 10.])

a[1:4]
>>> array([ 2.,  3.,  4.])

a[0:]
>>> array([ 1.,  2.,  3.,  4.,  5.,  6.,  7.,  8.,  9., 10.])

a[:]
>>> array([ 1.,  2.,  3.,  4.,  5.,  6.,  7.,  8.,  9., 10.])
```

一维数组的切片方法就是使用数组索引实现数组元素位置的确定，数组索引的起始数字是 0。对于末尾索引数字，数组在具体切片时，实际使用的数组索引数字是末尾索引数字减 1。具体而言，a[1:4]是将数组 a 的第 2、3、4 个元素取出来，实现数组 a 的切片；a[0:]是从第一个元素一直取到最后一个元素，也可以理解成对数组 a 的完整切片；a[:]是对数组 a 的所有元素的遍历，也是对数组 a 的切片。

其次，我们讲解多维数组的切片方法。

```
import numpy as np

a = np.random.rand(3,3)

a.shape
>>> (3, 3)

a
```

```
>>> array([[ 0.62812937,  0.55201965,  0.84062124],
       [ 0.35012293,  0.31389164,  0.90238026],
       [ 0.05579499,  0.89434629,  0.60383869]])

a[0,:]
>>> array([ 0.62812937,  0.55201965,  0.84062124])

a[:,1]
>>> array([ 0.55201965,  0.31389164,  0.89434629])

a[1,1]
>>> 0.31389163833877987
```

数组 a 是一个 3 行 3 列的数组。对于多维数组而言，使用逗号“,”区分数组的不同维度。具体而言，a[0,:]表示取出数组 a 的第 1 行的全部元素；a[:,1]表示取出数组 a 的第 2 列的全部元素；a[1,1]表示取出第 2 行第 2 列的全部元素，对于二维数组 a 而言，a[1,1]取出单个元素。需要强调的是，多维数组的数组索引的起始数字是 0，因此，a[1,1]中的两个数字 1 分别表示数组 a 的第 2 行和第 2 列，从而获得数组 a 中的元素 0.31389164。

最后，关于 NumPy 基础知识的介绍，可以参考《Python 数据可视化之 matplotlib 实践》中的附录 B 的内容。

（4）其他单通道的实现方法与之类似。同样地，也是使用数组切片的操作方法，获得其他单通道的 NumPy 数组，也就是分别调用“outfile[:,:,0]”和“outfile[:,:,2]”语句。

4. 内容补充

由于函数 imread()可以处理的图像文件的类型相对单一，因而建议读者在执行脚本之前，安装 Pillow 包，从而完成 PIL 包的安装过程。这样，在已经安装 matplotlib 库的基础上，使用 Pillow 包可以处理更多类型的图像文件。对于 Pillow 包的安装方法而言，读者可以在命令行客户端界面通过“pip install *.whl”方法完成安装过程。另外，在“代码实现”部分里，使用的绝对路径只是起到演示说明的作用，读者可以根据自己的图像素材的实际保存位置灵活设置路径内容。

第 11 章

绘制 3D 图形

到目前为止，我们一直在讨论有关 2D 图形的绘制方法和绘制技术。3D 图形也是数据可视化的一个很重要的应用方面，我们接下来就重点讲解有关 3D 图形的实现方法。绘制 3D 图形通常需要导入 mpl_toolkits 包中的 mplot3d 包的相关模块，如 axes3d 模块，模块 axes3d 中包含类 Axes3D，对象 Axes3D 可以在 2D 的 matplotlib 画布中绘制 3D 图形对象。

11.1 绘制带颜色标尺的彩色曲面

在 2D 画布中绘制 3D 图形时，绘制的本质就是绘制三维曲面，即由一对有序数对映射成的数据值和有序数对所组成的三元元组在画布上的描点成面。这个三维曲面不仅可以着色，还可以按照曲面的高度分别涂上不同的颜色，同时用颜色标尺进行注释，说明高度变化。接下来，我们就讲解带颜色标尺的彩色曲面的绘制方法。

1. 代码实现

```
import matplotlib.pyplot as plt
import numpy as np
```

```
from matplotlib import cm
from matplotlib.ticker import LinearLocator,FormatStrFormatter
from mpl_toolkits.mplot3d import Axes3D

fig = plt.figure()
ax = fig.add_subplot(1,1,1,projection="3d")

x = np.arange(-3,3,0.25)
y = np.arange(-3,3,0.25)
x,y = np.meshgrid(x,y)
r = np.sqrt(np.power(x,2)+np.power(y,2))
z = np.sin(r)

# plot 3d surface
surf = ax.plot_surface(x,y,z,
                            rstride=1,
                            cstride=1,
                            cmap=cm.coolwarm,
                            linewidth=0,
                            antialiased=False)

# customize the z axis
ax.set(zlim=(-1,1))
ax.zaxis.set_major_locator(LinearLocator(7))
ax.zaxis.set_major_formatter(FormatStrFormatter("%3.2f"))

# add a color bar mapping values to colors
fig.colorbar(surf,shrink=0.6,aspect=10)

plt.show()
```

2. 运行结果（见图 11-1）

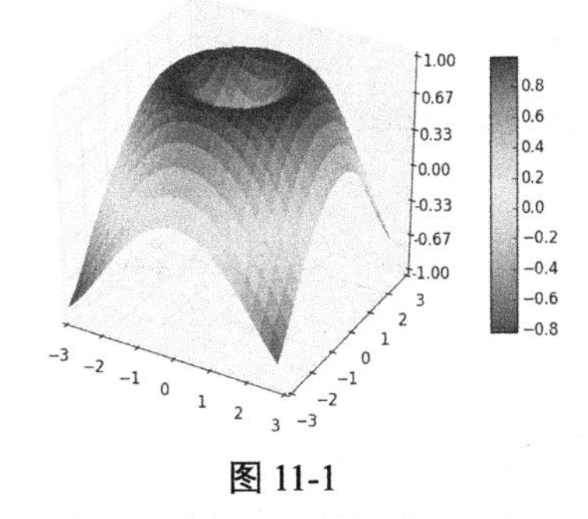

图 11-1

3. 代码精讲

为了绘制 3D 图形，需要从 mpl_toolkits 包里的 mplot3d 包的 axes3d 模块中导入类 Axes3D，实现在 2D 的 matplotlib 画布中绘制 3D 图形对象的目标。

（1）通过调用“plt.figure()”语句，生成类 Figure 的实例 fig。

（2）向画布 fig 中添加 3D 投影模式的子区，得到可以绘制 3D 图形的坐标轴实例 ax。

接下来，设置 x 轴、y 轴和 z 轴的数据内容。

（3）这样，我们就可以在坐标轴实例 ax 中，调用类 Axes3D 的实例方法 plot_surface()绘制曲面了。通过参数 rstride 和 cstride 设置曲面上单位曲面的大小，参数 cmap 用于设置曲面补片的颜色映射表类型。单位曲面（曲面补片）的衔接线的线条宽度设置为 0，以求突出曲面补片的颜色变化情况。

（4）为了使 z 轴的刻度线和刻度标签更加清晰和直观，使用一组代码对 z 轴的刻度线和刻度标签进行定制化设置，主要调整刻度线的数量和刻度标签的小数点位数。

（5）向画布中的曲面实例添加颜色标尺，通过参数 shrink 设置颜色标尺的整体大小，通过参数 aspect 设置标尺框的长和宽的比例。

这样，通过上面的 Python 代码，我们就完成了带颜色标尺的彩色曲面的绘制任务。

11.2 在 3D 空间里分层展示投射到指定平面后的 2D 柱状图

我们在 2D 平面上可以绘制柱状图，如果要绘制多组数据的柱状图，则可以尝试使用堆叠柱状图或并列柱状图。但是，如果数据组数过多，那么使用这两种柱状图展示数据的可视化效果就不是很理想。这时候，我们可以先将多组数据的柱状图投射到指定平面上，再借助指定坐标轴将投射后的柱状图分层，从而在 3D 空间里实现多组数据的分层展示的 2D 柱状图的绘制任务。

1. 代码实现

```
import matplotlib.pyplot as plt
import numpy as np

from mpl_toolkits.mplot3d import Axes3D

fig = plt.figure()
ax = fig.add_subplot(1,1,1,projection="3d")

colorsList = ["r","b","y"]
yLayersList = [2,1,0]

for color,layer in zip(colorsList,yLayersList):
```

```
    x = np.arange(10)
    y = np.random.rand(10)
    ax.bar(x,y,zs=layer,zdir="y",color=color,alpha=.7)

ax.set(xlabel="X",ylabel="Y",zlabel="Z",yticks=yLayersList)

plt.show()
```

2. 运行结果（见图 11-2）

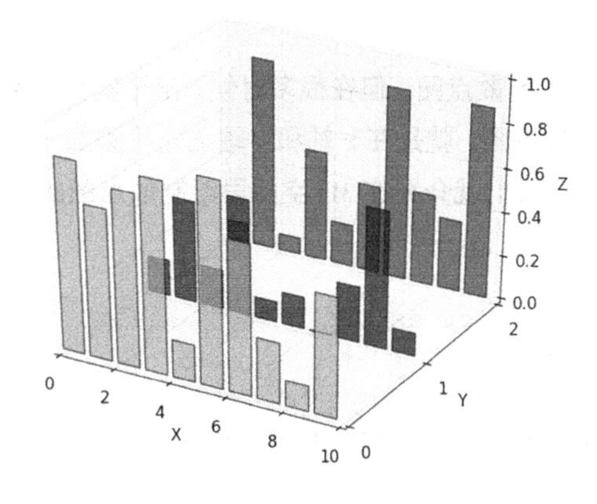

图 11-2

3. 代码精讲

（1）需要从 mpl_toolkits 包里的 mplot3d 包的 axes3d 模块中导入类 Axes3D，实现在 2D 的 matplotlib 画布中绘制 3D 图形对象的目标。

（2）调用模块 pyplot 中的函数 figure()，生成类 Figure 的实例 fig。

（3）向画布 fig 中添加 3D 投影模式的子区，得到可以绘制 3D 图形的坐标轴实例 ax。

（4）分别设置柱状图的柱体颜色和柱状图投射层次的序号，分别存储在列表 colorsList 和 yLayersList 中。

（5）借助内置函数 zip()，获得颜色和层次序号的元组列表，通过 for 循环实现迭代绘制柱状图的目标。

（6）在 for 循环中，需要重点说明语句块“ax.bar(x,y,zs=layer,zdir="y",color=color,alpha=.7)”的作用，也就是类 Axes3D 的实例方法 bar()的使用方法。其中，参数 x 表示柱体左边位置的列表；参数 y 表示柱体高度的列表；参数 zs 是将柱状图进行投射的层次序号；参数 zdir 是将 *z* 轴用来表示柱体的高度，即将 *y* 轴设定成 *z* 轴；参数 zs 和 zdir 组合使用的效果就是在 *y* 轴的刻度线位置 2、1 和 0 处所在的与 *z* 轴所属平面平行的平面上绘制 2D 柱状图；参数 color 用于设置柱体的颜色；参数 alpha 用于设置柱体的透明度。这样，我们就将 2D 柱状图投射到 *z* 轴所属的平面上，再借助 *y* 轴

分层展示投射到 z 轴所属平面上的 2D 柱状图，从而实现在 3D 空间里分层展示投射到指定平面后的 2D 柱状图。

（7）通过调用实例方法 set()，统一设置 x 轴、y 轴和 z 轴的坐标轴标签，以及将 y 轴的刻度线位置设置成投射层次的位置序号。类 Axes 的实例方法 set()是属性批量设置器，也就是说，可以将类 Axes 的若干属性设置一起放在实例方法 set()中来实现。

11.3 在 3D 空间里绘制散点图

我们可以在 2D 平面内绘制散点图，但在很多时候，出于实际项目需要，需要在 3D 空间里绘制散点图。在 3D 空间里绘制散点图，就是在 x 轴和 y 轴之外再添加一条 z 轴后，使用三元有序数对在 3D 空间里进行描点。下面，我们就介绍在 3D 空间里绘制散点图的实现方法。

1. 代码实现

```
import matplotlib.pyplot as plt
import numpy as np

from mpl_toolkits.mplot3d import Axes3D

fig = plt.figure()
ax = fig.gca(projection="3d")

xs = np.random.rand(50)*10
ys = np.random.rand(50)*10+20
zs1 = np.random.rand(50)*10
zs2 = np.sqrt(xs**2+ys**2)

ax.scatter(xs,ys,zs=zs1,zdir="z",c="cornflowerblue",marker="o",s=40)
ax.scatter(xs,ys,zs=zs2,zdir="z",c="purple",marker="^",s=40)

ax.set(xlabel="X",ylabel="Y",zlabel="Z")

plt.show()
```

2. 运行结果（见图 11-3）

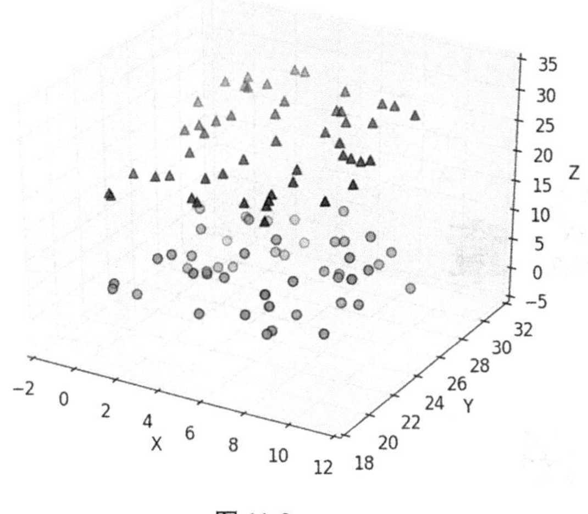

图 11-3

3. 代码精讲

与前面讲过的导入 3D 绘图模式一样，同样从 mpl_toolkits 包里的 mplot3d 包的 axes3d 模块中导入类 Axes3D，实现在 2D 的 matplotlib 画布中绘制 3D 图形对象的目标。

（1）调用模块 pyplot 中的函数 figure()，生成类 Figure 的实例 fig。

（2）调用实例方法 gca()获得 3D 模式下的坐标轴实例 ax。

（3）构建一组模拟数据 xs、ys、zs1 和 zs2，用于绘制 3D 空间里的散点图。

（4）调用类 Axes3D 的实例方法 scatter()，实例方法 scatter()的大部分参数与 2D 平面里的实例方法 scatter()的大部分参数相同。这里需要重点说明的就是参数 zs。参数 zs 是与 xs 和 ys 数组长度相同的数组，将 *z* 轴本身作为 *z* 坐标轴，这样，就会在 *z* 轴上的 zs 列表里的元素的位置处绘制由 xs 和 ys 的对应位置的元素所组成的有序数对的坐标点。

（5）调用“ax.set(xlabel="X",ylabel="Y",zlabel="Z")”语句，设置 *x* 轴、*y* 轴和 *z* 轴的坐标轴标签。

这样，通过上面的操作步骤，就可以完成在 3D 空间里绘制散点图的数据可视化任务。

第12章

绘制地图

前面我们已经讲解了有关 3D 图形的实现方法。绘制 3D 图形通常需要导入 mpl_toolkits 包中 mplot3d 包的相关模块，如 axes3d 模块，axes3d 模块中包含类 Axes3D，从而可以在 2D 的 matplotlib 画布中实现绘制 3D 图形的需求。现在，如果需要绘制地图，则通常需要导入 mpl_toolkits 包中 basemap 包的类 Basemap，借助类 Basemap 来构建需要的地图模式和样式。下面，我们就通过一些典型案例来讲解使用类 Basemap 绘制地图的方法。

12.1 澳大利亚的首都和首府城市的人口数量

澳大利亚是大洋洲的主要组成部分，以其特有的气候、地貌和动植物闻名遐迩。最近，澳大利亚人口数量增长迅猛，尤其是首都和首府城市最为明显。下面，我们就借助地图来概览各大城市的人口数量。同时，以 Python 代码的形式具体讲解使用类 Basemap 绘制地图的方法。

1. 代码实现

```
from mpl_toolkits.basemap import Basemap
import matplotlib.pyplot as plt
```

```
import numpy as np

# city population in 2017
locations = {"Sydney":5131326,"Melbourne":4850740,
             "Brisbane":2408223,"Adelaide":1333927,
             "Perth":2043138,"Hobart":226884,
             "Darwin":146612,"Canberra":410301}

# Latitude and Longitude in degrees
names = {"Sydney":(-33.86785,151.20732),"Melbourne":(-37.8142,144.96332),
        "Brisbane":(-27.46794,153.02809),"Adelaide":(-34.92866,138.59863),
        "Perth":(-31.95224,115.8614),"Hobart":(-42.87936,147.32941),
        "Darwin":(-12.46113,130.84185),"Canberra":(-35.28346,149.12807)}

# setup mercator map projection
basemap = Basemap(projection="merc",
                  resolution="h",
                  area_thresh=0.1,
                  llcrnrlon=112,llcrnrlat=-45,
                  urcrnrlon=155,urcrnrlat=-8)

# draw several map elements
basemap.drawcoastlines(linewidth=0.6,linestyle="-",color="#b7cfe9",zorder=3)
basemap.drawrivers(linewidth=0.8,linestyle="-",color="#689CD2",zorder=2)

basemap.fillcontinents(color="#BF9E30",lake_color="#689CD2",zorder=1)
basemap.drawmapboundary(color="gray",fill_color="#689CD2")

basemap.drawmeridians(np.arange(0,360,15),color="#4e8bca",labels=[0,0,0,1],
labelstyle="+/-")
basemap.drawparallels(np.arange(-90,90,15),color="#4e8bca",labels=[1,1,0,0],
labelstyle="+/-")

# convert lon/lat (in degrees) to x/y map projection coordinates (in meters)
# longitude is transformed into x and latitude is transformed into y
names_values = []
names_keys = list(names.keys())
for i,name in enumerate(names_keys):
      names_values.append(names[name])

lat_x,long_y = list(zip(*names_values))
x,y = basemap(long_y,lat_x)
```

```
# draw city markers and add text to markers
size_factor = 80.0
offset_factor = 21000
rotation = 30
max_population = max(locations.values())

for city_name,city_x,city_y in zip(names_keys,x,y):
        size = (size_factor/max_population)*locations[city_name]
        x_offset = offset_factor
        y_offset = offset_factor
        basemap.scatter(city_x,
                        city_y,
                        s=size,
                        facecolor="w",
                        edgecolors="r",
                        linewidths=2.0,
                        zorder=10)
       plt.text(city_x+x_offset,city_y+y_offset,city_name)

# setup map title
font = dict(family="serif",fontsize=15,weight="bold")
plt.title("Australian Population of Capital City",**font)

plt.show()
```

2. 代码精讲

从效果图（请读者根据以上代码自行生成效果图）中可以观察到澳大利亚的首都和各个首府城市的人口数量情况。标记点越大，表示城市人口数量越多，而且主要集中在墨尔本、悉尼、布里斯班和阿德莱德等首府城市。有关城市人口数量的源数据参见 Australia_city_population.xlsx 文件。接下来，我们具体讲解“代码实现”部分里的相关语句。

首先，通过变量 locations 定义城市的人口数量，使用变量 names 存储城市的纬度和经度。这两个变量的数据结构都是字典。

调用类 Basemap 生成实例 basemap。类 Basemap 的构造函数的参数含义如下。

- projection：地图投影模式。
- resolution：地图边缘的分辨率。
- area_thresh：海岸线和湖泊显示的单位面积的大小要求。
- llcrnrlon：左下角的经度。
- llcrnrlat：左下角的纬度。
- urcrnrlon：右上角的经度。
- urcrnrlat：右上角的纬度。

其次，我们调用类 Basemap 的实例 basemap 的实例方法，绘制海岸线，绘制河流，填充大陆颜色，绘制地图边界，填充大陆之外的地图背景颜色。同时，绘制经度线和纬度线。通过调用这些实例方法就完成了绘制地图元素的任务。也就是说，分别调用实例方法 drawcoastlines()、drawrivers()、fillcontinents()、drawmapboundary()、drawmeridians()和 drawparallels()，实现绘制地图元素的目标。

这里需要补充的是，实例方法 drawcoastlines()的参数 linewidth、linestyle 和 color 的含义和绘制折线图的实例方法 plot()的参数含义相同，分别表示线条宽度、线条风格和线条颜色。

通过调用“basemap.drawmeridians(np.arange(0,360,15),color="#4e8bca",labels=[0,0,1,1],labelstyle="+/-")”语句，也就是调用和执行实例方法 drawmeridians()，实现绘制经度线和添加经度度数标签值的目标。其中，参数 labels 中的“0”和“1”分别表示不绘制和绘制的意思，列表 labels 中的 4 个元素分别表示是否绘制与投影地图有交叉的左侧、右侧、顶部和底部的经度值。参数 labels 的取值“[0,0,0,1]”表示绘制与投影地图有交叉的底部的经度值。参数 labelstyle 的取值“+/-”表示西经取负值，东经取正值。

同理，通过调用“basemap.drawparallels(np.arange(-90,90,15),color="#4e8bca",labels=[1,1,0,0],labelstyle="+/-")”语句，绘制纬度线和标记纬度值。参数 labels 的取值“[1,1,0,0]”表示绘制与投影地图有交叉的左侧和右侧的纬度值。

通过调用“names.keys()”语句，也就是调用字典 names 的 keys()方法，将字典 names 的所有键存储在列表 names_keys 中。

调用内置函数 zip()可以将纬度值和经度值分别放在一个元组里，最后用一个列表存储这两个元组。这个过程是通过“zip(*names_values)”语句完成的。符号“*”表示将列表 names_values 中的元素全部提取出来。这样，使用内置函数 zip()就可以将纬度值和经度值分别存储在一个元组里。最后，赋值给变量 lat_x 和 long_y。

实例 basemap 可以作为函数被调用，从而将经度值和纬度值分别转换成以米为单位的地图投影值。也就是说，调用“basemap(long_y,lat_x)”语句，完成经度值和纬度值向数值（以米作为计量单位）的映射过程，从而将转换后的经度值存储在变量 x 中，将转换后的纬度值存储在变量 y 中。

最后，需要将不同城市的人口数量投射到地图上，使用散点图的标记表示人口数量，使用标记大小表示数量多少。这个过程是通过调用实例 basemap 的实例方法 scatter()完成的。为了使得标记点不被其他地图元素覆盖，可以将参数 zorder 的取值设置成 10，远远大于其他实例方法中的参数 zorder 的取值。这么设置的原因就是保证散点图的标记可以显示在地图最上面，这样标记的边缘就不会被其他地图元素遮挡了。而且，参数 zorder 的取值越大，相应的地图元素距离地图画布越远，也就是离观察者的距离越近。

这里需要补充的是，我们可以将效果图理解成多个层的叠加：地图是第一层，位于所有层的最下面；第二层是地图上的海岸线、大陆和经纬线等地图元素；第三层是散点标记，也就是最上面的这一层。

同时，为了用标记的大小表示人口数量的多少，我们将标记的大小设置成与人口数量的多少成比例的变化模式，也就是通过调用“(size_factor/max_population)*locations[city_name]”语句，完成标记大小的动态设置任务。其中，变量 max_population 中存储的是城市人口数量中的最大值，使用内置函数 max()获得这个最大值。调用“locations.values()”语句，也就是调用字典 locations 的 values()方法，获得字典 locations 的所有与键相对应的键值，也就是人口数量。

还需要补充的是有关内置函数 zip()的使用方法。内置函数 zip()的参数可以是列表或元组，也可以是列表和元组的组合，返回值是以元组为元素的列表，即元组列表。这样，就可以使用 for 循环语句，完成每个城市的人口数量和城市名称迭代标记的任务。在添加不同城市名称的过程中，我们使用模块 pyplot 的 API，调用函数 text()给每个城市人口数量的标记点添加城市名称，从而实现更加友好的地图可视化绘制效果。

通过调用“plt.show()”语句，完整地呈现澳大利亚的首都和各个首府城市人口数量的特征和差异，完成使用地图概览人口数量的可视化目标。

3. 内容补充

在 Python 3.x 中，需要使用内置函数 list()将可迭代对象转化成列表。另外，由于 matplotlib 3.0.1 与 basemap 1.1.x 及以上版本（例如，basemap 1.2.0）不兼容，因此，读者需要使用不同的 matplotlib 版本（例如，matplotlib 2.2.3），或者使用 basemap 1.1.x 以下的版本（例如，basemap 1.0.7）。这样，matplotlib 2.2.3 搭配 basemap 1.2.0，或者 matplotlib 3.0.1 搭配 basemap 1.0.7，或者 matplotlib 3.0.2 搭配 basemap 1.2.0，都是可以考虑的组合方式。在 Python 3.5 及以上版本的环境下，才可以安装 matplotlib 3.0.x。也就是说，matplotlib 3.0.x 仅仅支持 Python 3.5 及以上版本。

12.2 当前时点的昼夜地理区域分布图

我们可以使用类 Basemap 的实例方法 nightshade()绘制当前时点的白天和黑夜的地理区域分布图。这样，就可以观察任何我们关注的地理区域的昼夜分布情况。前面介绍过澳大利亚的首都和各个首府城市的人口情况，现在我们具体考察一下南半球的昼夜分布情况，同时也看看同样处在南半球的澳大利亚的昼夜分布情况。下面，以 Python 代码的形式，具体讲解绘制当前时点的昼夜地理区域分布图的实现方法。

1. 代码实现

```
import datetime
import matplotlib.pyplot as plt
import numpy as np

from mpl_toolkits.basemap import Basemap
```

```
# setup miller projection
basemap = Basemap(projection="mill",
                  resolution="h",
                  area_thresh=0.1,
                  llcrnrlon=-180,
                  llcrnrlat=-90,
                  urcrnrlon=180,
                  urcrnrlat=90)

# draw coastlines
basemap.drawcoastlines(linewidth=0.6,zorder=2)
# draw mapboundary
basemap.drawmapboundary(fill_color="aqua")
# fill continents with color "coral", and lake "aqua"
basemap.fillcontinents(color="coral",lake_color="aqua",zorder=1)
# draw meridians and parallels
basemap.drawmeridians(np.arange(-120,150,60),linewidth=0.6,labels=[0,0,0,1])
basemap.drawparallels(np.arange(-60,80,30),linewidth=0.6,labels=[1,0,0,0])

# shade the night areas, and use current time in UTC
date = datetime.datetime.utcnow()
basemap.nightshade(date)

# format title with date and time
content = "Shade dark regions of the map %s (UTC)"
dtFormat = "%d %b %Y %H:%M:%S"
stringTime = date.strftime(dtFormat)
plt.title(content % stringTime,fontsize=15)

plt.show()
```

2. 代码精讲

从效果图（请读者根据以上代码自行生成效果图）中可以看到，澳大利亚已经有部分地理区域和城市进入黑夜，例如，布里斯班和悉尼已经进入黑夜了，但是大部分的地理区域和城市还处在白天。

接下来，我们就详细讲解“代码实现”部分的关键语句和实现细节。

导入内置模块 datetime 和类 Basemap，这是绘制昼夜地理区域分布图的关键操作步骤。

调用类 Basemap 的构造函数生成实例 basemap，其中，地图投影模式是“Miller Cylindrical”，也就是说，参数 projection 的取值是“mill”。其他参数的含义和取值在前面已经详细介绍过了，这里就不再详细解释。

类似地，我们同样绘制海岸线和地图边界，填充大陆和湖泊颜色，绘制经度线和纬度线。

调用内置模块 datetime 里的类 datetime 的方法 utcnow()，返回当前的世界协调时间（Universal Time Coordinated，UTC）形式的类 datetime 的实例，存储在变量 date 中。

调用类 Basemap 的实例 basemap 的实例方法 nightshade()，绘制当前时点是黑夜的地理区域，这些地理区域的填充颜色是透明度为 0.5 的黑色。也就是说，实例方法 nightshade()的参数 color 的默认取值是黑色，参数 alpha 的默认取值是 0.5。

调用内置模块 datetime 里的类 date 的实例方法 strftime()。由于类 datetime 是类 date 的子类，所以变量 date 也可以调用方法 strftime()，按照指定日期和时间的格式“%d %b %Y %H:%M:%S”，转换成定制风格的字符串，使用变量 stringTime 存储“date.strftime(dtFormat)”语句的返回值。

调用模块 pyplot 的 API，具体来讲，就是调用函数 title()，展示当前时点说明地图内容的文本。

这样，我们就完成了绘制当前时点的昼夜地理区域分布图的可视化任务。

3. 内容补充

由于 matplotlib 3.0.1 与 basemap 1.1.x 及以上版本（例如，basemap 1.2.0）不兼容，因此，读者需要使用不同的 matplotlib 版本（例如，matplotlib 2.2.3），或者使用 basemap 1.1.x 以下的版本（例如，basemap 1.0.7）。这样，matplotlib 2.2.3 搭配 basemap 1.2.0，或者 matplotlib 3.0.1 搭配 basemap 1.0.7，或者 matplotlib 3.0.2 搭配 basemap 1.2.0，都是可以考虑的组合方式。在 Python 3.5 及以上版本的环境下，才可以安装 matplotlib 3.0.x。也就是说，matplotlib 3.0.x 仅仅支持 Python 3.5 及以上版本。

如果运行结果出现提示信息，这是由于 matplotlib 版本的不同所导致的，使用 matplotlib 2.0.0 及以上版本，提示信息就不会出现了。

12.3 城市之间相隔距离的可视化呈现

很多时候，为了清楚地展示城市之间的相隔距离，我们可以在地图上用曲线的长度表示距离的长度，直观地展示城市之间的相对位置和物理距离。下面，就使用类 Basemap 的实例方法 drawgreatcircle()，实现城市之间物理距离的可视化效果。

1. 代码实现

```
import matplotlib as mpl
import matplotlib.pyplot as plt
import numpy as np

from mpl_toolkits.basemap import Basemap

class MapDisVisualization(Basemap):

    # get city names
```

```
    def getCityNames(self,names):
        namesKeys = list(names.keys())
        return namesKeys

    # define distance between cityA and cityB
    def citiesDistance(self,x,y):
        d = np.power(np.power(x[0]-y[0],2)+np.power(x[1]-y[1],2),0.5)
        distance = round(d,4)
        return distance

    # compute distance between target city and every other city
    def centerCityDistance(self,city,names):
        distanceDict = {}
        namesKeys = self.getCityNames(names)
        for i,name in enumerate(namesKeys):
            if name != city:
                distanceDict[name] = self.citiesDistance(names
                [city],names[name])
        return distanceDict

    # compute line width and line color
    def setcolorandwidth(self,city,names):
        size_factor = 2.0
        namesKeys = self.getCityNames(names)
        distanceDict = self.centerCityDistance(city,names)
        distanceList = list(distanceDict.values())
        maxDistance = max(distanceList)
        for i,name in enumerate(namesKeys):
            if name != city:
                self.drawgreatcircle(names[city][1],names[city][0],
                                     names[name][1],names[name][0],
                                     linewidth=size_factor,
          color=mpl.cm.Blues(distanceDict[name]/float(maxDistance)))

    # visualize city distance on the map
    def showmap(self,city,names):
        self.setcolorandwidth(city,names)
        namesKeys = self.getCityNames(names)
        number = len(namesKeys)
        titleContent = "a map of visualizing distance between %s and every
        other city (%d cities)"
        font = dict(family="serif",fontsize=15,weight="black")
        plt.title(titleContent % (city,(number-1)),fontdict=font)
        plt.show()
```

```
def main(projection,city):
    # get a Basemap instance
    m = MapDisVisualization(projection=projection,
                            resolution="h",
                            area_thresh=0.1,
                            llcrnrlon=112,llcrnrlat=-50,
                            urcrnrlon=180,urcrnrlat=-8)

    # draw several elements on the map
    m.drawcoastlines(linewidth=0.6,linestyle="-",zorder=2)
    m.fillcontinents(alpha=0.5,zorder=1)
    m.drawmapboundary(color="gray")
    m.drawmeridians(np.arange(100,180,15),linewidth=0.4,labels=
    [0,0,0,1])
    m.drawparallels(np.arange(-90,0,15),linewidth=0.4,labels=
    [1,0,0,0])

    # Latitude and Longitude in degrees
    names = {"Sydney":(-33.86785,151.20732),"Wellington":(-41.28664,
             174.77557),
             "Brisbane":(-27.46794,153.02809),"Adelaide":
             (-34.92866,138.59863),
             "Perth":(-31.95224,115.8614),"Auckland":
              (-36.86667,174.76667),
             "Darwin":(-12.46113,130.84185),"Canberra":
              (-35.28346,149.12807)}

    #show the distance between Sydney and every other city
    m.showmap(city,names)

if __name__ == "__main__":
    # use projection mercator and choose Sydney
    main("merc","Sydney")
```

2. 代码精讲

定义基类 Basemap 的子类 MapDisVisualization。在子类 MapDisVisualization 中，新添加一些实例方法。关于类的继承和实现方法如下所示。

定义一个类 NewClass，也称为基类 NewClass，基类 NewClass 包括一些属性和实例方法。如果想要在基类 NewClass 中添加一些实例方法，则可以创建一个子类 SubNewClass。子类 SubNewClass 不仅具有基类 NewClass 的属性和方法，还具有自己的属性和方法。这就是类的继承。所谓类的继承，就是在基类的基础上，增加一些额外的属性和方法。这就类似于生物进化，如鹰和鸵鸟，虽然都属于鸟类（可以理解成基类），但是鹰具有飞翔的本领，鸵鸟善于奔跑，具有不同的行为；鹰以食肉为主，鸵鸟以食草为主，具有不同的属性，从而形成了不同的子类。实现类的继承的方法是“class SubNewClass(NewClass):”，也就是说，将基类 NewClass 放在原来放置对象的括号中，而不是用“class SubNewClass(object):”实现类的继承，从而告诉 Python，类 SubNewClass 想要继承类 NewClass 中的属性和方法。这样，类 SubNewClass 就实现了对类 NewClass 的继承，也就产生了子类 SubNewClass。关于类的相关内容，可以参考《Python 数据可视化之 matplotlib 实践》中附录 A 的内容。

下面就具体解释在子类 MapDisVisualization 中添加实例方法的作用和实现要点。

实例方法 getCityNames(names)的主要作用是获得字典中的所有键，将全部的键存储在列表 namesKeys 中，返回值是列表 namesKeys。获得列表 namesKeys 是通过调用“names.keys()”语句实现的，也就是调用字典 names 的 keys()方法获得字典中的所有键，将这些键存储在列表 namesKeys 中。

实例方法 citiesDistance(x,y)的主要作用是计算任何两个城市之间的距离。城市之间的距离可以使用欧几里得距离进行计算，简称为欧氏距离。点 a 和点 b 之间的欧氏距离是 $r_{ab}=\sqrt[2]{(x_1-x_2)^2+(y_1-y_2)^2}$，其中，$a=(x_1,y_1)$，$b=(x_2,y_2)$。具体到每个城市的位置，我们使用纬度和经度进行定位。变量 distance 中存储的是保留 4 位有效数字的城市之间的欧氏距离。返回值是城市之间的欧氏距离。

实例方法 centerCityDistance(city,names)的主要作用是将城市之间的距离和城市进行对应，也就是说，选择参数 city 作为中心城市，参数 names 中的城市依次计算与中心城市的距离，然后将距离中心城市的城市名称作为字典 distanceDict 的键，将城市之间的距离作为键值。返回值是字典 distanceDict。

实例方法 setcolorandwidth(city,names)的主要作用是绘制使用圆弧表示的城市之间的距离。参数 city 是中心城市，参数 names 是需要计算与中心城市的距离的城市。通过调用“distanceDict.values()”语句，也就是使用字典 distanceDict 的 values()方法，获得由城市之间的距离所组成的列表，存储在变量 distanceList 中。使用内置函数 max()获得城市之间的最远距离，也就是通过调用“max(distanceList)”语句，将最远距离存储在变量 maxDistance 中。调用实例方法 drawgreatcircle(lon1,lat1,lon2,lat2,**kwargs)，可以绘制从经纬度对 lon1 和 lat1 到经纬度对 lon2 和 lat2 之间的圆弧。参数 lon1 和 lat1 分别是城市 1 的经度和纬度，参数 lon2 和 lat2 分别是城市 2 的经度和纬度。参数 kwargs 可以使用模块 pyplot 的函数 plot()中的参数，这样，参数 linewidth 和 color 就可以作为实例方法 drawgreatcircle()的参数。需要补充的是，参数 color 的取值是调用模块 cm 中的变量 Blues，也就是说，配色方案 Blues 可以作为变量，用来存储类 LinearSegmentedColormap 的实例。类 LinearSegmentedColormap 是模块 colors 中的类 Colormap 的子类，类 LinearSegmentedColormap 的实例可以作为函数被调用。也就是说，变量 Blues 可以作为一个函数，可以向函数 Blues()中传入[0.0,1.0]范围内的任意浮点数，从而将浮点数值映射成配色方案 Blues 里的对应颜色。在浮点数的获取上，是通过计算作为分子的每个城市与中心城市的距离和作为分母的城市之间的最远距离的比值获得的，也就是使用表达式“distanceDict[name]/float(maxDistance)”获得函数 Blues()的[0.0,1.0]范围内的浮点数输入值。

实例方法 showmap(city,names)的主要作用是展示以圆弧形式表示的城市之间的距离，同时调用模块 pyplot 中的函数 title()绘制地图的标题，使用参数 fontdict 控制文本的展示格式，包括字体样式、字体大小和字体加粗模式。

接下来，我们讲解函数 main()的作用和实现方法。

通过继承自基类 Basemap 的子类 MapDisVisualization 的实例化，得到实例 m。通过调用继承自基类 Basemap 的实例方法，绘制海岸线，填充大陆颜色，绘制地图边界，绘制经度线和纬度线。使用变量 names 存储城市名称和对应的纬度及经度信息的字典。调用“m.showmap(city,names)”语句，实现调用子类 MapDisVisualization 中的实例方法 showmap()的目标。

如果执行这个脚本，if 语句的条件表达式“__name__ == "__main__"”的判断值为“True”，就可以调用函数 main()。在调用过程中，也可以使用异常语法，实现触发异常和异常处理的任务需求，也就是 try 和 except 语句。这样，我们就实现了绘制用圆弧表示城市之间的距离的可视化任务。

3. 内容补充

在 Python 3.x 中，需要使用内置函数 list()将可迭代对象转化成列表。另外，由于 matplotlib 3.0.1 与 basemap 1.1.x 及以上版本（例如，basemap 1.2.0）不兼容，因此，读者需要使用不同的 matplotlib 版本（例如，matplotlib 2.2.3），或者使用 basemap 1.1.x 以下的版本（例如，basemap 1.0.7）。这样，matplotlib 2.2.3 搭配 basemap 1.2.0，或者 matplotlib 3.0.1 搭配 basemap 1.0.7，或者 matplotlib 3.0.2 搭配 basemap 1.2.0，都是可以考虑的组合方式。在 Python 3.5 及以上版本的环境下，才可以安装 matplotlib 3.0.x。也就是说，matplotlib 3.0.x 仅仅支持 Python 3.5 及以上版本。

第 13 章

综合交叉的应用场景

前面已经讲解了 matplotlib 在数据可视化方面的各种应用方向。下面，我们就在这些应用方向的基础上，讲解一些综合交叉的实用案例，从而更加深入地掌握 matplotlib 的应用知识和实用技能。

13.1 输入数据可以使用字符串代替变量

在绘制散点图时，通常使用变量作为输入数据的存储载体。其实，也可以使用字符串作为输入数据的存储载体。接下来，我们就详细探讨一下使用字符串作为输入数据存储载体的散点图的绘制方法。

1. 代码实现

```
import matplotlib.pyplot as plt
import numpy as np

fig = plt.figure()
ax = fig.gca()
```

```
x = np.random.rand(50)*10
y = np.random.rand(50)*10+20
s = np.random.rand(50)*100
c = np.random.rand(50)

data = {"a":x,"b":y,"color":c,"size":s}

#with the "data" keyword argument
ax.scatter("a","b",c="color",s="size",data=data)

ax.set(xlabel="X",ylabel="Y")

plt.show()
```

2. 运行结果（见图 13-1）

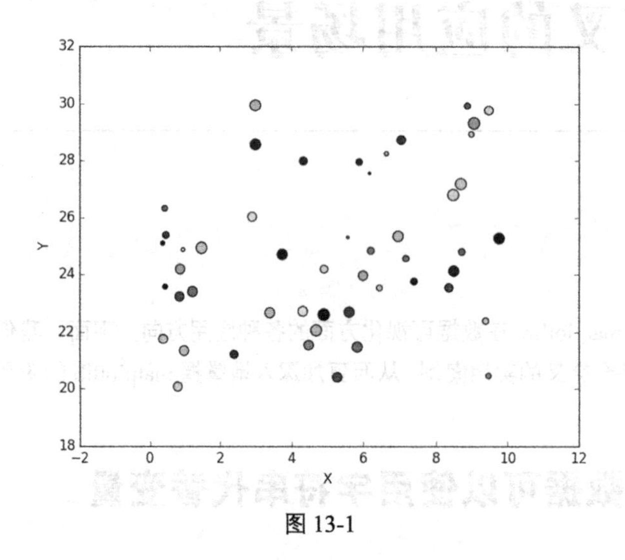

图 13-1

3. 代码精讲

在“代码实现”部分里，我们重点考察两段 Python 代码。

第 1 段代码是“data = {"a":x,"b":y,"color":c,"size":s}”，在这里，我们将散点图的输入数据、颜色和标记大小放在 data 字典里作为键值，对应的键就是字符串。

第 2 段代码是“ax.scatter("a","b",c="color",s="size",data=data)”，散点图的输入数据换成字符串，颜色参数和标记尺寸参数值也换成字符串，这种绘制散点图的方法可以实现的关键就是参数 data 的使用。通过使用参数 data，就可以将变量用字符串进行替代，从而完成相应参数值的代入过程，实现散点图的高效绘制。

13.2 以 PDF 文件格式存储画布图形

我们不仅可以将画布中的图形以 PNG 或 SVG 格式保存，还可以 PDF 文档形式存储画布图形，而且可以将多幅画布中的图形统一存储在 PDF 文件中，这种优势是单纯使用 PNG 或 SVG 格式存储图形所达不到的。下面，我们就详细讲解以 PDF 文件格式存储画布图形的实现方法。

1. 代码实现

```
import matplotlib.pyplot as plt
import numpy as np

from matplotlib.backends.backend_pdf import PdfPages

with PdfPages("D://PdfPages.pdf") as pdf:

    # page one
    plt.figure(figsize=(4,4))
    x = np.random.rand(20)*100
    y = np.random.rand(20)*100+30
    s = np.random.rand(20)*100
    c = np.random.rand(20)
    data = {"a":x,"b":y,"color":c,"size":s}
    plt.scatter("a","b",c="color",s="size",data=data)
    plt.title("Page1")
    pdf.savefig()  # save the current figure
    plt.close()  # close the current figure

    # page two
    fig = plt.figure(figsize=(8,6))
    x = np.linspace(0,2*np.pi,100)
    y1 = 0.5*np.cos(x)
    y2 = 0.5*np.sin(x)
    plt.plot(y1,y2,color="navy",lw=3)
    plt.axis("equal")
    plt.title("Page2")
    pdf.savefig(fig) # pass the Figure instance fig to pdf.savefig
    plt.close(fig)  # close the Figure instance fig

    # page three
    fig,ax = plt.subplots(1,2)
    x = np.linspace(0,2*np.pi,100)
    y = np.sin(x)*np.exp(-x)
    ax[0].scatter(x,y,c="cornflowerblue",s=100)
```

```
        ax[1].plot(x,y,"k-o",lw=2)
        ax[1].set(xlim=(-1,7))
        fig.suptitle("Page3")
        pdf.savefig(fig)
        plt.close(fig)
```

2. 运行结果（见图 13-2）

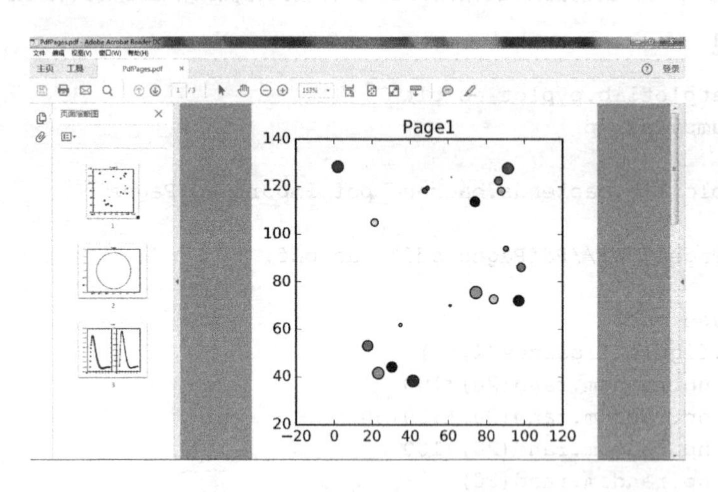

图 13-2

3. 代码精讲

通过“代码实现”部分，我们获得了包含 3 页的 PDF 格式的文件。这 3 页的实现方法是要重点讲解的内容。

（1）为了生成 PDF 文件，需要创建文件名称和存储路径。为了方便向 PDF 文件中写入内容，需要创建 PDF 文件对象，这一系列过程通过“with PdfPages("D://PdfPages.pdf") as pdf”语句完成。

下面，我们就可以开始创建页面和向页面中写入内容了。

（2）在第 1 页中，通过调用“plt.figure(figsize=(4,4))”语句，确定 PDF 文件中第 1 页的页面大小，确定好页面尺寸后就可以绘制图形了，我们使用前面讲过的方法绘制散点图，调用“pdf.savefig()”语句将当前画布内容保存在文件对象 pdf 中，同时调用“plt.close()”语句关闭画布。

（3）在第 2 页中，创建长度和宽度分别是 8 和 6 的页面，向页面中添加折线图，这是一个线宽是 3、海军蓝颜色的圆。通过调用“plt.axis("equal")”语句，调整横纵坐标的单位长度相同，将当前 Figure 的实例 fig 保存在 pdf 对象中，同时关闭当前画布。

（4）在第 3 页中，绘制一幅 1 行 2 列的子区模式的图形，通过调用“ax[0].scatter(x,y,c="cornflowerblue",s=100)”语句在子区 1 中创建散点图，调用“ax[1].plot(x,y,"k-o",lw=2)”语句在子区 2 中绘制折线图，进一步地通过调用“ax[1].set(xlim=(-1,7))”语句调整子区 2 的 x 轴的长度范围。向画布中添加子区标题文本。最后，保存当前画布对象和关闭当前画布对象。

这样，我们就完成了 PDF 文件的创建和内容写入的工作。

13.3 调用 pyplot 的 API 和面向对象的 API 设置图形属性

很多使用 matplotlib 的用户更倾向于使用面向对象的 API，而不使用 pyplot 的 API。对于完成一般任务的 matplotlib 使用者而言，完全可以使用 pyplot 的 API，完成绘制画布、子区、坐标轴和展示图形等可视化任务。进一步讲，对于设置图形属性而言，可以使用“set”设置画布中的图形属性。下面，我们就以设置折线图的线条宽度为例，对照讲解两种 API 的编写方法。这样，在设置图形属性方面，掌握 pyplot 的 API 转化成面向对象 API 的实现方法。

1. pyplot 的 API 的代码编写方法

通过 pyplot 的 API 可以设置折线图的线条宽度，“set”的代码编写方法如下：

```
import matplotlib.pyplot as plt

x = [1,2,3,4,5]
y = [2,4,1,8,3]
line, = plt.plot(x,y)
plt.setp(line,"linewidth",2)
```

“set”的语法规则如下：

```
plt.setp(object,attribute,value)
```

其中，object 是实例对象，attribute 是实例属性，value 是属性值。

2. 面向对象 API 的代码编写方法

通过面向对象的 API 也可以设置折线图的线条宽度，也就是调用实例方法完成调整线条宽度的任务，“set”的代码编写方法如下：

```
import matplotlib.pyplot as plt

x = [1,2,3,4,5]
y = [2,4,1,8,3]
line, = plt.plot(x,y)
line.set_linewidth(2)
```

“set”的语法规则如下：

```
object.set_attribute(value)
```

其中，object 是实例对象，attribute 是实例属性，value 是属性值。

因此，我们可以将 pyplot 的 API 中的函数 setp()转化成面向对象的 API 中的实例方法 set_linewidth()，也就是将“plt.setp(line,"linewidth",2)”语句转化成“line.set_linewidth(2)”语句，进而使“set”从函数转化成实例方法，完成将 pyplot 的 API 中的函数转化成面向对象的 API 中的实例方法的任务，也就是完成两种 API 中的设置图形属性方法的相互转化。

13.4 用树形图展示文件夹中的文件大小

matplotlib 中的模块 image 支持基本的图像加载、重新调整图像大小和显示等操作。因此，我们可以借助 matplotlib 生成文件夹，从而将 PNG 格式的图像存储到文件夹中。如果已经安装 PIL 包，则也可以将其他格式的图像文件存储到文件夹中。现在，有一个问题是：如果文件夹中的 PNG 图像很多，逐个查询每张图像的大小也不现实，这样，我们需要将图像的大小以可视化的形式进行展示，从而提高工作和学习效率。由于文件夹和文件是层级结构，而树形图非常适合展示树状结构的数据，因此，下面，我们就以 Python 代码的形式具体讲解用树形图展示文件夹中文件大小的实现方法。

1. 代码实现

```
import matplotlib.pyplot as plt
import squarify # pip install squarify

from glob import glob
from matplotlib.image import thumbnail
from os import mkdir
from os.path import basename,dirname,getsize,isdir,join
from sys import argv

script,indir,outdir = argv

sizeList = []
nameList = []

if len(argv) != 3:
        print("On command line, information is not full.")
        raise SystemExit

if not isdir(indir):
        print("Input directory %r is not found." % indir)
       raise SystemExit

if not isdir(outdir):
        print("Output directory %r is created." % outdir)
```

```
        mkdir(outdir)
    else:
        print("Output directory %r has been created" % outdir)

    # the image file must be PNG or Pillow-readable
    for fname in glob(join(indir,"*.png")):
        indir = dirname(fname)
        filename = basename(fname)
        outfile = join(outdir,filename)
        fig = thumbnail(fname,outfile,scale=0.5)
        print("Copy of %r to %r" % (filename,indir,outdir))
        outfilesize = getsize(outfile)
        sizeList.append(outfilesize)
        fn = filename.split(".")
        nameList.append(fn[0])

    # treemap
    squarify.plot(sizeList,
                  label=nameList,
                  alpha=0.7)
    plt.hsv()  # set color
    plt.axis("off")
    plt.show()
```

2. 运行结果（见图 13-3）

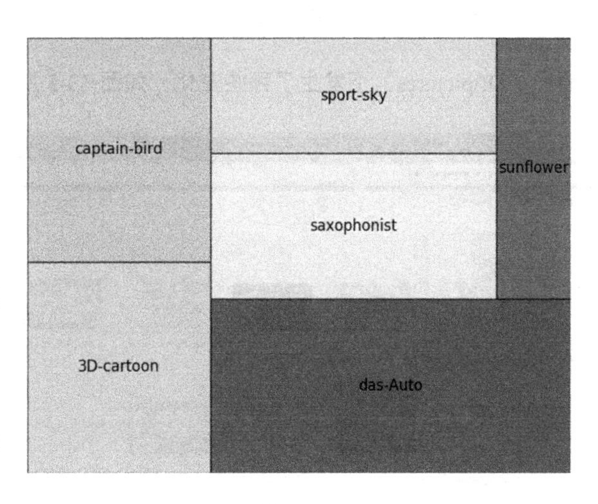

图 13-3

3. 代码精讲

在具体分析“代码实现”部分的脚本之前，我们需要补充一些关于执行脚本后的运行结果的内容，以此作为对图 13-3 的补充说明。

首先，需要强调的是，“代码实现”部分的脚本是需要在命令行下执行的，具体操作方法如下。

第 1 步：打开“开始”界面，在“搜索程序和文件”搜索框中输入 PowerShell，选择并单击“Windows PowerShell”，启动“Windows PowerShell”。

第 2 步：在“Windows PowerShell”命令行界面下输入“cd d://pictures”，然后按“Enter”键，从而改变默认路径“C:\Users\Administrator”，将默认路径调整为执行脚本所在的路径“D:\pictures”。

第 3 步：在路径“D:\pictures”下，在命令行的终端界面下同时输入命令和参数“python image_thumbnail_visualization.py D:\pictures D:\pictures\thumbnail”，然后按“Enter”键，就可以在命令行终端界面看到如图 13-4 所示的执行结果，同时出现的还有图 13-3 所示的可视化效果。

```
管理员: Windows PowerShell
Windows PowerShell
版权所有 (C) 2009 Microsoft Corporation。保留所有权利。

PS C:\Users\Administrator> cd d://pictures
PS D:\pictures> python image_thumbnail_visualization.py d:\pictures d:\pictures\thumbnail
Output directory 'd:\\pictures\\thumbnail' is created.
Copy '3D-cartoon.png' of 'd:\\pictures' to 'd:\\pictures\\thumbnail'
Copy 'captain-bird.png' of 'd:\\pictures' to 'd:\\pictures\\thumbnail'
Copy 'das-Auto.png' of 'd:\\pictures' to 'd:\\pictures\\thumbnail'
Copy 'saxophonist.png' of 'd:\\pictures' to 'd:\\pictures\\thumbnail'
Copy 'sport-sky.png' of 'd:\\pictures' to 'd:\\pictures\\thumbnail'
Copy 'sunflower.png' of 'd:\\pictures' to 'd:\\pictures\\thumbnail'
```

图 13-4

同时，我们观察在路径“D:\pictures”下发生了哪些变化，如图 13-5 所示。

图 13-5

从图 13-5 中可以看到，在路径“D:\pictures”下，生成了一个名称是“thumbnail”的文件夹，这个文件夹清楚地显示其中包含的图片，这种文件夹正如英文单词“thumbnail”的意思所言：小视图。接下来，我们看看文件夹“thumbnail”里包含什么内容，如图 13-6 所示。

图 13-6

注意到图 13-6 的内容，即在文件夹“thumbnail”里出现了 PNG 格式的图像文件，这些文件就是在图 13-4 里打印输出的内容。而在路径“D:\pictures”里其实包含 JPG 格式的文件，如图 13-5 所展示的“bee.jpg”“hamburger.jpg”等文件。前面我们讲过，借助 matplotlib 生成的文件夹“thumbnail”，可以存储 PNG 格式的图像。

现在，我们开始具体讲解“代码实现”部分执行脚本的内容。

（1）从内置模块 sys 中导入参数变量 argv，从而在命令行终端下输入以下内容：

```
python image_thumbnail_visualization.py D:\pictures D:\pictures\thumbnail
```

（2）排除输入内容里的“python”后，余下的 3 个参数（以空格为分隔符）分别赋值给变量 script、indir 和 outdir。

（3）通过条件表达式“if len(argv) != 3”进行输入内容正确与否的判断：如果没有输入 3 个参数，就退出程序。

（4）通过条件表达式“if not isdir(indir)”进行路径存在与否的判断：如果没有找到包含图像的文件夹所在的路径，就退出程序。

（5）通过条件表达式“if not isdir(outdir)”可以判断存储图像的文件夹是否存在：如果文件夹“thumbnail”不存在，也就是说，路径“D:\pictures\thumbnail”不存在，就创建路径“D:\pictures\thumbnail”，即创建文件夹“thumbnail”；否则，告诉程序执行者，路径“D:\pictures\thumbnail”已经存在，也就是说，文件夹“thumbnail”已经存在。

（6）完成了上面 3 个条件表达式，我们就开始筛选变量 indir 所存储的路径“D:\pictures”下的

PNG 格式的图像，这个过程通过导入标准库 glob 中的函数 glob()完成，也就是说，使用函数 glob()建立包含 PNG 格式的图像生成器。

（7）使用 for 循环语句实现对生成器的迭代，每次迭代生成一个指向 PNG 格式的图像的绝对路径，变量 fname 中存储的就是这张图像的绝对路径。通过函数 dirname()和 basename()，分别获得 fname 的路径成分 indir 和文件成分 filename，使用函数 join()将路径“D:\pictures\thumbnail”和文件成分 filename 连接起来，从而将绝对路径存储在变量 outfile 中。从模块 image 中导入函数 thumbnail()，完成路径“D:\pictures”下的 PNG 格式的图像向路径“D:\pictures\thumbnail”下的图像的复制过程。这是一种改变文件大小的复制过程，使用参数 scale 完成图像大小减半的操作过程。以“3D-cartoon.png”文件为例，复制之前的文件尺寸是1920 像素 × 1152 像素，复制之后的文件尺寸是960 像素 × 576 像素。

（8）开始绘制树形图。在脚本的开始部分，从 squarify 包中导入函数 plot()，我们就是通过函数 plot()绘制树形图的。参数 sizeList 用来控制树形图中每个矩形的大小，参数 label 用来显示图像文件的名称，这是与每个矩形相对应的。使用参数 alpha 控制矩形颜色的透明度。

（9）通过调用“plt.hsv()”语句，设置树形图的配色方案。

（10）通过调用“plt.axis("off")”语句，将画布中的坐标轴隐藏。

（11）使用“plt.show()”语句，输出图形。

需要补充的是，格式化变量“%r”是用来存储原始信息的调试工具，呈现的输出形式是用引号将原始信息括起来；格式化变量“%s”是用来存储原始信息的展示工具，呈现的输出形式是直接展示原始信息。考虑到我们需要考察在命令行界面输入脚本名称和路径名称等参数信息的实际情况，因此，使用格式化变量“%r”可以更好地追溯参数信息的输入情况和图像文件的复制过程。

4. 内容补充

在“代码实现”部分，通过调用“import squarify”语句，将 squarify 包导入执行脚本。因此，读者在执行脚本之前，需要安装 squarify 包。读者可以在命令行客户端界面通过“pip install squarify”方法完成安装过程。

13.5 matplotlib 风格集的设置方法

在一般情况下，为了获得数据可视化的展示效果，通常会在“代码实现”部分的末尾调用“plt.show()”语句。如果需要将展示效果以一种固定的风格进行展示，就需要用到 matplotlib 风格集的相关知识。matplotlib 风格集的设置方法主要借助函数 use()来加以实现。函数 use(style)的参数 style 的取值就是一种指定名称的风格，像可以作为参数值使用的风格名称，可以通过风格名称列表 available 进行查看。

下面，我们就介绍调用函数 use()和列表 available 的实现方法。函数 use()和列表 available 都存储在模块 core 中，模块 core 来自 style 包，而 style 包是 matplotlib 库中的组成部分。因此，导入函数 use()和列表 available 的代码就是“from matplotlib.style.core import use,available”。对于更加具体的使用细节，我们会在“代码实现”部分进行演示。在“代码精讲”部分，我们不再另外解释 matplotlib 风格集的使用原理和设置方法，也就是说，不会对具体的风格名称的“运行结果”进行额外的说明。需要补充的是导入和展示风格名称的列表 available 的实现方法，如图 13-7 所示。

```
>>> from matplotlib.style.core import available
>>> available
[u'seaborn-darkgrid', u'seaborn-notebook', u'classic', u'seaborn-ticks', u'grays
cale', u'bmh', u'seaborn-talk', u'dark_background', u'ggplot', u'fivethirtyeight
', u'seaborn-colorblind', u'seaborn-deep', u'seaborn-whitegrid', u'seaborn-brigh
t', u'seaborn-poster', u'seaborn-muted', u'seaborn-paper', u'seaborn-white', u's
eaborn-pastel', u'seaborn-dark', u'seaborn-dark-palette']
```

图 13-7

需要强调的是，风格名称列表 available 中的风格名称“ggplot”模拟的是 R 语言中“ggplot”的绘图风格，R 语言中的“ggplot”是一个非常受欢迎的绘图软件包。另外，如果我们在具体代码里调用函数 use()，那么使用风格名称列表 available 中的风格名称作为函数 use()的参数值，进而执行代码后的可视化效果，就会以风格名称所定义的风格展示。

接下来，我们就具体介绍 matplotlib 风格集中的风格名称“fivethirtyeight”的设置方法。这种设置方法是具有一般性的，也就是说，其他风格名称的设置方法与风格名称“fivethirtyeight”的设置方法相同。

1. 代码实现

```
import matplotlib.pyplot as plt
import numpy as np

from matplotlib.style.core import use,available

use("fivethirtyeight")

#ColorBrewer Diverging: RdYlBu
hexHtml = ["#d73027","#f46d43","#fdae61",
           "#fee090","#ffffbf","#e0f3f8",
           "#abd9e9","#74add1","#4575b4"]

sample = 1000
fig,ax = plt.subplots()

for i in range(len(hexHtml)):
    y = np.random.normal(0,0.1,size=sample).cumsum()
```

```
        x = np.arange(sample)
        ax.scatter(x,y,
                   label=str(i),
                   linewidths=0.1,
                   edgecolors="grey",
                   facecolor=hexHtml[i])

    ax.legend()

    plt.show()
```

2. 运行结果（见图 13-8）

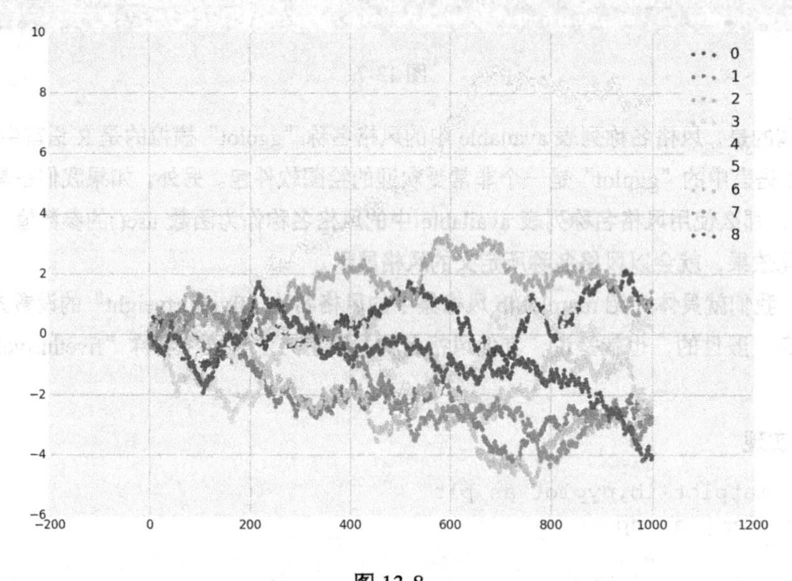

图 13-8

3. 代码精讲

图 13-8 是使用风格名称“fivethirtyeight”的展示效果，这种展示风格试图模仿“fivethirtyeight.com”网站的数据展示风格。

风格名称“fivethirtyeight”的展示效果是通过“use("fivethirtyeight")”语句实现的。

下面，我们对照观察不使用函数“use("fivethirtyeight")”的可视化效果。具体展示效果如图 13-9 所示。

注意：

数组 y 是通过正态分布生成的随机样本。因此，图 13-9 所示的散点图形状与图 13-8 所示的散点图形状会有不同。也就是说，散点图形状的不同是由数组 y 的改变所造成的。

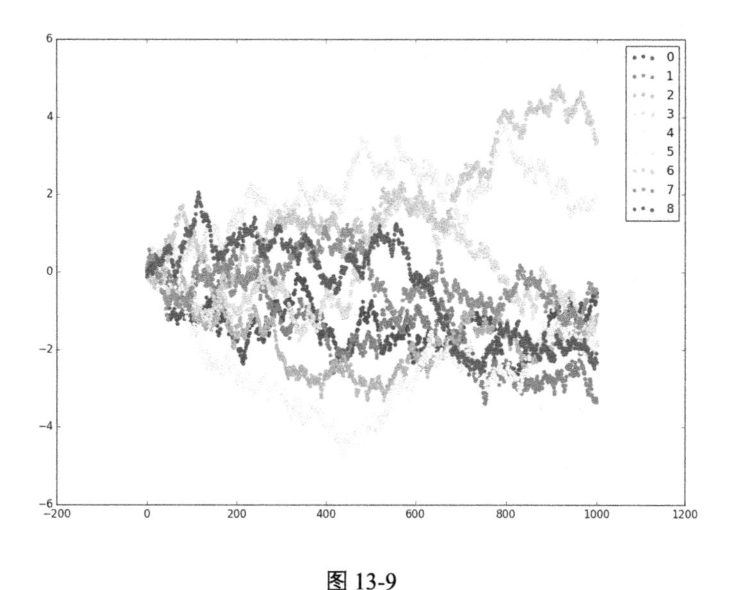

图 13-9

我们再举例说明风格名称“ggplot”的数据展示风格的实现方法，以及对比没有使用“ggplot”风格的可视化效果，从而使读者更加深入地理解风格名称“ggplot”的展示效果。

1. 代码实现

```
import matplotlib.pyplot as plt
import numpy as np

from matplotlib.style.core import use

use("ggplot")

x = np.linspace(0,2*np.pi,100)
y = 1.85*np.sin(x)
y1 = 1.85*np.sin(x)+np.random.randn(100)

fig,ax = plt.subplots(2,2,sharex=True,sharey=True)

# subplot(2,2,1)
ax[0,0].scatter(x,y1,s=50,c="dodgerblue")

ax[0,0].set_ylim(-5,5)

ax[0,0].set_axis_bgcolor("lemonchiffon")
```

```
    # subplot(2,2,2)
    ax[0,1].plot(x,y,lw=3,color="yellowgreen")

    ax[0,1].set_xlim(-1,7)
    ax[0,1].set_ylim(-5,5)

    ax[0,1].set_axis_bgcolor("lemonchiffon")

    # subplot(2,2,3)
    ax[1,0].plot(x,y,ls="--",lw=3,color="k")
    ax[1,0].scatter(x,y1,s=50,c="r")

    ax[1,0].set_ylim(-5,5)

    ax[1,0].set_axis_bgcolor("lemonchiffon")

    # subplot(2,2,4)
    # non-existence

    fig.suptitle("'ggplot' style of subplots(2,2)",fontsize=18,weight="bold",
family="monospace")

    plt.show()
```

2. 运行结果（见图 13-10）

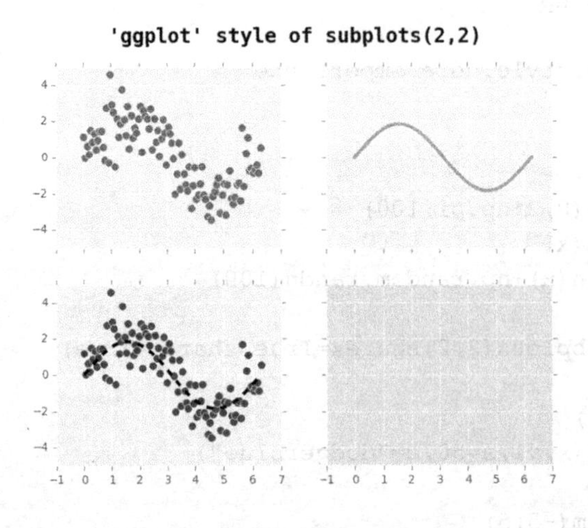

图 13-10

3. 代码精讲

图 13-10 是使用“ggplot”风格绘制的 2 行 2 列的子区的可视化效果。

注意：

每个子区通过调用 Axes 的实例方法 set_axis_bgcolor()为坐标轴添加背景颜色。

在子区 4（subplot(2,2,4)）中，为了凸显“ggplot”风格的展示效果，没有向坐标轴添加任何图形和背景颜色。

我们再对照不使用“ggplot”风格的可视化效果，展示效果如图 13-11 所示，可以很明显地观察到两者在展示效果上的差异和特点。

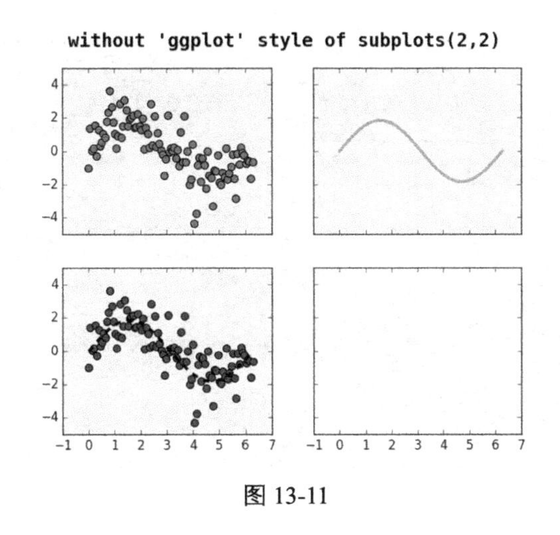

图 13-11

4. 内容补充

对于使用 matplotlib 2.0.0 及以上版本的读者而言，只需要将实例方法 set_axis_bgcolor()换成 set_facecolor()，就可以正常地执行脚本，获得运行结果。

13.6 matplotlib 后端类型的配置方法

使用 matplotlib 可以有很多种展示图形的方法。例如，在 Python shell 模式下，在命令行界面下，输入绘图命令，弹出绘图窗口，这是 matplotlib 的交互式展示形式；在 IDLE 下，运行脚本，生成可以实现交互的窗口形式的图形；使用 Jupyter notebooks 绘制行内图形，实现高效数据分析；将 matplotlib 内嵌到 GUI 里构建应用程序等。matplotlib 在满足这些应用场景的过程中，以一种载体作为展示图形的媒介，这种载体可以被称为后端。

这个后端的解释是与前端相对的，而前端是指面对屏幕的用户。后端主要有两种类型：一种是交互式后端，主要有 qt4、tkinter、pygtk 等；另一种是非交互式后端，主要包括 PNG、SVG、PDF 和 PS 等。

如果想要查看当前使用的后端类型，在 Python shell 模式下，实现方法如下：

```
>>> import matplotlib as mpl
>>> print(mpl.get_backend())
TkAgg
```

如果想尝试安装新的后端类型，例如，Qt4Agg 后端，在 Python shell 模式下，可以通过安装 PySide，实现 Qt4Agg 后端的安装过程。具体而言，PySide 的安装方法如图 13-12 所示。

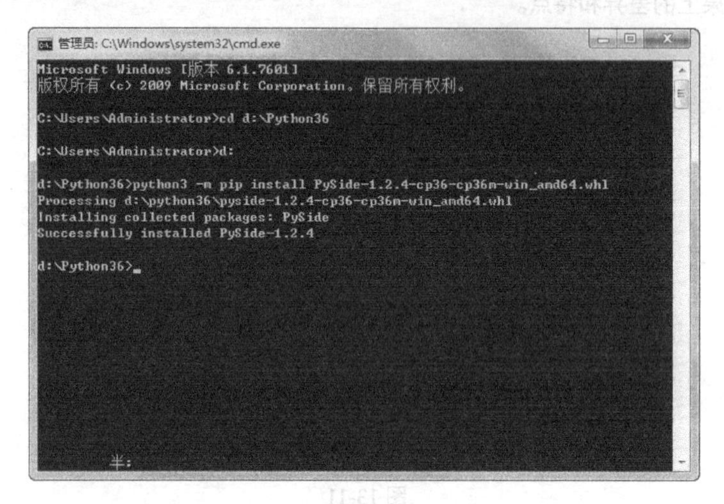

图 13-12

我们可以通过 3 种方法，实现改变后端类型的目标。下面，就使用一个简单实例，具体讲解这些实现方法。

方法 1——调用属性字典 rcParams

（1）代码实现

```
import matplotlib as mpl
mpl.rcParams["backend"] = "Qt4Agg"

import matplotlib.pyplot as plt
import numpy as np

x = np.linspace(-2*np.pi,2*np.pi,1000)
y = np.exp(-x)*np.sin(2*np.pi*x)

plt.plot(x,y,linewidth=3.0)
```

```
plt.show()
```

（2）运行结果（见图 13-13）

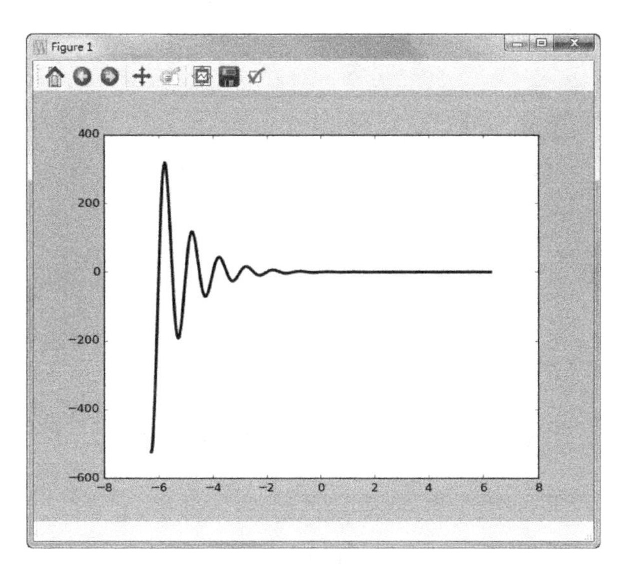

图 13-13

方法 2——使用函数 use()

（1）代码实现

```
import matplotlib as mpl
mpl.use("qt4agg")

import matplotlib.pyplot as plt
import numpy as np

x = np.linspace(-2*np.pi,2*np.pi,1000)
y = np.exp(-x)*np.sin(2*np.pi*x)

plt.plot(x,y,color="g",linewidth=3.0)

plt.show()
```

（2）运行结果（见图 13-14）

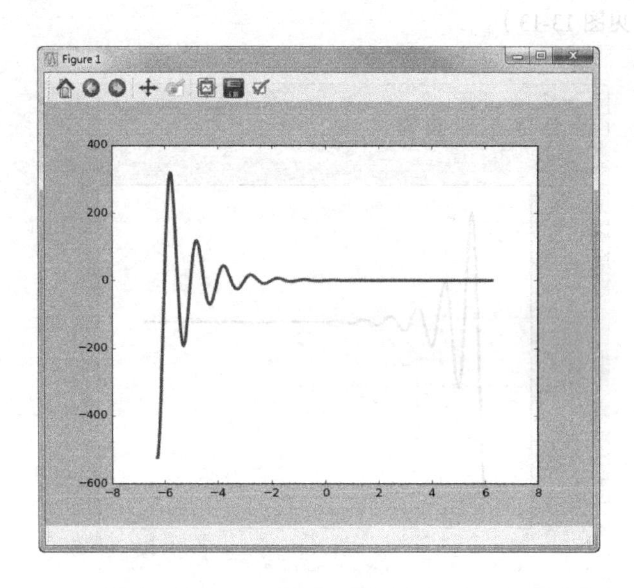

图 13-14

方法 3——使用配置文件 matplotlibrc

我们需要将配置文件 matplotlibrc 放置在和脚本相同的路径下，然后修改配置文件中的内容，将默认“TkAgg”后端变更为“Qt4Agg”后端，如图 13-15 所示。

```
#### CONFIGURATION BEGINS HERE

# The default backend; one of GTK GTKAgg GTKCairo GTK3Agg GTK3Cairo
# CocoaAgg MacOSX Qt4Agg Qt5Agg TkAgg WX WXAgg Agg Cairo GDK PS PDF SVG
# Template.
# You can also deploy your own backend outside of matplotlib by
# referring to the module name (which must be in the PYTHONPATH) as
# 'module://my_backend'.
backend      : Qt4Agg
```

图 13-15

（1）代码实现

```
import matplotlib.pyplot as plt
import numpy as np

x = np.linspace(-2*np.pi,2*np.pi,1000)
y = np.exp(-x)*np.sin(2*np.pi*x)

plt.plot(x,y,color="k",linewidth=3.0)

plt.show()
```

（2）运行结果（见图 13-16）

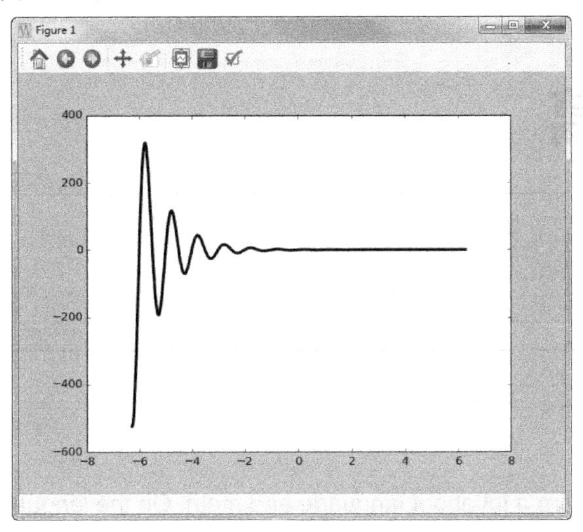

图 13-16

需要补充说明的是，首先，后端名称对大小写并不敏感，也就是说，“Qt4Agg”和“qt4agg”是相同的；其次，需要将更改后端类型的语句放在导入模块 pyplot 语句的前面，例如，“mpl.use("Qt4Agg")”语句需要放在“import matplotlib.pyplot as plt”语句的前面，否则，修改后端类型的命令将不会生效；最后，将配置文件 matplotlibrc 中的“Qt4Agg”后端改成默认“TkAgg”后端，执行方法 3 中的脚本，运行结果如图 13-17 所示。我们可以很清楚地观察到两种后端类型的窗口载体的不同展示效果。

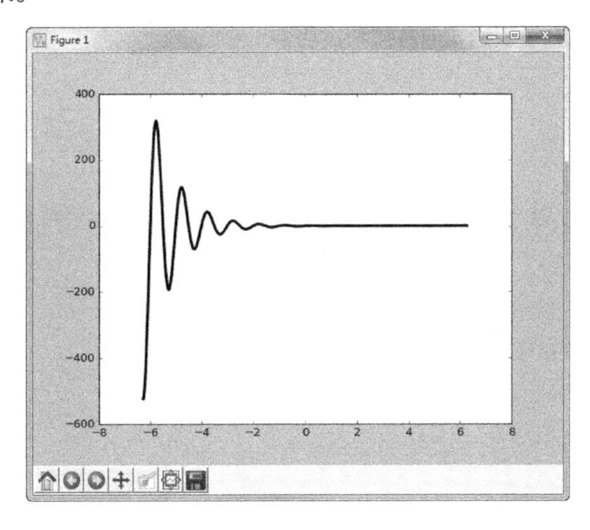

图 13-17

第 5 篇

拓展

In school we learn a lot about language and math. On the language side we learn how to put words together into sentences and stories. With math, we learn to make sense of numbers. But it's rare that these two sides are paired. No one tells us how to tell stories with numbers … this leaves us poorly prepared for an important task that is increasingly in demand.

——Cole Nussbaumer Knaflic

本篇主要讲解使用 LaTeX 和 matplotlib 自带的 TeX 功能渲染文本内容的方法，以及使用 matplotlib 书写数学表达式的方法和技巧。

第 14 章

使用 LaTeX 和 matplotlib 自带的 TeX 功能渲染文本内容

在绘制图表的过程中，很多时候需要添加科学表达式或特定文本格式。虽然可以使用添加注解或文本的方式实现，但是，要想达到高质量的排版输出效果，需要使用对 LaTeX 有很好支持的 matplotlib 进行实现。在 matplotlib 里，可以使用 LaTeX 进行文本内容渲染。虽然进行大部分数学表达式的渲染不需要额外进行软件的安装，但是，要想对复杂数学公式、数学符号和文本特定格式进行渲染，如“textbf{time}”和“textit{weight}”，就需要进行一些必要的软件安装和 PATH 环境变量的配置。

14.1 准备步骤

在 matplotlib 中，在使用 LaTeX 渲染文本内容时，需要提前构建 LaTeX 的运行环境。也就是说，需要提前安装一些必要的软件，这些软件包括一个可以工作 LaTeX 的软件，如 MiKTeX，还有 dvipng（或许包括在已经安装 LaTeX 的软件里）和 Ghostscript（建议安装 GPL Ghostscript 8.60 以上版本）。

在 Windows 操作系统下，还需要将这些软件的可执行程序的安装目录放置在 PATH 环境变量里。具体的安装步骤如下。

第 1 步：安装 MiKTeX。

第 2 步：安装 dvipng（a DVI-to-PNG converter）：MiKTeX 中的 miktex 包含安装程序 dvipng.exe，在路径"bin/x64/dvipng.exe"下。

第 3 步：安装 Ghostscript。

14.2 案例展示

下面，我们通过一个实用案例来演示改变相关配置项的实现方法，从而使用 LaTeX 进行文本内容渲染，以及使用 LaTeX 完成复杂数学公式、数学符号和数学表达式的渲染任务。

1. 代码实现

```
import matplotlib.pyplot as plt
import numpy as np

from matplotlib import rc,rcParams

rcParams["text.latex.preamble"]=[r"\usepackage{amsmath}"]
rcParams["text.usetex"]=True
rc("font",**{"family":"sans-serif","sans-serif":["Helvetica"],"size":16})

# sample data
t = np.linspace(0.0,1.0,100)
s = np.cos(4*np.pi*t)+2

# plot figure
plt.plot(t,s,ls="-",lw=0.5,c="b")

# No.1 text
plt.text(0.2,2.8,r"$some\ ranges:(\alpha),[\beta],\{\gamma\},|\Gamma|,
\Vert\phi\Vert,\langle\Phi\rangle$")

# No.2 text
# these went wrong in pdf in a previous version
plt.text(0.2, 2.5, r"gamma: $\gamma$", {"color": "r", "fontsize": 20})
plt.text(0.2, 2.3, r"Omega: $\Omega$", {"color": "b", "fontsize": 20})

# No.3 text
plt.text(0.2,2.0,r"$\lim_{i\to\infty}\cos(2\pi)\times\exp\{-i\}=0$")
```

```
    # No.4 text
    plt.text(0.2,1.5,r"$\mathrm{math\ equation}:\frac{n!}{(n-k)!}=\binom{n}
{k}$",{"color": "c", "fontsize": 20})

    # No.5 text
    plt.text(0.2,1.2,r"$\forall\ i,\exists\ \alpha_i\geq\beta_i,\sqrt
{\alpha_i-\beta_i}\geq{0}$")

    # we can write labels with LaTeX
    plt.xlabel(r"\textbf{time(s)}")
    plt.ylabel(r"\textit{Velocity(m/s)}")

    # and also write title with LaTex
    plt.title(r"\TeX\ is Number $\displaystyle\sum_{n=1}^\infty"
              r"\frac{-e^{i\pi}}{2^n}$!", color="r")

    plt.annotate(r"$\cos(4\times\pi\times{t})+2$",
                 xy=(0.87,2.0),
                 xytext=(0.65,2.3),
                 color="r",
                 arrowprops={"arrowstyle":"->","color":"r"})

    plt.subplots_adjust(top=.8)

    plt.show()
```

2. 运行结果（见图 14-1）

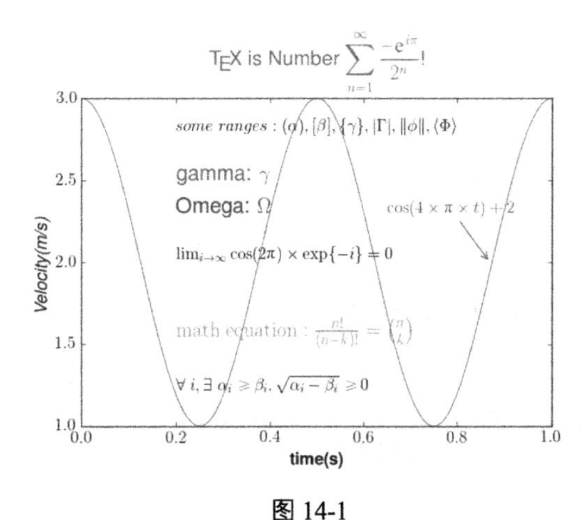

图 14-1

3. 代码精讲

通过导入 matplotlib 中的字典 rcParams 或函数 rc()，改变配置项 text.usetex 为 True，从而激活 LaTeX 选项。同时，当 rcParams["text.usetex"]=True 配置完成后，就需要配置 LaTeX 包中的数学包 rcParams["text.latex.preamble"]=[r"\usepackage{amsmath}"]。这样，就可以使用 TeX 去渲染 matplotlib 文本了。字符串"\textbf{time(s)}"和"\textit{y values}"只有将字典 rcParams 的 text.usetex 设置为 True 时，才可以对文本进行渲染；否则，文本内容以字符串"\textbf{time(s)}"和"\textit{Velocity(m/s)}"输出，不会将文本内容渲染为粗体"**time(s)**"和斜体"*Velocity(m/s)*"。也就是说，在 matplotlib 里，文本内容不会以LaTeX语法形式进行文本渲染。同时，"$\displaystyle\sum_{n=1}^\infty\frac{-e^{i\pi}}{2^n}$!"会报错。因此，只有改变相关的配置项，才可以有效地解决这些问题。这样，LaTeX 的语法形式才可以被 matplotlib 所支持。

14.3 延伸阅读

在 matplotlib 中，输出数学表达式可以借助将文本字符串放在一对美元符之间，同时前面要放一个字母 r，即 r"$\text$"形式。因此，文本内容即使不进行 text.usetex 配置，也可以正常输出为 LaTeX 形式的数学文本，这是因为 matplotlib 自带 TeX 的表达式解析器、层次引擎和字体。使用 matplotlib 的 LaTeX 所支持的功能处理文本的时间要远远超过 matplotlib 自带的 TeX 的数学文本（mathtext）解析器处理文本的时间。当然，由于可以使用不同的 LaTeX 包（字体包和数学包等），所以 LaTeX 支持的 matplotlib 具有更强的灵活性和适应新情况的能力。

1. 代码实现

```
import matplotlib.pyplot as plt
import numpy as np

# sample data
t = np.linspace(0.0,1.0,100)
s = np.cos(4*np.pi*t)+2

# plot figure
plt.plot(t,s,ls="-",lw=0.5,c="b")

# No.1 text
plt.text(0.2,2.8,r"$some\ ranges:(\alpha),[\beta],\{\gamma\},|\Gamma|,
\Vert\phi\Vert,\langle\Phi\rangle$")

# No.2 text
# these went wrong in pdf in a previous version
```

```
    plt.text(0.2, 2.5, r"gamma: $\gamma$", {"color": "r", "fontsize": 20})

    plt.text(0.2, 2.3, r"Omega: $\Omega$", {"color": "b", "fontsize": 20})
    # No.3 text
    plt.text(0.2,2.0,r"$\lim_{i\to\infty}\cos(2\pi)\times\exp\{-i\}=0$",
fontsize=16,color="k")

    # No.4 text
    plt.text(0.2,1.6,r"$\mathrm{math\ equation:}\frac{n!}{(n-k)!}=\binom{n}
{k}$",fontsize=16,color="c")

    # No.5 text
    plt.text(0.2,1.2,r"$\forall\ i,\exists\ \alpha_i\geq\beta_i,\sqrt
{\alpha_i-\beta_i}\geq{0}$")

    # we can write labels with LaTeX
    plt.xlabel("time(s)")
    plt.ylabel("Velocity(m/s)")

    plt.annotate(r"$\cos(4\times\pi\times{t})+2$",
                 xy=(0.87,2.0),
                 xytext=(0.65,2.3),
                 color="r",
                 arrowprops={"arrowstyle":"->","color":"r"})

    plt.subplots_adjust(top=.8)

    plt.show()
```

2. 运行结果（见图 14-2）

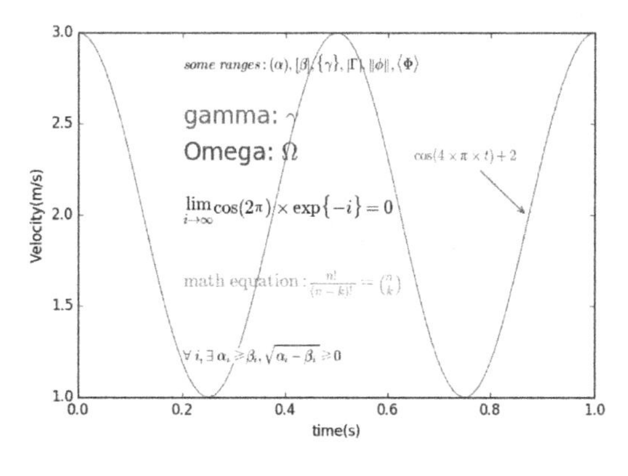

图 14-2

3. 代码精讲

虽然不配置字典 rcParams 的 usetex 和 text.latex.preamble 的键值，也可以实现大部分数学表达式、数学公式和数学符号的渲染，但是，要想进行复杂数学表达式、数学公式、数学符号及文本特定格式的渲染，就需要配置字典 rcParams 的键值对了。例如，图 14-2 中的极限表达式就与图 14-1 中的极限表达式有所不同，渲染效果并不是很理想。因此，要想获得更优质的渲染效果，建议进行相关配置项的设置工作。当然，大部分的渲染工作不需要进行这种高级的配置工作。因此，进行图表中的数学表达式渲染可以直接使用 r"$\text$"（将文本字符串放在一对“$”符号之间，前面添加一个字母 r）进行文本输出，而这不需要安装 TeX 软件。这带给 matplotlib 和 LaTeX 初学者极大的便利，也帮助他们节省了花费在安装软件和相关的配置方面的宝贵时间。

第 15 章

使用 matplotlib 书写数学表达式的方法和技巧

本章主要讲解 matplotlib 自带的 TeX 表达式解析器、字体等的使用方法和技巧，从而满足书写数学表达式的需求。

15.1 编辑字符串的规则

在 matplotlib 中，输出数学表达式可以借助将文本字符串放在一对美元符之间，同时前面要放一个字母 r，即 r"$Regular text\mathtext$"形式。其中，字母 r 表示原始字符串（Raw Strings）。文本字符串可以由普通文本 Regular text 和数学文本\mathtext 所组成，其中数学文本\mathtext 用“\”开始的字符串“mathtext”来表示一个命令，命令中需要输出的内容放在一对花括号“{}”中。

15.2 设置输出字符串的字体效果

在一对美元符之间，非 TeX 符号默认字体是斜体。对于其他可以使用的字体而言，我们使用图 15-1 进行说明。

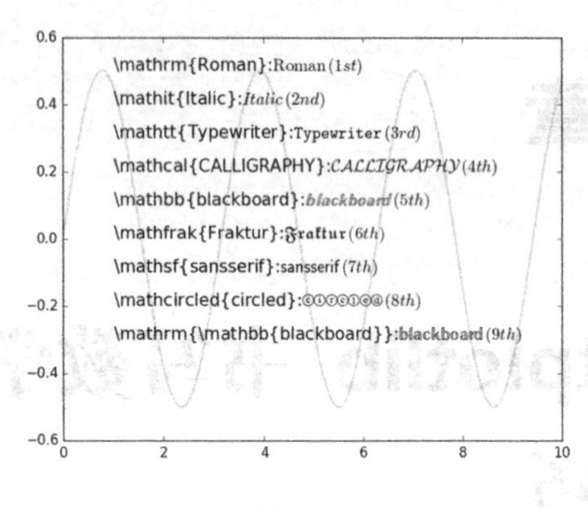

图 15-1

通过图 15-1 我们可以看到这些字体的具体展示效果，而且非 TeX 符号默认字体以斜体进行输出展示，如“(*1st*)”，同时在默认字体和设置字体之间添加了空格以区别展示不同字体效果。对于设置字体基本规则，我们以图 15-1 中的第 1 行文本内容为例进行说明，基本编辑格式是\mathrm{text}，其中，花括号中的文本 text 是需要设置字体效果的文本内容，例如，“\mathrm{Roman}”就会呈现“Roman”的字体效果。

而且这些字体可以实现嵌套编辑，如“\mathrm{\mathbb{blackboard}}”编辑格式。通过下面的代码实现图 15-1 所示的可视化效果。

```
import matplotlib as mpl
import numpy as np

import matplotlib.pyplot as plt

# set sample data
x = np.linspace(0,10,10000)
y = np.sin(x)*np.cos(x)

plt.plot(x,y,ls="-",lw=2,color="c",alpha=0.3)

plt.text(1,0.5,r"\mathrm{Roman}:$\mathrm{Roman}\/(1st)$",fontsize=15)
plt.text(1,0.4,r"\mathit{Italic}:$\mathit{Italic}\/(2nd)$",fontsize=15)
plt.text(1,0.3,r"\mathtt{Typewriter}:$\mathtt{Typewriter}\/(3rd)$",
```

```
fontsize=15)
    plt.text(1,0.2,r"\mathcal{CALLIGRAPHY}:$\mathcal{CALLIGRAPHY}\/(4th)$",
fontsize=15)
    plt.text(1,0.1,r"\mathbb{blackboard}:$\mathbb{blackboard}\/(5th)$",
fontsize=15)
    plt.text(1,0.0,r"\mathfrak{Fraktur}:$\mathfrak{Fraktur}\/(6th)$",
fontsize=15)
    plt.text(1,-0.1,r"\mathsf{sansserif}:$\mathsf{sansserif}\/(7th)$",
fontsize=15)
    plt.text(1,-0.2,r"\mathcircled{circled}:$\mathcircled{circled}\/(8th)$",
fontsize=15)
    plt.text(1,-0.3,r"\mathrm{\mathbb{blackboard}}:$\mathrm{\mathbb
{blackboard}}\/(9th)$",fontsize=15)

    plt.show()
```

15.3 通过数学公式和数学表达式学习TeX符号的编写规则

1. $\sin^2\alpha+\cos^2\alpha=1$

TeX 符号的编写规则：这里涉及上标的编写，主要是通过“^”符号实现的，Python 代码是 r"$\sin^2\alpha+\cos^2\alpha=1$"，其中\sin 是 sin 的 TeX 符号，也是\mathrm{sin}的替代形式或简写形式，\sin^2\alpha 是$\sin^2\alpha$的 TeX 符号，\cos^2\alpha 是$\cos^2\alpha$的 TeX 符号。图 15-2 展示了 Python 代码的执行效果。

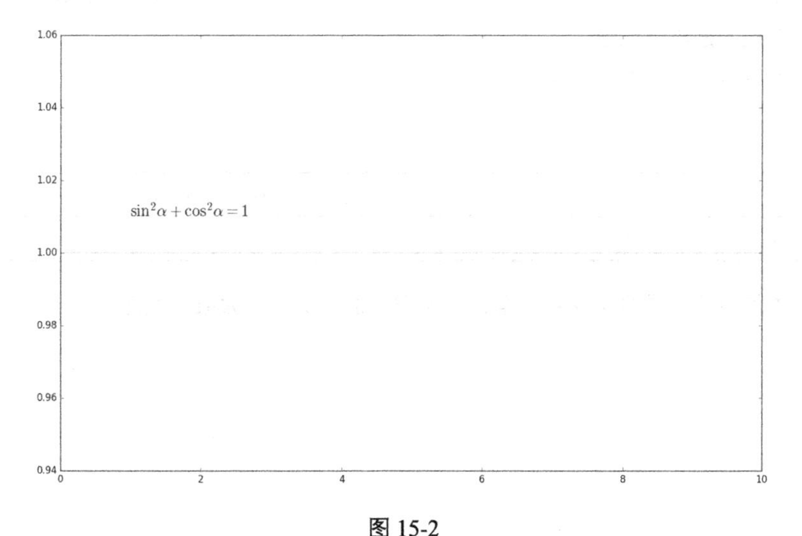

图 15-2

图 15-2 的实现代码如下：

```
import matplotlib as mpl
import numpy as np

import matplotlib.pyplot as plt

# set sample data
x = np.linspace(0,10,10000)
y = np.power(np.sin(x),2)+np.power(np.cos(x),2)

plt.plot(x,y,ls="-",lw=2,color="c",alpha=0.3)

plt.text(1,1.01,r"$\sin^2\alpha+\cos^2\alpha=1$",fontsize=20)

plt.show()
```

其他三角函数名称可以用“\三角函数名称”的 TeX 符号形式获得。小写的希腊字母的 TeX 符号如表 15-1 所示。

表 15-1

α \alpha	β \beta	δ \delta	γ \gamma
λ \lambda	μ \mu	π \pi	σ \sigma

2. $\bar{x}=\frac{\sum_{i=1}^{n}x_i}{n}$

在统计学中,样本均值表示一组数据的集中趋势,通过使用样本均值代表一组数据的一般水平。与样本均值相对应的是总体均值。

TeX 符号的编写规则如表 15-2 所示。

表 15-2

$\bar{x}$ \bar x	$\sum_{i=1}^{n}x_i$ \sum_{i=1}^n x_i	$\sum_{i=1}^{n}x_i/n$ \frac{\sum_{i=1}^{n} x_i}{n}
r"$\bar x=\frac{\sum_{i=1}^{n}x_i}{n}$"		

我们将样本均值放入具体图形中，看看 TeX 符号的实际执行效果，如图 15-3 所示。

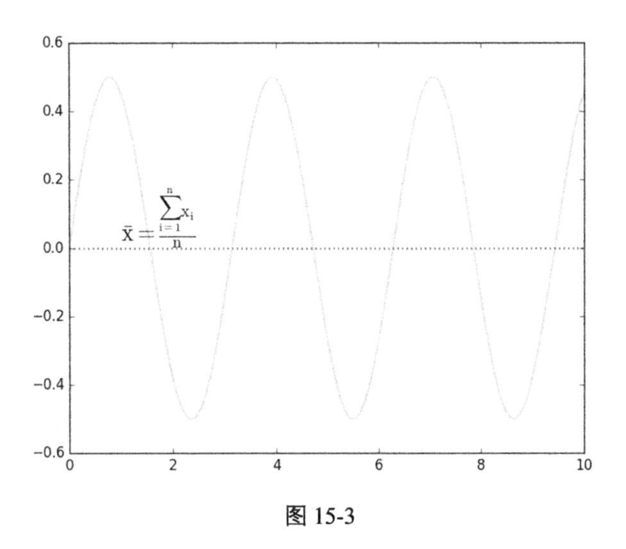

图 15-3

获得图 15-3 所示的执行效果的示例代码如下：

```
import matplotlib as mpl
import numpy as np

import matplotlib.pyplot as plt

# set sample data
x = np.linspace(0,10,10000)
y = np.sin(x)*np.cos(x)

plt.plot(x,y,ls="-",lw=2,color="c",alpha=0.3)

plt.text(1,0.02,r"$\mathrm{\bar x=\frac{\sum_{i=1}^{n}x_i}{n}}$",
fontsize=20)
plt.axhline(y=0,ls=":",lw=2,color="r")

plt.show()
```

注意：

图 15-3 中的文本内容与$\bar{x}=\frac{\sum_{i=1}^{n}x_i}{n}$有所不同，原因在于没有使用 LaTeX 来渲染文本内容。

接下来，我们就使用 LaTeX 去渲染“r"$\mathrm{\bar x=\frac{\sum_{i=1}^{n}x_i}{n}}$"”中的文本内容，输出结果如图 15-4 所示。

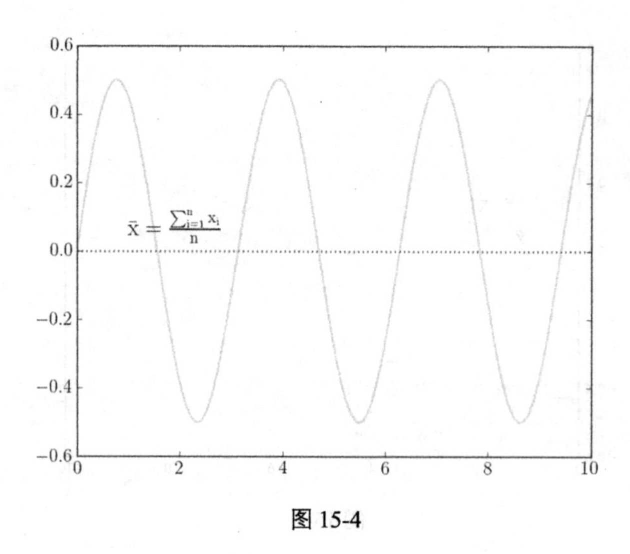

图 15-4

通过观察图 15-4，我们可以发现图像中的文本内容与$\bar{x} = \frac{\sum_{i=1}^{n} x_i}{n}$完全相同。图 15-4 的实现代码如下：

```
import matplotlib as mpl
import numpy as np

import matplotlib.pyplot as plt

from matplotlib import rc,rcParams

rcParams["text.latex.preamble"]=[r"\usepackage{amsmath}"]
rcParams["text.usetex"]=True
rc("font",**{"family":"sans-serif","sans-serif":["Helvetica"],"size":16})


# set sample data
x = np.linspace(0,10,10000)
y = np.sin(x)*np.cos(x)

plt.plot(x,y,ls="-",lw=2,color="c",alpha=0.3)

plt.text(1,0.02,r"$\mathrm{\bar x = \frac{\sum_{i=1}^n x_i}{n}}$",fontsize=20)
plt.axhline(y=0,ls=":",lw=2,color="r")

plt.show()
```

我们只是在与输出图 15-3 相对应的示例代码中增加了 4 行代码，这部分代码用来控制 LaTeX 的支持与输出功能。需要强调的是，我们使用绿色圆角线框标出增加的这 4 行代码。可见，配置字典 rcParams 的 usetex 和 text.latex.preamble 的键值，可以进行复杂数学符号、数学公式和数学表达式的渲染。因此，使用 LaTeX 可以满足更加优秀的视图展示效果的需求。

3. $\lim_{n\to\infty}\left(1+\frac{1}{n}\right)^{n}$

TeX 符号的编写规则如表 15-3 所示。

表 15-3

lim \lim	n → ∞ n\to\infty	$(1+\frac{1}{n})^{n}$ (1+\frac{1}{n})^{n}
r"$\mathrm{\lim_{n\to\infty}(1+\frac{1}{n})^{n}}$"		

我们使用 Python 代码实现 TeX 符号的编写规则，执行脚本，获得图 15-5 所示的输出结果。

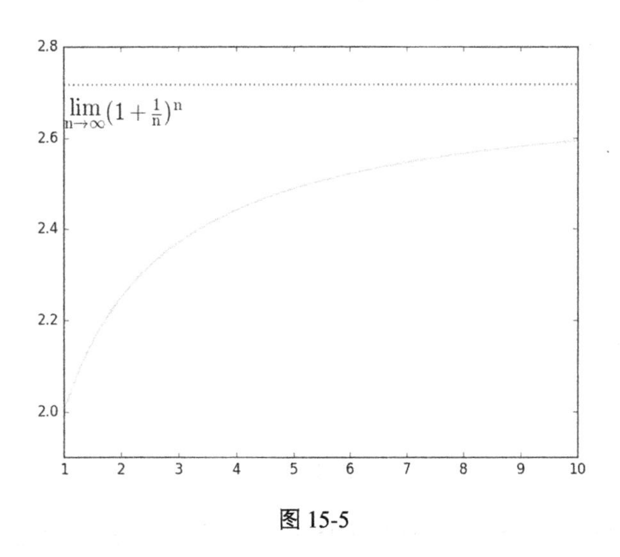

图 15-5

通过观察图 15-5，可以看到输出结果中的文本内容与$\lim_{n\to\infty}\left(1+\frac{1}{n}\right)^{n}$是不同的。图 15-5 所示的输出结果是通过下面的代码实现的。

```
import matplotlib as mpl
import numpy as np

import matplotlib.pyplot as plt
import math

# set sample data
```

```
    x = np.linspace(1,10,10000)
    y = np.power(1+1/x,x)

    plt.plot(x,y,ls="-",lw=2,color="c",alpha=0.3)

    plt.text(1,2.64,r"$\mathrm{\lim_{n\to\infty}(1+\frac{1}{n})^{n}}$",
fontsize=20)
    plt.axhline(y=math.e,ls=":",lw=2,color="r")

    plt.show()
```

如果需要获得输出结果中的文本内容和$\lim_{n\to\infty}\left(1+\frac{1}{n}\right)^{n}$一样，就需要配置字典 rcParams 的 usetex 和 text.latex.preamble 的键值。重新执行上述示例代码，获得图 15-6 所示的展示效果。

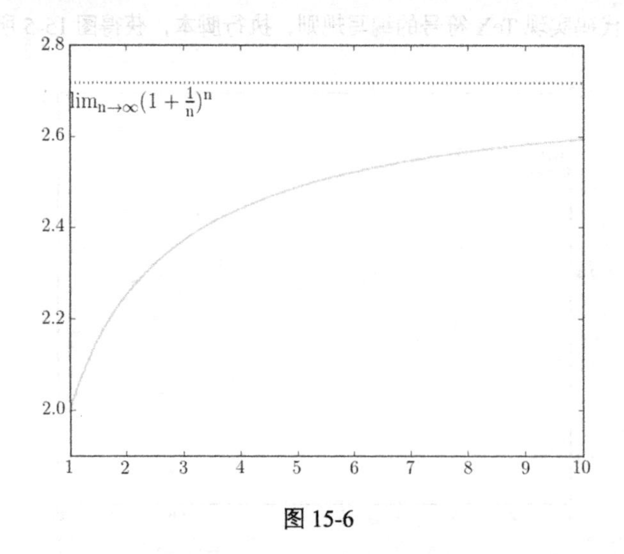

图 15-6

同样地，图 15-6 所示的展示效果是在与图 15-5 对应的示例代码中，通过增加下面 4 行 Python 语句实现的。

```
    from matplotlib import rc,rcParams

    rcParams["text.latex.preamble"]=[r"\usepackage{amsmath}"]
    rcParams["text.usetex"]=True
    rc("font",**{"family":"sans-serif","sans-serif":["Helvetica"],"size":16})
```

4. $\max_{0\leqslant x\leqslant 10} xe^{-x^2}$

通过逐一分析第 2 条数学公式和第 3 条数学表达式的 Python 代码的展示效果，可以看出配置字典 rcParams 的 usetex 和 text.latex.preamble 的键值的重要意义。接下来，我们就直接使用配置好的相关键值进行 Python 代码的执行效果的展示。

TeX 符号的编写规则如表 15-4 所示。

表 15-4

max \max	0≤x≤10 0\leq{x}\leq10	xe^{-x^2} xe^{-{x}^2}
r"$\mathrm{\max_{0\leq{x}\leq10} xe^{-{x}^2}}$"		

Python 代码的执行效果如图 15-7 所示。

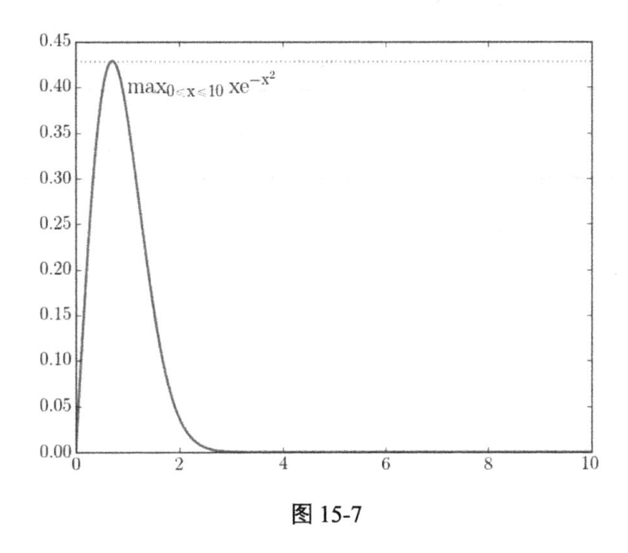

图 15-7

获得图 15-7 所示的执行效果的 Python 代码如下：

```
import matplotlib as mpl
import numpy as np

import matplotlib.pyplot as plt
import math

from matplotlib import rc,rcParams

rcParams["text.latex.preamble"]=[r"\usepackage{amsmath}"]
rcParams["text.usetex"]=True
rc("font",**{"family":"sans-serif","sans-serif":["Helvetica"],"size":16})

# set sample data
x = np.linspace(0,10,10000)
```

```
y = x*np.power(math.e,(-x**2))

plt.plot(x,y,ls="-",lw=2,color="r")

plt.text(1,0.39,r"$\mathrm{\max_{0\leq{x}\leq10} xe^{-{x}^2}}$",fontsize=20)
plt.axhline(y=np.max(x*np.power(math.e,(-x**2))),ls=":",lw=2,color="c")

plt.show()
```

5. $\log_2 x$

TeX 符号的编写规则如表 15-5 所示。

表 15-5

log \log	$\log_2 x$ \log_{2}{x}	
r"$\mathrm{\log_{2}{x}}$"		

Python 代码的执行效果如图 15-8 所示。

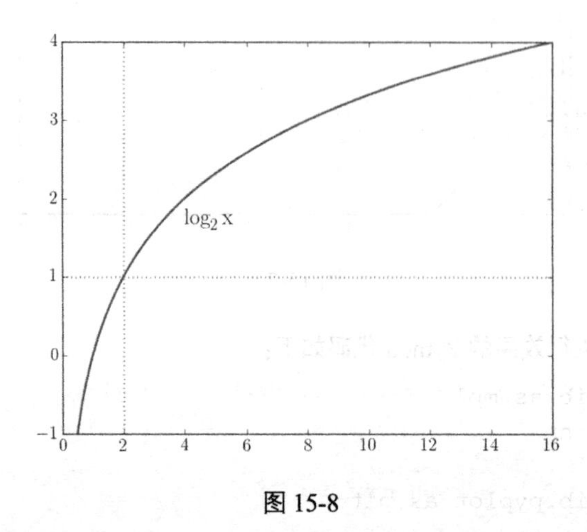

图 15-8

获得图 15-8 所示的执行效果的 Python 代码如下：

```
import matplotlib as mpl
import numpy as np

import matplotlib.pyplot as plt
import math

from matplotlib import rc,rcParams
```

```
rcParams["text.latex.preamble"]=[r"\usepackage{amsmath}"]
rcParams["text.usetex"]=True
rc("font",**{"family":"sans-serif","sans-serif":["Helvetica"],"size":16})

# set sample data
x = np.linspace(0.5,16,100)
y = np.array([math.log(value,2) for value in x])

plt.plot(x,y,ls="-",lw=2,color="r")

plt.text(4.0,1.6,r"$\mathrm{\log_{2}{x}}$",fontsize=20)
plt.axhline(y=1,ls=":",lw=2,color="c")
plt.axvline(x=2,ls=":",lw=2,color="c")

plt.show()
```

6. 矩阵 $\begin{pmatrix} \ln{e^{2}} & 2 \\ 1 & \ln{e} \end{pmatrix}$

TeX 符号的编写规则如表 15-6 所示。

表 15-6

$\begin{pmatrix} & \end{pmatrix}$ \begin{pmatrix} \end{pmatrix}	$\begin{pmatrix} \ln{e^{2}} & 2 \\ 1 & \ln{e} \end{pmatrix}$ \begin{pmatrix} \ln{e^{2}}&2 \\ 1&\ln{e} \end{pmatrix}
r"$\mathrm{\begin{pmatrix} \ln{e^{2}}&2 \\ 1&\ln{e} \end{pmatrix}}$"	

Python 代码的执行效果如图 15-9 所示。

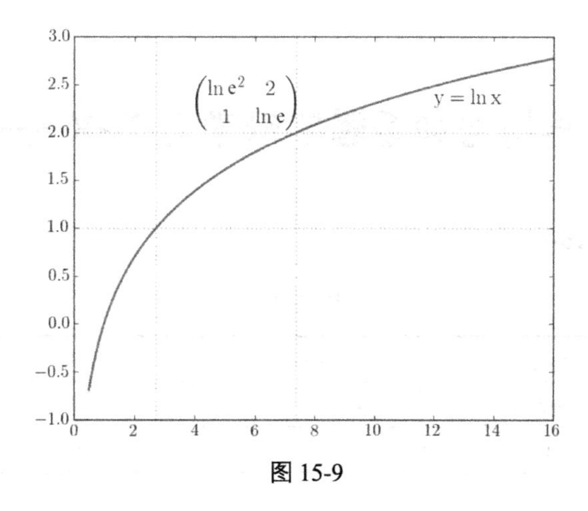

图 15-9

获得图 15-9 所示的执行效果的 Python 代码如下：

```
import matplotlib as mpl
import numpy as np

import matplotlib.pyplot as plt
import math

from matplotlib import rc,rcParams

rcParams["text.latex.preamble"]=[r"\usepackage{amsmath}"]
rcParams["text.usetex"]=True
rc("font",**{"family":"sans-serif","sans-serif":["Helvetica"],"size":16})

# set sample data
x = np.linspace(0.5,16,100)
y = [math.log(value,math.e) for value in x]

plt.plot(x,y,ls="-",lw=2,color="r")

plt.text(4.0,2.1,r"$\mathrm{\begin{pmatrix} \ln{e^{2}}&2 \\ 1&\ln{e} \end
{pmatrix}}$",fontsize=20)
plt.text(12.0,2.3,r"$\mathrm{y=\ln{x}}$",fontsize=20)
#(e,1)
plt.axhline(y=1,ls=":",lw=1,color="c")
plt.axvline(x=math.e,ls=":",lw=1,color="c")
#(e^2,2)
plt.axhline(y=2,ls=":",lw=1,color="c")
plt.axvline(x=(math.e)*(math.e),ls=":",lw=1,color="c")

plt.show()
```

15.4 通过数学符号和希腊字母学习 TeX 符号的编写规则

1. 基础数学（见表 15-7）

表 15-7

∞ \infty	≠ \neq	× \times	÷ \div	~ \sim
± \pm	∓ \mp	⩽ \leq	⩾ \geq	≈ \approx
% \%	∗ \ast	· \cdot	≡ \equiv	≅ \cong

续表

∈ \in	∋ \ni	∃ \exists	∄ \nexists	∝ \propto
∪ \cup	∩ \cap	⊥ \perp	∥ \parallel	∘ \circ

2. 希腊字母（见表 15-8）

表 15-8

α \alpha	β \beta	γ \gamma	δ \delta	ϕ \phi
ϵ \epsilon	ζ \zeta	η \eta	θ \theta	ι \iota
κ \kappa	λ \lambda	μ \mu	ν \nu	ξ \xi
ρ \rho	σ \sigma	τ \tau	υ \upsilon	φ \varphi
χ \chi	ω \omega	π \pi	ψ \psi	Ξ \Xi
Γ \Gamma	Δ \Delta	Λ \Lambda	Ω \Omega	Φ \Phi
Ψ \Psi	Π \Pi	Σ \Sigma	Θ \Theta	ϒ \Upsilon

3. 字母类符号（见表 15-9）

表 15-9

ℵ \aleph	ℶ \beth	ℸ \daleth	ℷ \gimel	∂ \partial
Ⅎ \Finv	ℜ \Re	ℓ \ell	Å \AA	ð \eth
ℑ \Im	ℏ \hslash	∁ \complement	℘ \wp	∀ \forall

4. 运算符（见表 15-10）

表 15-10

∫ \int	∬ \iint	∭ \iiint	∰ \oiiint	∑ \sum
∏ \prod	∐ \coprod	⋀ \bigwedge	⋁ \bigvee	⋂ \bigcap
⋃ \bigcup	⨀ \bigodot	⨁ \bigoplus	⨂ \bigotimes	⨄ \biguplus
∖ \backslash	/ \slash	⋇ \divideontimes	⋆ \star	≀ \wr
▵ \vartriangle	‡ \ddag	⋄ \diamond	† \dag	∧ \wedge
∨ \vee	⊗ \odot	⊙ \otimes	⊕ \oplus	⊖ \ominus
⋒ \Cup	⋓ \Cap	∔ \dotplus	⊺ \intercal	∸ \dotminus
∵ \because	∴ \therefore	∽ \backsim	⊎ \uplus	≃ \simeq

5. 箭头（见表 15-11）

表 15-11

← \leftarrow	→ \to	→ \rightarrow	↑ \uparrow	↓ \downarrow
⟵ \longleftarrow	⟶ \longrightarrow	⇐ \Leftarrow	⇒ \Rightarrow	↦ \mapsto
↔ \leftrightarrow	↚ \nleftarrow	↛ \nrightarrow	⇀ \rightharpoonup	↼ \leftharpoonup
↮ \nleftrightarrow	⇔ \Leftrightarrow	⇎ \nLeftrightarrow	⇍ \nLeftarrow	⇏ \nRightarrow

6. 几何学（见表 15-12）

表 15-12

∠ \angle	∢ \sphericalangle	∤ \nmid	∦ \nparallel	■ \blacksquare

7. 分数

（1）分数基本 TeX 符号编写规则：\frac{}{}。其中，第 1 对花括号中放入分子，第 2 对花括号中放入分母。

（2）样例是$\frac{\mathrm{dy}}{\mathrm{dx}}$，Python 代码是 r"$\frac{\mathrm{dy}}{\mathrm{dx}}$"。

8. 上下标

（1）上下标基本 TeX 符号编写规则：anytext_{downtext}^{uptext}。其中，“anytext”是需要添加上下标的文本内容，第 1 对花括号中放入下标内容，第 2 对花括号中放入上标内容，上下标的先后顺序可以颠倒前后位置，上下标可以选择其一添加，如 anytext_{downtext}或 anytext^{uptext}。

（2）上标样例是$\mathrm{x^{2}}$，Python 代码是 r"$\mathrm{x^{2}}$。

（3）下标样例是$\mathrm{x_{2}}$，Python 代码是 r"$\mathrm{x_{2}}$"。

9. 根式

（1）根式基本 TeX 符号编写规则：\sqrt[]{}。其中，方括号中放入开算术方根的次数，花括号中放入开算术方根的数值或字符。

（2）根式样例是$\sqrt{2}$，Python 代码是 r"$\sqrt{2}$"。

（3）根式样例是$\sqrt[2]{2}$，Python 代码是 r"$\sqrt[2]{2}$"。

（4）根式样例是$\sqrt[3]{2}$，Python 代码是 r"$\sqrt[3]{2}$"。

（5）对于开算术方根的数值或字符出现复杂嵌套的情形，不建议使用\sqrt[]{}，而应该使用上标的模式 anytext^{}，表示开算术方根的次数。

10. 积分

（1）积分基本 TeX 符号编写规则：\int_{downtext}^{uptext}。其中，第 1 对花括号中放入积分下限，第 2 对花括号中放入积分上限。

（2）积分样例是$\int_2^6 x^2dx$，Python 代码是 r"$\mathrm{\int_2^6 x^2 dx}$"。

11. 大型运算符

（1）大型运算符 TeX 符号编写规则（以求积运算符为例）：\prod_{downtext}^{uptext}。

（2）大型运算符样例是$\prod_{k=1}^{n} A_k$，Python 代码是 r"$\mathrm{\prod_{k=1}^{n} A_{k}}$"。

12. 括号（见表 15-13）

表 15-13

(	)	[	]	\{
\}	\vert	\Vert	/	

13. 函数（见表 15-14）

表 15-14

Pr \Pr	sin \sin	cos \cos	exp \exp	det \det
lim \lim	ln \ln	log \log	max \max	min \min
tan \tan	arg \arg	lg \lg		

14. 强调符号（见表 15-15）

表 15-15

$\dot{a}$ \dot a	$\ddot{a}$ \ddot a	$\hat{a}$ \hat a	$\tilde{a}$ \tilde a	$\bar{a}$ \bar a
$\vec{a}$ \vec a	$\overline{xyz}$ \overline{xyz}	$\widehat{xyz}$ \widehat{xyz}	$\widetilde{xyz}$ \widetilde{xyz}	

15. 矩阵（见表 15-16）

表 15-16

$\cdots$ \cdots	$\ldots$ \ldots	$\vdots$ \vdots	$\ddots$ \ddots	

16. 其他常用符号（见表 15-17）

表 15-17

white space \/	$ \$	` \backprime	′ \prime	

附录 A

SciPy 的安装方法

第三方包SciPy是应用在数学、科学和工程领域的开源软件包，主要用于Python的科学计算，而且 SciPy 依赖于 NumPy。因此，在安装 SciPy 包之前，需要安装第三方包 NumPy+MKL。我们使用《Python 数据可视化之 matplotlib 实践》中的附录 C 里面的“使用*.whl 文件进行快速安装”方法，安装 SciPy 包。具体安装步骤如下。

（1）打开 https://www.lfd.uci.edu/~gohlke/pythonlibs/网址，根据 Python 的位数和版本信息，选择合适的第三方包 NumPy+MKL 和 SciPy，其中，第三方包 NumPy+MKL 可以链接到 Intel 上的“Math Kernel Library（Intel MKL）”。Intel 的 MKL 是一个可以应用在科学、工程和金融领域的优化的数学程序库，核心数学函数包括快速傅里叶变换和向量数学等。这个数学库支持 Intel 处理器，可以在 Windows、Linux 和 Mac OS X 操作系统上运行。在指定路径下，下载第三方包，下载结果如图 A-1 所示。

（2）按“Win+R”组合键，输入“cmd”，打开命令行客户端界面。

（3）通过 cd 命令，进入*.whl 文件所在的路径。

（4）使用“pip install *.whl”语句，先后完成 NumPy+MKL 包和 SciPy 包的安装，如图 A-2 所示。

（5）在命令行客户端界面中，输入“pip3 list”，查看 Python 3.6 中已经安装的第三方包，可以观察到 NumPy+MKL 包和 SciPy 包已经安装在 Python 3.6 中，如图 A-2 中画横线部分所示。

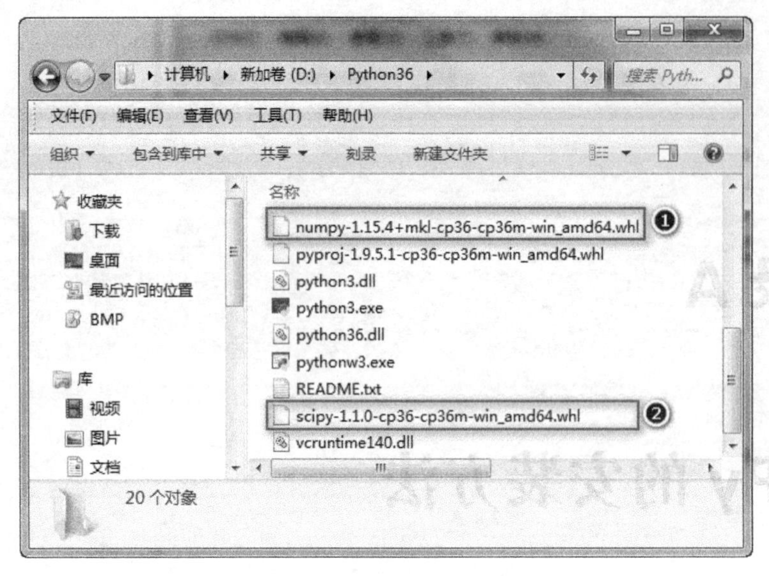

图 A-1

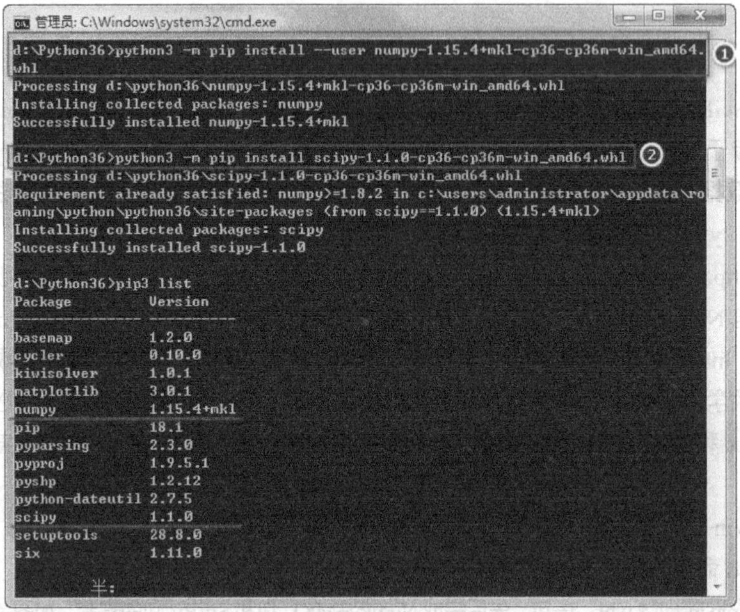

```
管理员: C:\Windows\system32\cmd.exe
d:\Python36>python3 -m pip install --user numpy-1.15.4+mkl-cp36-cp36m-win_amd64.
whl
Processing d:\python36\numpy-1.15.4+mkl-cp36-cp36m-win_amd64.whl
Installing collected packages: numpy
Successfully installed numpy-1.15.4+mkl

d:\Python36>python3 -m pip install scipy-1.1.0-cp36-cp36m-win_amd64.whl
Processing d:\python36\scipy-1.1.0-cp36-cp36m-win_amd64.whl
Requirement already satisfied: numpy>=1.8.2 in c:\users\administrator\appdata\ro
aming\python\python36\site-packages (from scipy==1.1.0) (1.15.4+mkl)
Installing collected packages: scipy
Successfully installed scipy-1.1.0

d:\Python36>pip3 list
Package          Version
---------------- ---------
basemap          1.2.0
cycler           0.10.0
kiwisolver       1.0.1
matplotlib       3.0.1
numpy            1.15.4+mkl
pip              18.1
pyparsing        2.3.0
pyproj           1.9.5.1
pyshp            1.2.12
python-dateutil  2.7.5
scipy            1.1.0
setuptools       28.8.0
six              1.11.0

    半:
```

图 A-2

附录 B

IPython 的使用方法

在命令行客户端界面中，可以使用 IPython shell 模式运行 IPython，实现交互式查看输出内容的输入目标。在《Python 数据可视化之 matplotlib 实践》中的附录 C 里面，已经讲解过 IPython 的安装方法。下面，我们就重点讲解在命令行终端中使用 IPython 的操作方法。

B.1 在命令行客户端界面下运行 IPython 的方法

第 1 步：打开“开始”界面，单击“运行”（或按“Win+R”组合键），在输入框中输入“cmd”，单击“确定”按钮，如图 B-1 所示。

图 B-1

第 2 步：在命令行客户端界面下，输入“IPython”，然后按“Enter”键，如图 B-2 所示。

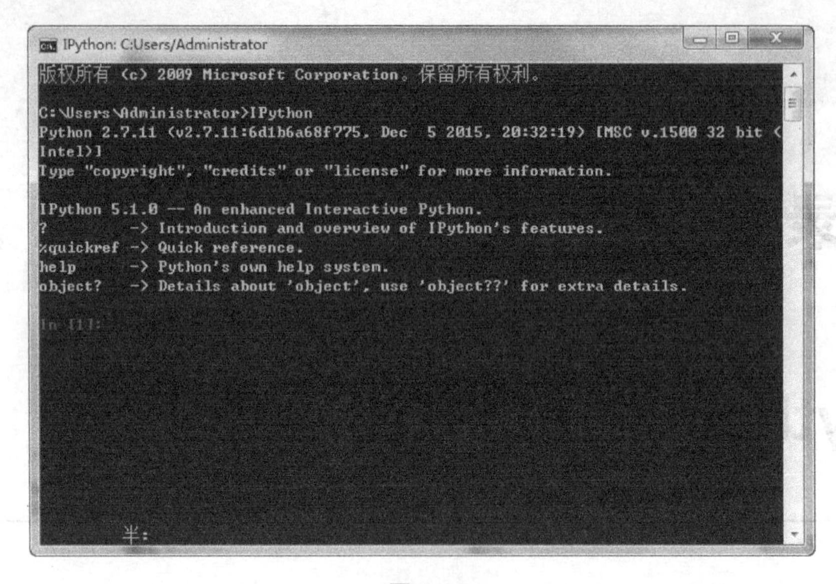

图 B-2

第 3 步：输入一些代码，按“Enter”键，其中，In[1]和 Out[1]分别对输入和输出的行进行计数，其他行的输入和输出的计数方式与之类似，如图 B-3 所示。

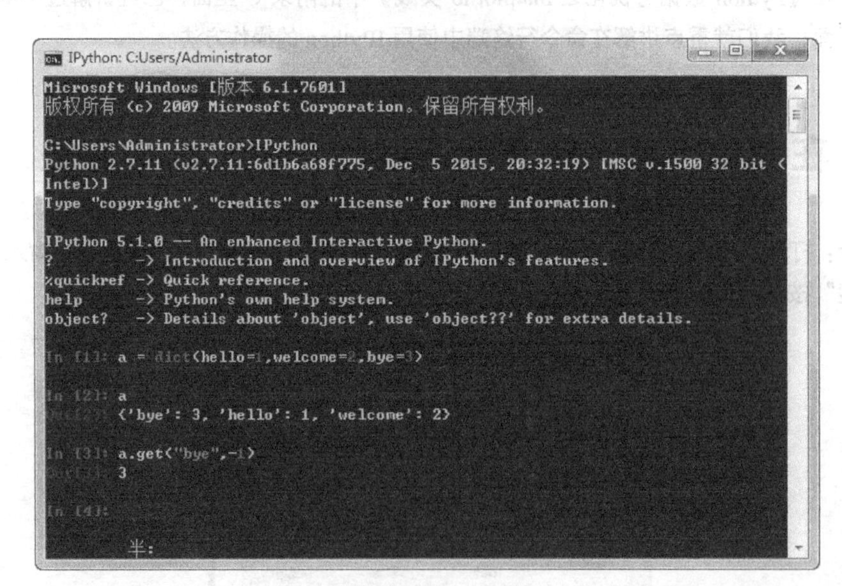

图 B-3

第 4 步：如果想要查询以往的输入历史，则可以输入“history”，返回输入内容的清单，如图 B-4 所示。

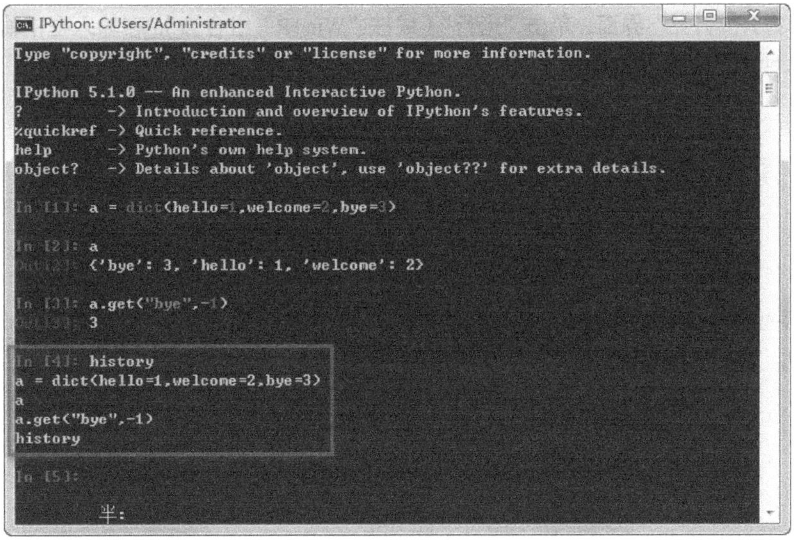

```
IPython: C:Users/Administrator
Type "copyright", "credits" or "license" for more information.

IPython 5.1.0 -- An enhanced Interactive Python.
?         -> Introduction and overview of IPython's features.
%quickref -> Quick reference.
help      -> Python's own help system.
object?   -> Details about 'object', use 'object??' for extra details.

In [1]: a = dict(hello=1,welcome=2,bye=3)

In [2]: a
Out[2]: {'bye': 3, 'hello': 1, 'welcome': 2}

In [3]: a.get("bye",-1)
Out[3]: 3

In [4]: history
a = dict(hello=1,welcome=2,bye=3)
a
a.get("bye",-1)
history

In [5]:

        半:
```

图 B-4

第 5 步：如果想退出 IPython 模式，则在命令行客户端界面下输入“exit()”，然后按“Enter”键，如图 B-5 所示。

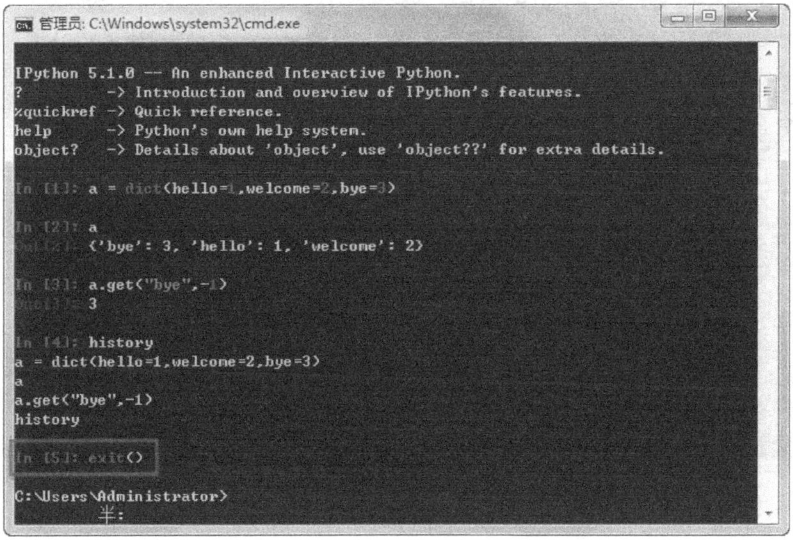

```
管理员: C:\Windows\system32\cmd.exe

IPython 5.1.0 -- An enhanced Interactive Python.
?         -> Introduction and overview of IPython's features.
%quickref -> Quick reference.
help      -> Python's own help system.
object?   -> Details about 'object', use 'object??' for extra details.

In [1]: a = dict(hello=1,welcome=2,bye=3)

In [2]: a
Out[2]: {'bye': 3, 'hello': 1, 'welcome': 2}

In [3]: a.get("bye",-1)
Out[3]: 3

In [4]: history
a = dict(hello=1,welcome=2,bye=3)
a
a.get("bye",-1)
history

In [5]: exit()

C:\Users\Administrator>
        半:
```

图 B-5

B.2 在命令行客户端界面下使用 IPython 执行脚本

第 1 步：打开“开始”界面，单击“运行”(或按“Win+R”组合键)，在输入框中输入“cmd”，单击“确定”按钮，如图 B-6 所示。

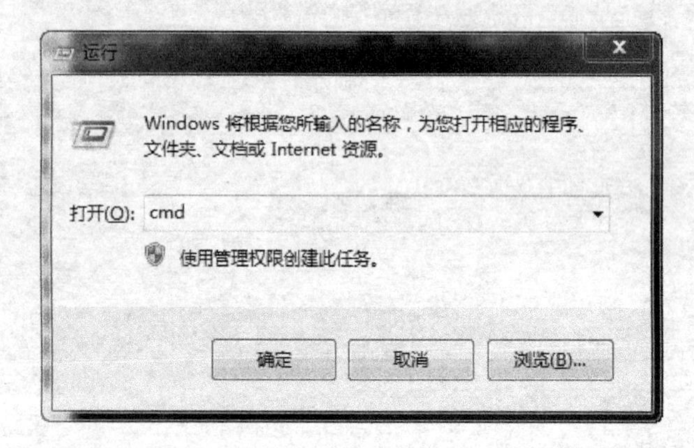

图 B-6

第 2 步：在命令行客户端界面下，输入“IPython”，然后按“Enter”键，如图 B-7 所示。

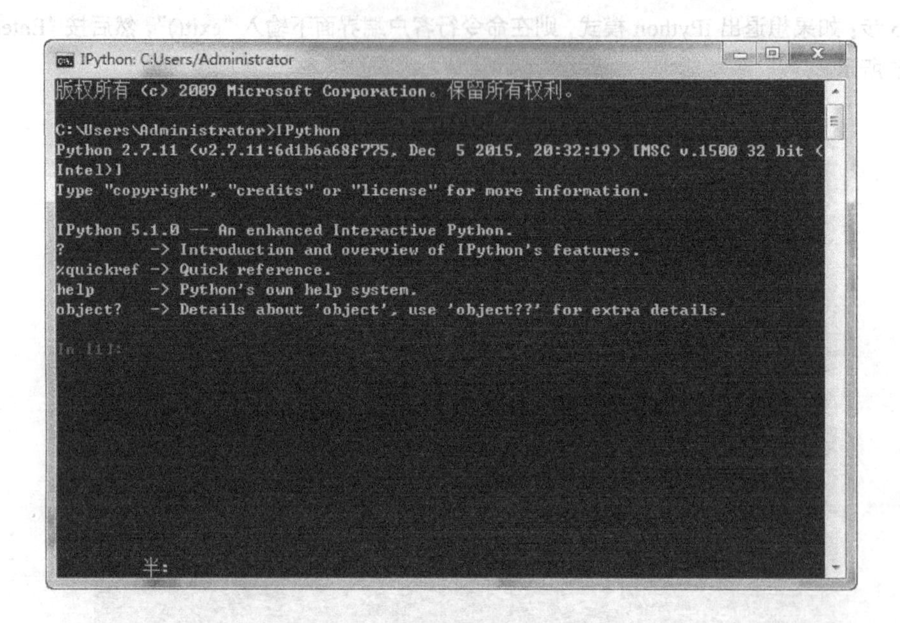

图 B-7

第 3 步：使用 cd 命令，进入待执行的脚本所在的位置，如图 B-8 所示。

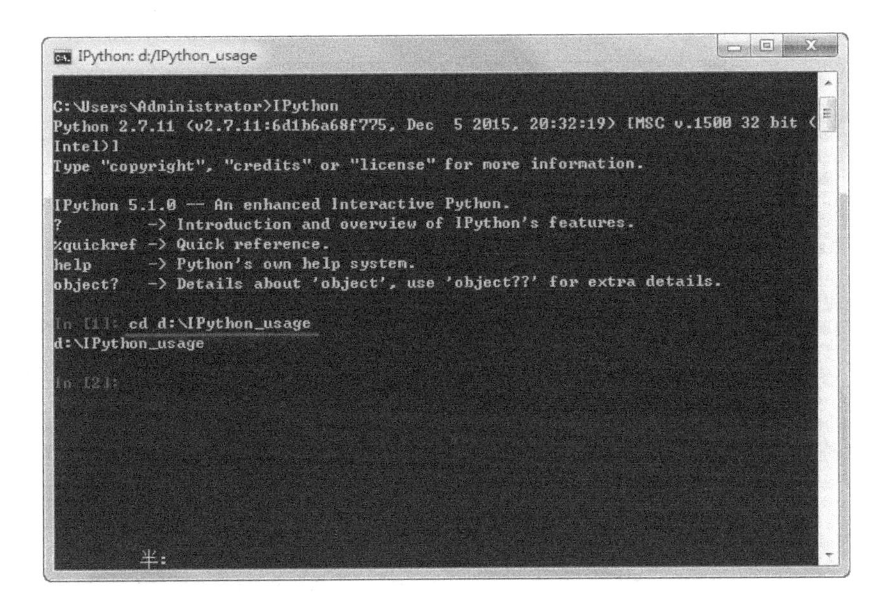

图 B-8

第 4 步：输入“run colorbar.py”，然后按“Enter”键，如图 B-9 所示。

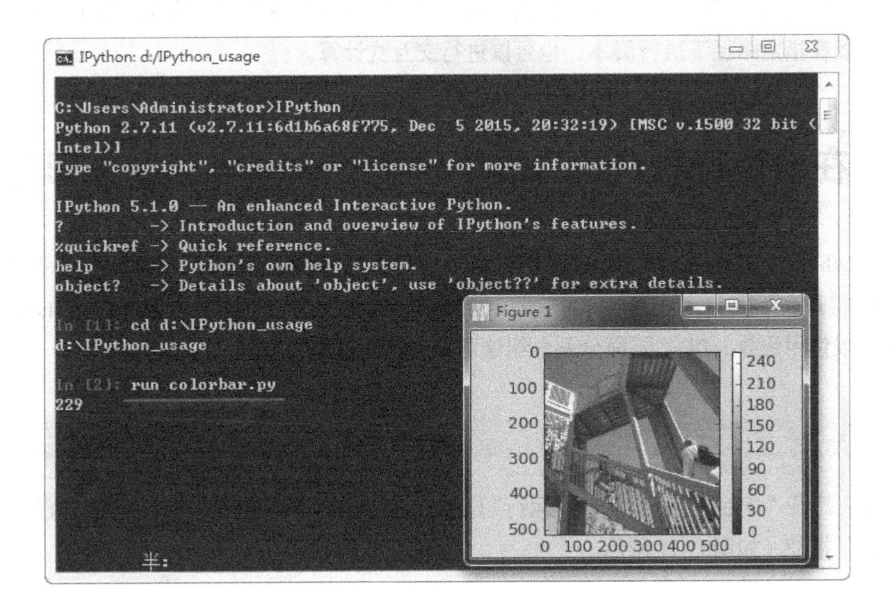

图 B-9

第 5 步：关闭图像“Figure 1”，退出执行脚本 colorbar.py，之后还可以继续输入内容，如图 B-10 所示。

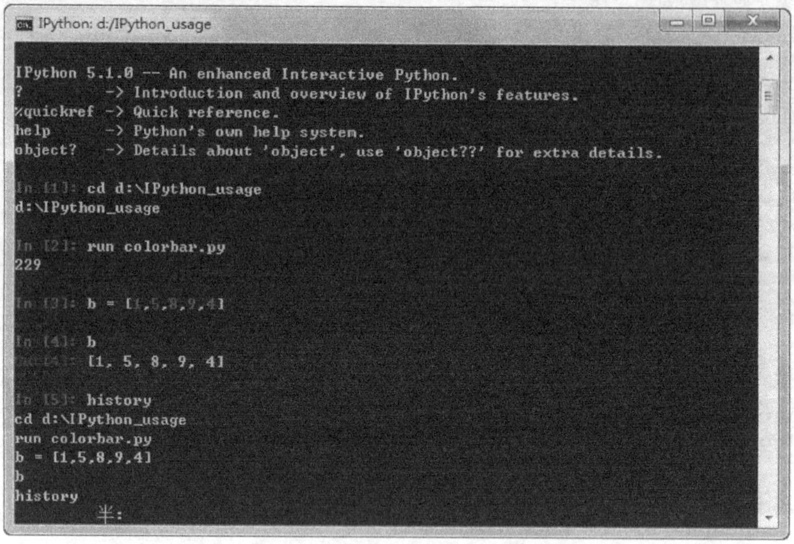

```
IPython: d:/IPython_usage

IPython 5.1.0 -- An enhanced Interactive Python.
?         -> Introduction and overview of IPython's features.
%quickref -> Quick reference.
help      -> Python's own help system.
object?   -> Details about 'object', use 'object??' for extra details.

In [1]: cd d:\IPython_usage
d:\IPython_usage

In [2]: run colorbar.py
229

In [3]: b = [1,5,8,9,4]

In [4]: b
Out[4]: [1, 5, 8, 9, 4]

In [5]: history
cd d:\IPython_usage
run colorbar.py
b = [1,5,8,9,4]
b
history
        半:
```

图 B-10

由此可见，使用“cd d:\IPython_usage”和“run colorbar.py”语句作为执行脚本 colorbar.py 的输入内容，与其他输入内容一样，都作为输入内容保存在输入内容清单里。因此，在 IPython shell 模式下，既可以在指定路径下执行脚本，也可以进行交互式计算。

B.3 在命令行客户端界面下使用 IPython 绘制图形的方法

使用 IPython 绘制图形，在显示图形的过程中，一种方法是使用函数 show()；另一种方法是使用函数 ion()打开交互模式，图形绘制完成后，立刻显示输出图形，不需要再调用函数 show()，关闭交互模式可以使用函数 ioff()。下面分别介绍这两种显示图形的方法。

B.3.1 使用函数 show()显示图形

第 1 步：打开“开始”界面，单击“运行”（或按“Win+R”组合键），在输入框中输入“cmd”，单击“确定”按钮，如图 B-11 所示。

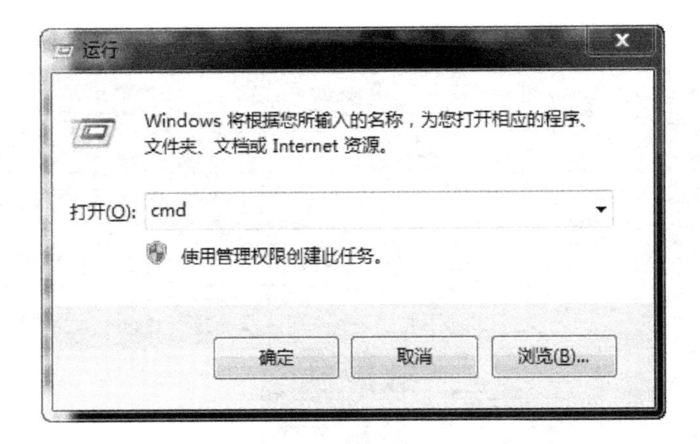

图 B-11

第 2 步：在命令行客户端界面下，输入“IPython”，然后按“Enter”键，如图 B-12 所示。

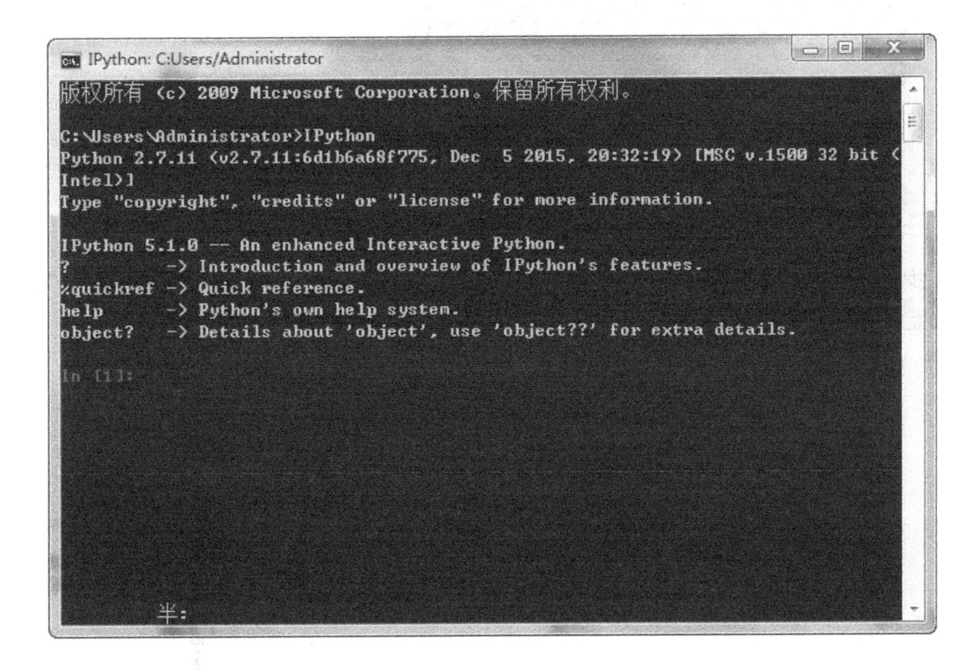

图 B-12

第 3 步：导入必要的模块和包，使用函数 show()显示图形，如图 B-13 所示。

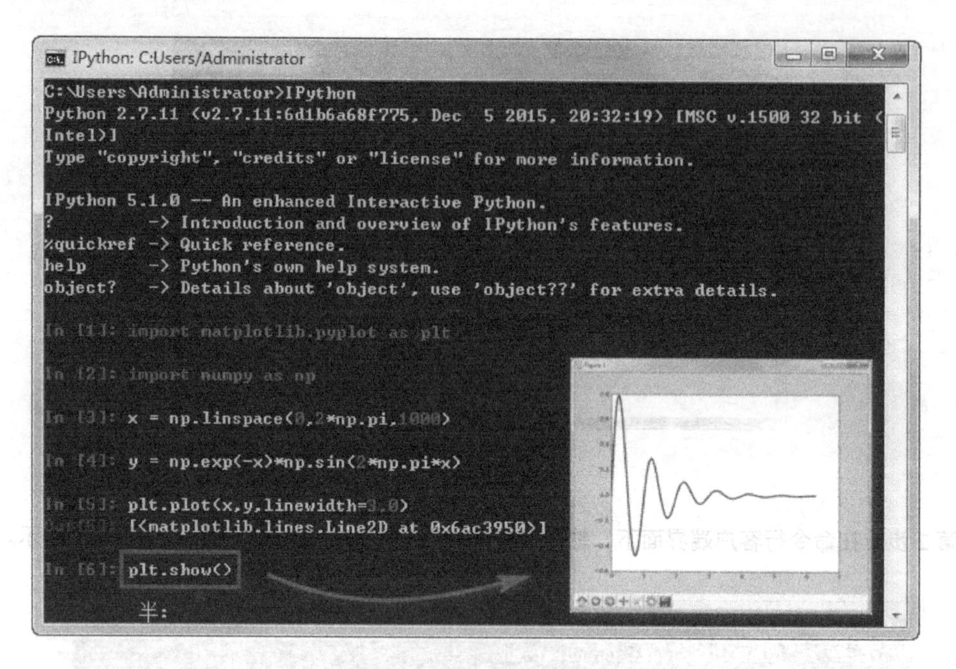

图 B-13

B.3.2 使用函数 ion()显示图形

第 1 步：打开“开始”界面，单击“运行”（或按“Win+R”组合键），在输入框中输入“cmd”，单击“确定”按钮，如图 B-14 所示。

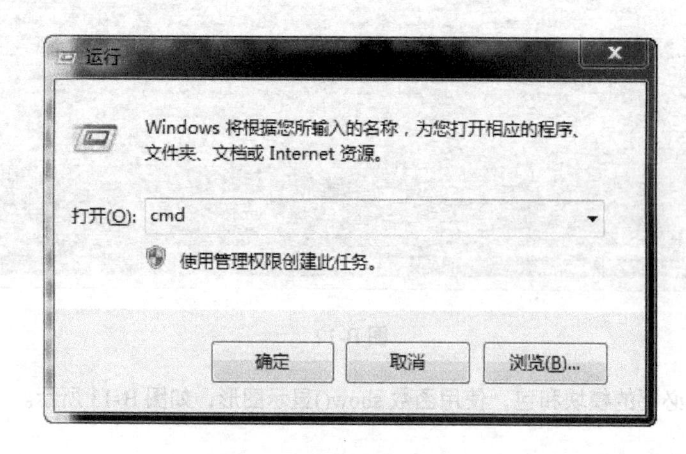

图 B-14

第 2 步：在命令行客户端界面下，输入“IPython”，然后按“Enter”键，如图 B-15 所示。

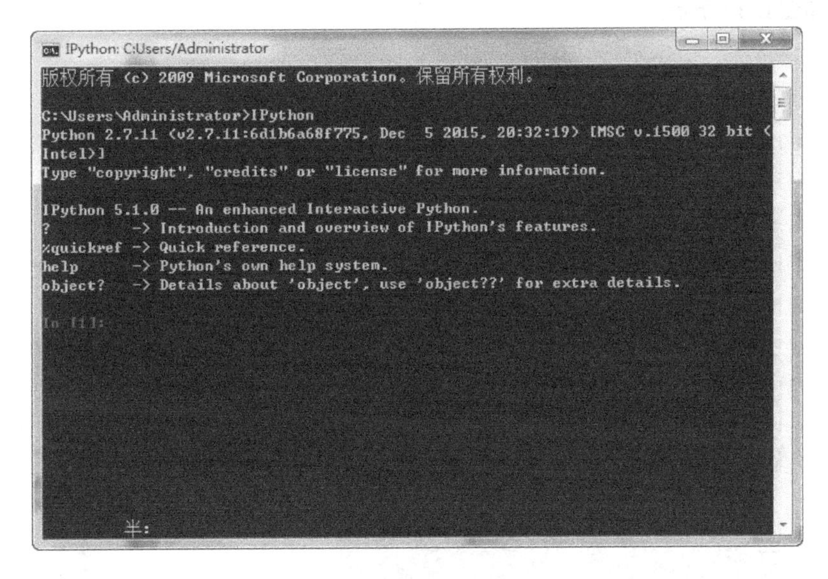

图 B-15

第 3 步：导入必要的模块和包，使用函数 ion()打开交互模式，不需要使用函数 show()显示图形，如图 B-16 所示。

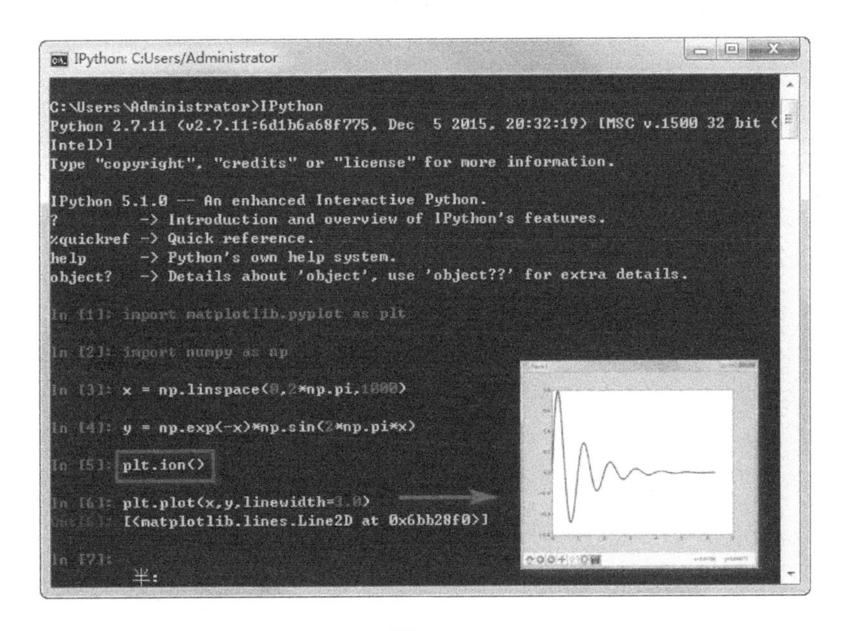

图 B-16

第 4 步：如果需要关闭交互模式，则可以使用函数 ioff()。此时在绘制图形后，需要调用函数 show() 显示图形，如图 B-17 所示。

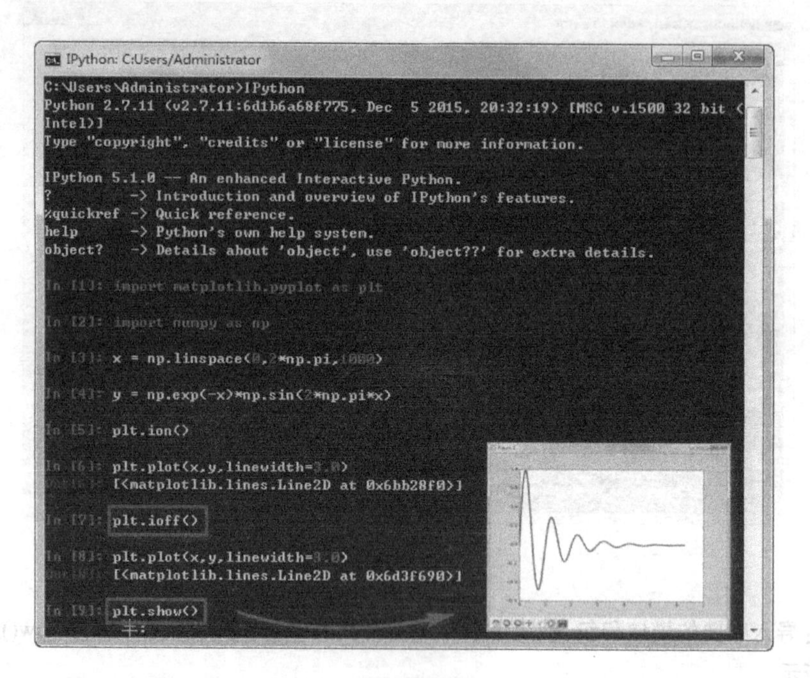

图 B-17

附录 C

mpl_toolkits 包的安装方法和使用方法

作为对 matplotlib 内容的有力补充，在 matplotlib 库的基础上，介绍一下 mpl_toolkits 包的使用方法。具体而言，如果我们已经安装 matplotlib 库，那么也会同时安装 mpl_toolkits 包。这样，可以通过“import mpl_toolkits”语句，直接导入 mpl_toolkits 包。在导入 mpl_toolkits 包之后，就可以使用 mpl_toolkits 包创建子区、绘制 3D 图形和设计坐标轴样式。但是，要想使用 mpl_toolkits 包绘制地图，还需要另外安装 basemap 包。为了使得 basemap 包可以有效运行，在安装 basemap 包之前，需要安装 pyproj 包。对于 basemap 和 pyproj 包的安装方法，可以采用在命令行窗口中使用*.whl 文件的方式，进行 basemap 包的快速安装，具体操作步骤如下。

（1）输入网址 https://www.lfd.uci.edu/~gohlke/pythonlibs/，这个网址是通过包管理器 pip 来安装基于 Windows 的文件扩展名是.whl 的 Python 扩展包的，根据自己的 Python 版本及 Python 位数来选择具体的.whl 格式的文件。下载对应位数和版本的 basemap 包。选择的 basemap 包的位数和版本信息如图 C-1 所示。

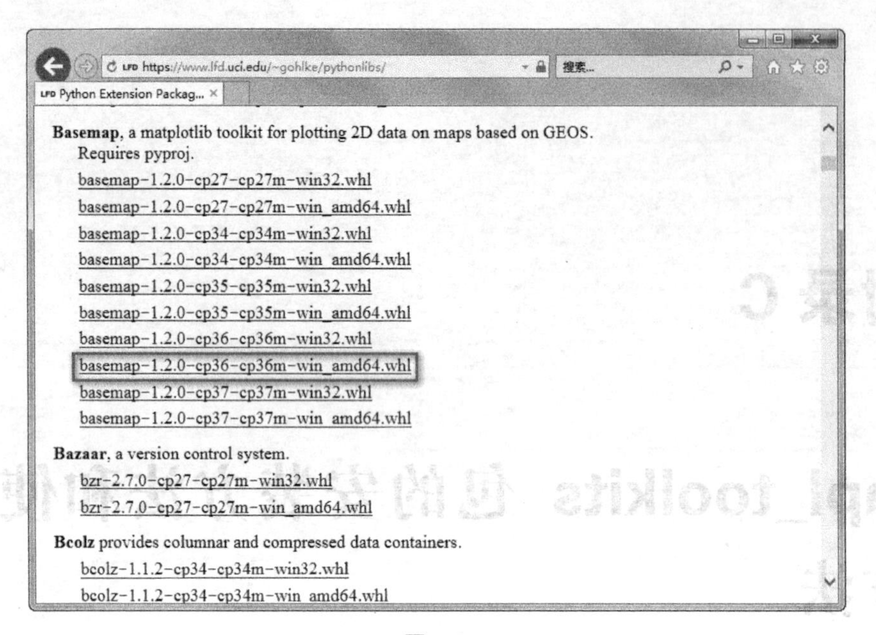

图 C-1

然后下载对应位数和版本的 pyproj 包，选择的 pyproj 包的位数和版本信息如图 C-2 所示。

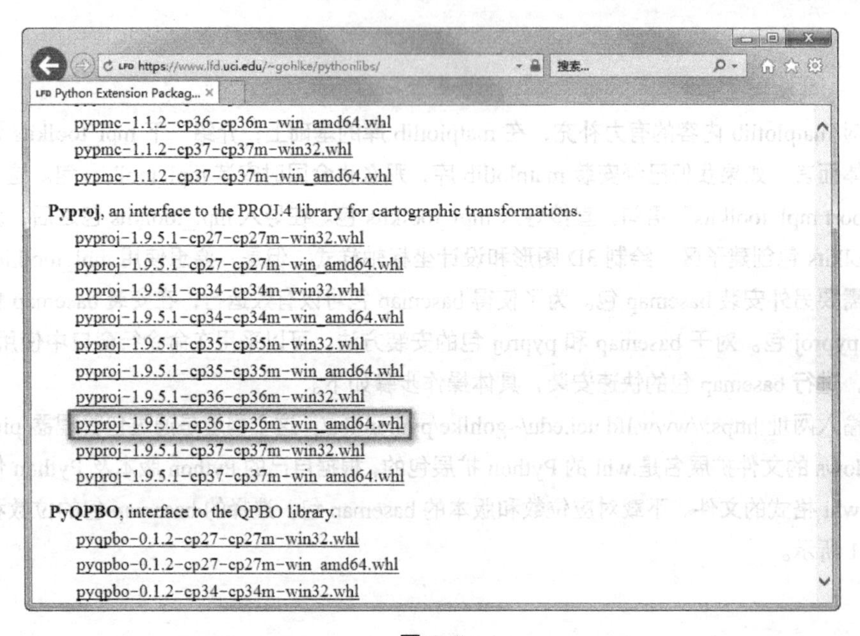

图 C-2

（2）具体而言，对于已经安装 Python 2 的读者来说，查看同一台计算机上的 Python 3 的版本和位数，可以参考D.2节中的内容。对于Python 3的位数，可以通过命令行客户端来查看，即按“Win+R”组合键，输入“cmd”，再输入“python3”，就进入 python3 的命令行客户端界面。相应地，会出现 Python 3 的版本和位数信息，如图 C-3 所示。

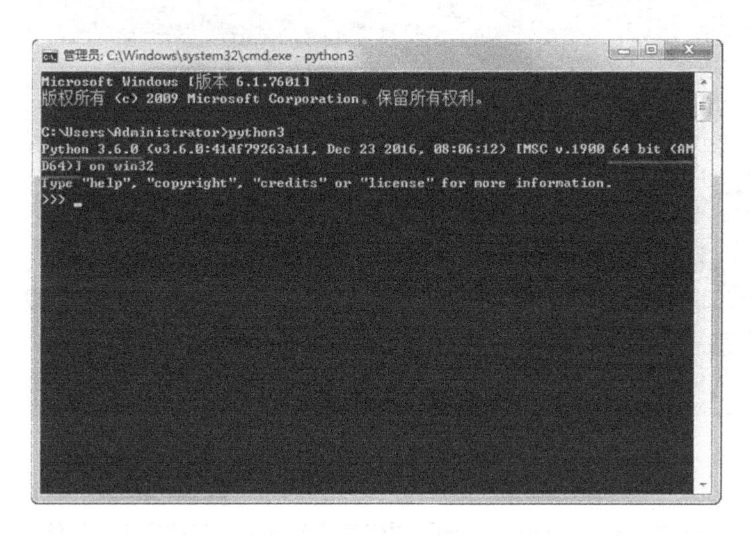

图 C-3

（3）按“Win+R”组合键，输入“cmd”。

（4）通过 cd 命令，进入*.whl 文件所在的路径，如图 C-4 所示。

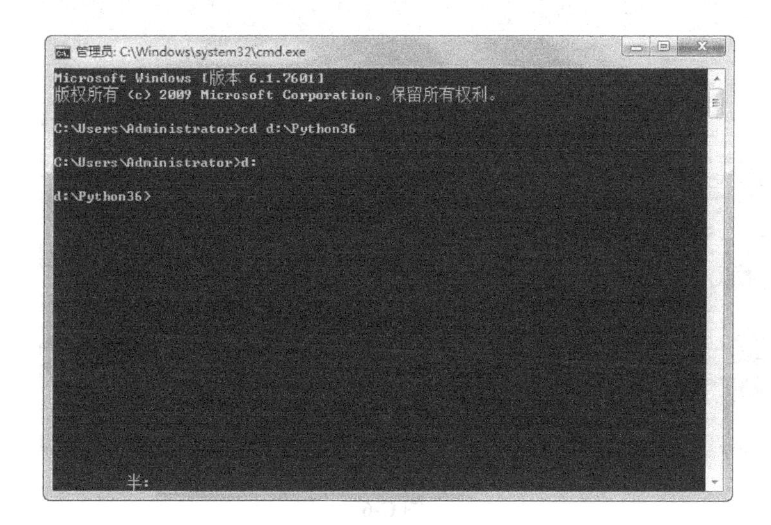

图 C-4

（5）使用“python3 –m pip install *.whl”语句完成 pyproj 包的安装，具体执行结果如图 C-5 所示。

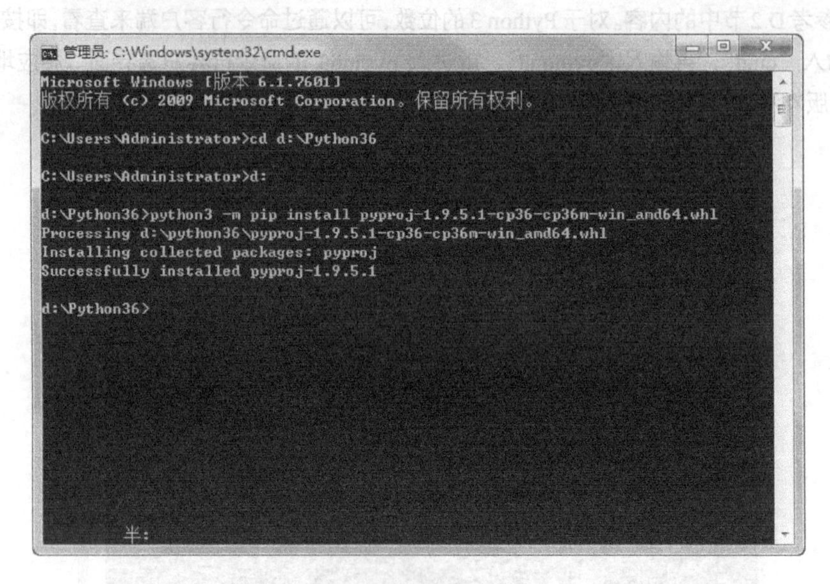

图 C-5

（6）使用“python3 –m pip install *.whl”语句完成 basemap 包的安装，具体执行结果如图 C-6 所示。

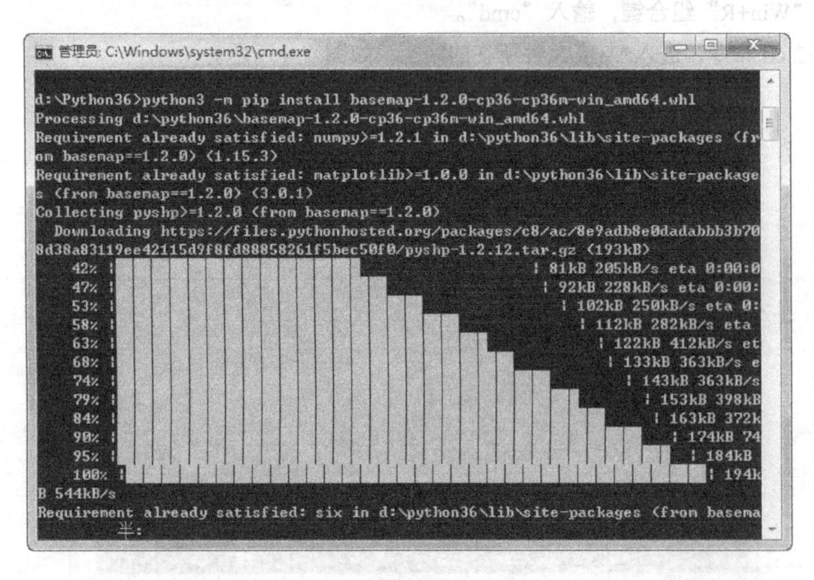

图 C-6

图 C-6（续图）

这样，在安装完 basemap 包之后，就可以进行地图的绘制了。这里需要强调的是，因为 mpl_toolkits 包不在 PyPI（https://pypi.org）上，所以不能在命令行客户端界面下，通过 pip 语句安装 mpl_toolkits 包。

附录 D

Python 2 和 Python 3 的软件版本的使用建议

Python 2 和 Python 3 长期共存于 Python 生态系统中，而且很多数据科学家仍然使用 Python 2。因为 PyPI 的大部分流行软件包现在都可以在 Python2 和 Python3 上运行，所以不论选择哪个 Python 版本都是可以的。如果读者的主要代码仍然基于 Python 2，那么这是完全没有问题的。下面，我们就从 Python 3 的主要变更、跨版本兼容的解决方案及在同一台计算机上实现 Python 2 和 Python 3 的安装与运行 3 个方面，给读者一些关于 Python 软件版本的使用建议。

D.1 Python 3 的主要变更

为了使 Python 2 向 Python 3 的转换更加轻松，这里列出 Python 3 的主要变更。在变更目录中，针对一些需要特别强调的变更条目，列出了详细的变更内容，以帮助需要在 Python 2 和 Python 3 之间进行版本切换的读者高效、正确地执行相应版本下的脚本，从而实现代码的高效迁移。

（1）使用内置函数 print()，而不是 print 语句。

（2）整数除法的结果是浮点数。

在 Python 2 中，1/2（两个整数做除法）的结果是 0；在 Python 3 中，1/2 的结果是 0.5。因此，在 Python 3 的脚本中，尝试使用 3/float(2)或 3/2.0 来代替 3/2，以此来避免在将 Python 3 的代码迁移到 Python 2 的过程中，在整数除法上发生的变化，从而在 Python 2 的环境下，可能导致的计算错误。

（3）默认使用 Unicode 文本字符串。

（4）不再使用内置函数 xrange()，而使用内置函数 range()。

（5）异常语法：触发异常和异常处理。

（6）for 循环中的变量存储的内容不再赋值给同名的全局变量。

（7）使用内置函数 input()解析用户输入内容。

（8）很多内置函数和方法返回的是可迭代对象，而不是列表。

在 Python 2 中，很多内置函数和方法返回的是列表；在 Python 3 中，这些函数和方法返回的是可迭代对象，而不像在 Python 2 中返回列表。下面列出了 Python 3 中不再返回列表的内置函数和方法。

```
zip()
map()
filter()
字典的 keys()方法
字典的 values()方法
字典的 items()方法
```

在 Python 3 中，如果需要列表，则可以通过内置函数 list()将可迭代对象转化成列表。将返回对象转化为列表，可以避免绝大多数在 Python 3 中执行 Python 2 的脚本所产生的问题。

D.2 跨版本兼容的解决方案

本书的示例代码基于 Python 3.6。书中几乎所有的代码均可以在 Python 2.x 的环境下运行。这种基于 Python 版本的差别并不大，版本的差别主要体现在软件包版本和部分代码上，这些代码的差别已经在 D.1 节中介绍过了。考虑到 Python 是机器学习和其他科学领域的主流语言，同时兼容多种深度学习框架，且具有像 matplotlib 这样优秀的工具，用来完成数据可视化的任务，而且未来很多科学计算库将全面转向对 Python 3 的支持，因此，Python 3 是未来 Python 发展的主流版本。但是，Python 2.7 甚至 Python 2.6 依然被普遍使用。而且，很多使用 Python 2 的读者，不太可能同时安装 Python 2 和 Python 3，或者不太可能很快地转向 Python 3 的使用。这样，在介绍完 Python 3 版本的主要变更后，掌握两个版本之间的切换就显得尤为重要。为了使用 Python 2 的读者可以更高效地将代码迁移到 Python 3 上，我们将详细讲解模块 2to3 的使用方法，使得在 Python 2 环境下生成的代码可以正确、高效地在 Python 3 环境下运行。也就是说，借助模块 2to3，只需要维护一份在 Python 2 环境下生成的代码，也就是将 Python 2.x 的代码转换成 Python 3.x 的代码，就可以完成在两种 Python 环境下运行的任务，从而有效地解决 Python 3 的向后不兼容的问题。换句话说，通过使用模块 2to3，给读者提供一种简单实用的、可以在不同 Python 环境下进行版本切换的解决方案，使读者不需要将主要精力和大部分时间放在不同 Python 版本的脚本维护上面，而聚焦于“代码实现”本身，只有当需要进行代码变更时，才进行必要的代码变更，做到有的放矢地进行版本切换，而不是一味地纠结于代码变更。也就是说，只有在 Python 3 环境下执行 Python 2.x 的代码出现需要进行版本切换的问题时，才需要将 Python 2.x 的代码转换成 Python 3.x 的代码。

模块 2to3 是一个 Python 程序，可以读取 Python 2.x 的代码，而且可以应用一系列修补器将 Python 2.x 的代码转换成有效的 Python 3.x 的代码。这个标准库中包含一系列丰富的修补器，可以处理几乎全部的 Python 2.x 的代码。模块 2to3 放置在 Python 根目录下的文件夹 Tools 中的文件夹 Scripts 里。我们可以通过命令行客户端，使用模块 2to3，将 Python 2.x 的代码转换成 Python 3.x 的代码。

下面，我们通过“澳大利亚的首都和首府的人口数量”的例子来详细介绍模块 2to3 的使用方法。

首先，打开“Windows PowerShell”客户端界面，将默认路径改到“澳大利亚的首都和首府的人口数量”的例子对应脚本的所在路径，如图 D-1 所示。

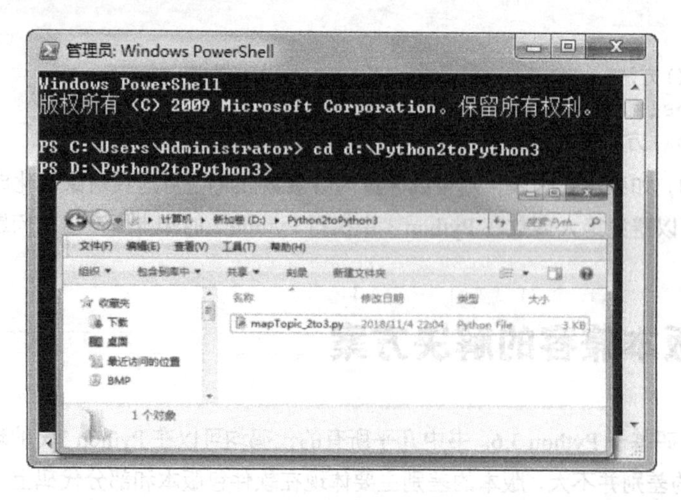

图 D-1

然后，在 Python 3 下，执行脚本 mapTopic_2to3.py，执行结果如图 D-2 所示。

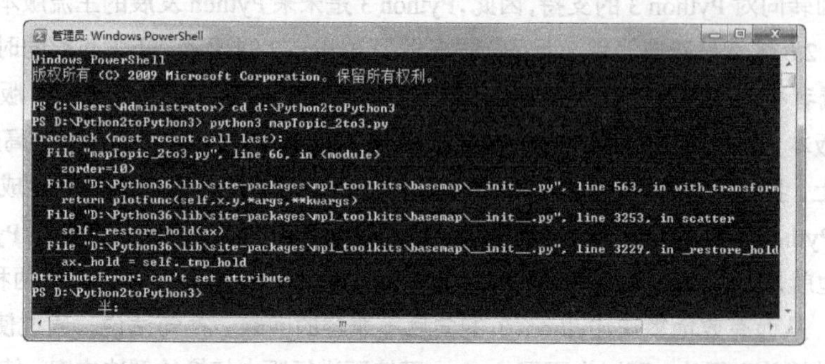

图 D-2

通过观察图 D-2，可以看到，在 Python 3 下，执行脚本 mapTopic_2to3.py 得到“AttributeError”类型的运行错误，由此可以看出，在 Python 3 环境下执行在 Python 2 环境下编写的脚本，脚本没有正确地运行。原因就是在 Python 2 环境下编写的脚本在 Python 3 中执行，需要做出部分代码的变更，变更的内容主要是围绕“Python 3 的主要变更”中涉及的方面。接下来，我们就使用模块 2to3，具体看看脚本在 Python 3 环境下正确地运行，需要做出哪些方面的变更，具体操作方法如图 D-3 所示。

```
管理员: Windows PowerShell
Windows PowerShell
版权所有 (C) 2009 Microsoft Corporation。保留所有权利。

PS C:\Users\Administrator> cd d:\Python2toPython3
PS D:\Python2toPython3> python D:\Python27\Tools\Scripts\2to3.py mapTopic_2to3.py
RefactoringTool: Skipping optional fixer: buffer
RefactoringTool: Skipping optional fixer: idioms
RefactoringTool: Skipping optional fixer: set_literal
RefactoringTool: Skipping optional fixer: ws_comma
RefactoringTool: Refactored mapTopic_2to3.py
--- mapTopic_2to3.py    (original)
+++ mapTopic_2to3.py    (refactored)
@@ -40,11 +40,11 @@
 # convert lon/lat (in degrees) to x/y map projection coordinates (in meters)
 # longitude is transformed into x and latitude is transformed into y
 names_values = []
-names_keys = names.keys()
+names_keys = list(names.keys())
 for i,name in enumerate(names_keys):
     names_values.append(names[name])

-lat_x,long_y = zip(*names_values)
+lat_x,long_y = list(zip(*names_values))
 x,y = basemap(long_y,lat_x)

 # draw city markers and add text to markers
RefactoringTool: Files that need to be modified:
RefactoringTool: mapTopic_2to3.py
PS D:\Python2toPython3>
```

图 D-3

通过观察图 D-3，可以看出，有两处需要变更的代码，其中“-”符号表示原来的 Python 2 环境下的代码，“+”符号表示在 Python 3 环境下正确执行，代码具体需要进行的变更内容。例如，从脚本的第 40 行开始，有两处代码需要做出修改，需要做出修改的类型都是“Python 3 的主要变更”部分中的“很多内置函数和方法返回的是可迭代对象，而不是列表”的类型，解决方案就是使用内置函数 list()将返回的可迭代对象转化成列表，如图 D-3“+”部分里的内容。也就是说，将“names.keys()”变更为“list(names.keys())”，将“zip(*names_values)”变更为“list(zip(*names_values))”。除了可以手动变更 Python 2 环境下的脚本 mapTopic_2to3 中的代码，也可以使用模块 2to3，同时运用“-w”符号，实现 Python 2 环境下的代码自动变更为 Python 3 环境下的代码，而且可以对 Python 2 环境下的脚本进行备份，方便进行代码变更前后的比较，实现在 Python 3 环境下正确执行在 Python 2 环境下撰写的脚本 mapTopic_2to3 的目标，满足 Python 2 环境下的脚本正确、高效地向 Python 3 环境下的脚本进行转换和迁移的需求。操作方法如图 D-4 所示，执行结果如图 D-5 所示。

```
管理员: Windows PowerShell
Windows PowerShell
版权所有 (C) 2009 Microsoft Corporation。保留所有权利。

PS C:\Users\Administrator> cd d:\Python2toPython3
PS D:\Python2toPython3> python D:\Python27\Tools\Scripts\2to3.py -w mapTopic_2to3.py
RefactoringTool: Skipping optional fixer: buffer
RefactoringTool: Skipping optional fixer: idioms
RefactoringTool: Skipping optional fixer: set_literal
RefactoringTool: Skipping optional fixer: ws_comma
RefactoringTool: Refactored mapTopic_2to3.py
--- mapTopic_2to3.py    (original)
+++ mapTopic_2to3.py    (refactored)
@@ -40,11 +40,11 @@
 # convert lon/lat (in degrees) to x/y map projection coordinates (in meters)
 # longitude is transformed into x and latitude is transformed into y
 names_values = []
-names_keys = names.keys()
+names_keys = list(names.keys())
 for i,name in enumerate(names_keys):
     names_values.append(names[name])

-lat_x,long_y = zip(*names_values)
+lat_x,long_y = list(zip(*names_values))
 x,y = basemap(long_y,lat_x)

 # draw city markers and add text to markers
RefactoringTool: Files that were modified:
RefactoringTool: mapTopic_2to3.py
PS D:\Python2toPython3>

     半:
```

图 D-4

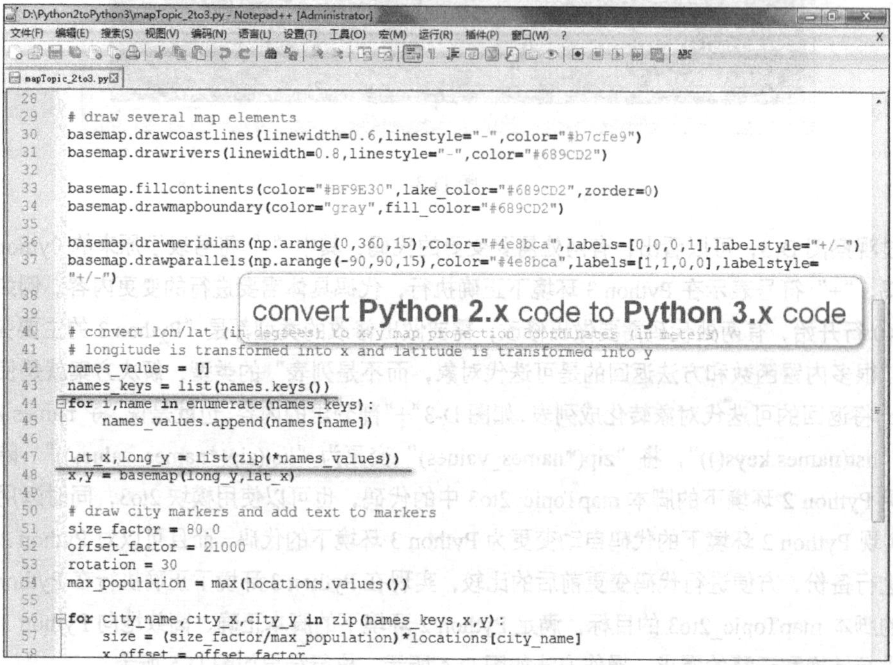

```
D:\Python2toPython3\mapTopic_2to3.py - Notepad++ [Administrator]
文件(F) 编辑(E) 搜索(S) 视图(V) 编码(N) 语言(L) 设置(T) 工具(O) 宏(M) 运行(R) 插件(P) 窗口(W) ?
mapTopic_2to3.py
28
29  # draw several map elements
30  basemap.drawcoastlines(linewidth=0.6,linestyle="-",color="#b7cfe9")
31  basemap.drawrivers(linewidth=0.8,linestyle="-",color="#689CD2")
32
33  basemap.fillcontinents(color="#BF9E30",lake_color="#689CD2",zorder=0)
34  basemap.drawmapboundary(color="gray",fill_color="#689CD2")
35
36  basemap.drawmeridians(np.arange(0,360,15),color="#4e8bca",labels=[0,0,0,1],labelstyle="+/-")
37  basemap.drawparallels(np.arange(-90,90,15),color="#4e8bca",labels=[1,1,0,0],labelstyle=
    "+/-")
38
39
40  # convert lon/lat (in degrees) to x/y map projection coordinates (in meters)
41  # longitude is transformed into x and latitude is transformed into y
42  names_values = []
43  names_keys = list(names.keys())
44  for i,name in enumerate(names_keys):
45      names_values.append(names[name])
46
47  lat_x,long_y = list(zip(*names_values))
48  x,y = basemap(long_y,lat_x)
49
50  # draw city markers and add text to markers
51  size_factor = 80.0
52  offset_factor = 21000
53  rotation = 30
54  max_population = max(locations.values())
55
56  for city_name,city_x,city_y in zip(names_keys,x,y):
57      size = (size_factor/max_population)*locations[city_name]
58      x_offset = offset_factor
```

convert Python 2.x code to Python 3.x code

图 D-5

这样，我们就实现了将 Python 2.x 的脚本正确、高效地迁移到 Python 3 环境下执行的目标，也就是变更后的脚本“mapTopic_2to3.py”，而且对 Python2 环境下的原始脚本做了必要的备份，得到了备份文件“mapTopic_2to3.py.bak”，备份文件同样可以使用文本编辑器打开和编辑。变更后的脚本和备份文件如图 D-6 所示。

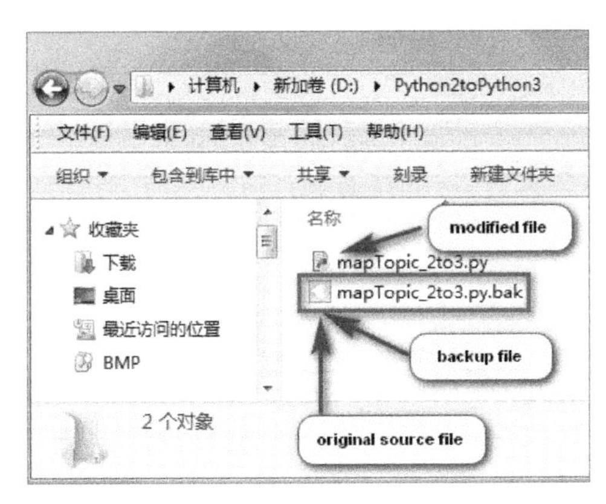

图 D-6

D.3 在同一台计算机上实现 Python 2 和 Python 3 的安装与运行

我们以 Python 2.7 和 Python 3.6 为例，设计一个使用场景，来讲解如何在同一台计算机上实现 Python 2.7 和 Python 3.6 的安装与运行。假设现在计算机上已经安装了 Python 2.7，打算再安装 Python 3.6，接下来，我们就基于此场景讲解切实可行的解决方案。以下操作过程是在 Windows 7 操作系统下进行演示的。

（1）下载适合自己操作系统和系统类型的 Python 3.6.0 版本。下载完成后，选择合适的路径完成安装过程。需要补充的是，在安装过程中需要配置环境变量 PATH，这个步骤既可以在安装完成后手动进行，也可以在安装界面里选择安装选项时完成。在这里，我们选择直接在安装过程中完成环境变量的配置工作。具体实现方法如图 D-7 所示。

（2）将文件夹 Python36 中的文件 python.exe 和 pythonw.exe 分别改成 python3.exe 和 pythonw3.exe，操作过程如图 D-8 所示。

（3）如果想在命令行客户端界面下使用 Python 3.6，则可以打开“开始”界面，单击“运行”（或按“Win+R”组合键），在输入框中输入“cmd”，单击“确定”按钮，然后在命令行客户端界面下输入“python3”。具体显示结果如图 D-9 所示。

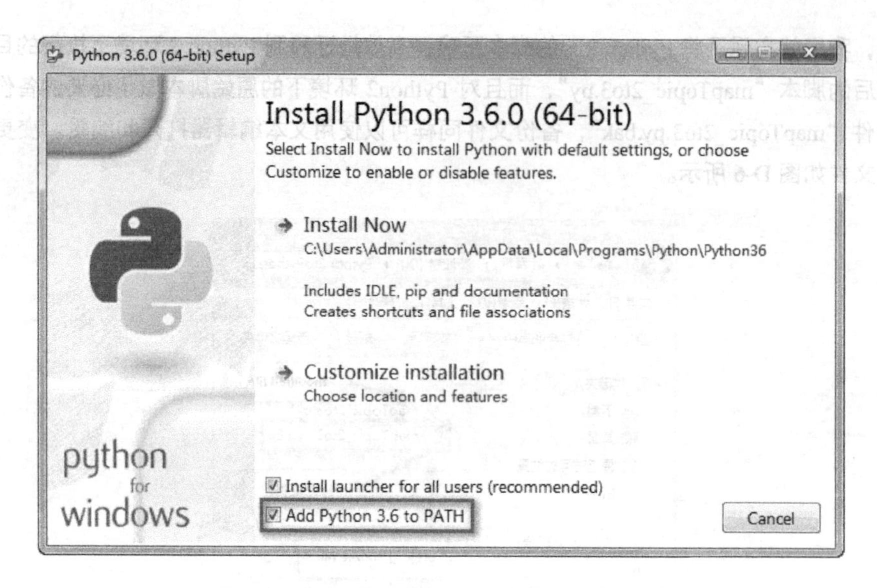

图 D-7

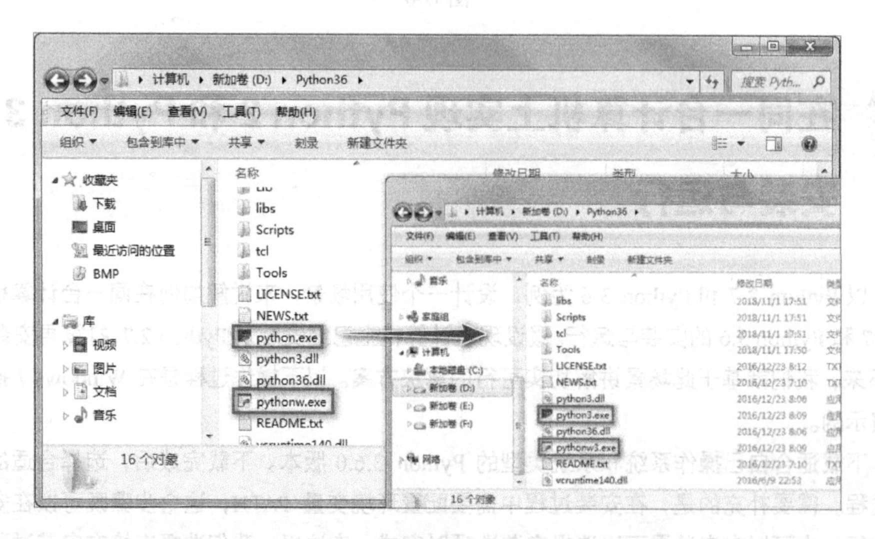

图 D-8

（4）如果想通过包管理器 pip 安装 matplotlib 库，则也可以在命令行客户端界面下输入“python3 -m pip install matplotlib”，即可完成 matplotlib 库的安装，具体操作过程如图 D-10 所示。如果想安装指定版本的 matplotlib 库，如 matplotlib 2.0.0，则可以在命令行客户端界面下输入“python3 -m pip install matplotlib==2.0.0”。其他指定版本的 matplotlib 库的安装过程与之类似，只需要改变输入语句里的版本编号，就可以完成相应版本的安装。

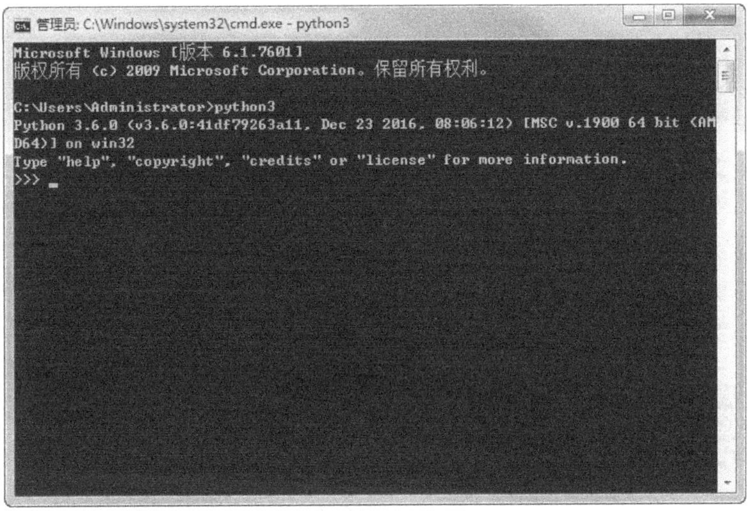

```
管理员: C:\Windows\system32\cmd.exe - python3
Microsoft Windows [版本 6.1.7601]
版权所有 (c) 2009 Microsoft Corporation。保留所有权利。

C:\Users\Administrator>python3
Python 3.6.0 (v3.6.0:41df79263a11, Dec 23 2016, 08:06:12) [MSC v.1900 64 bit (AM
D64)] on win32
Type "help", "copyright", "credits" or "license" for more information.
>>> _
```

图 D-9

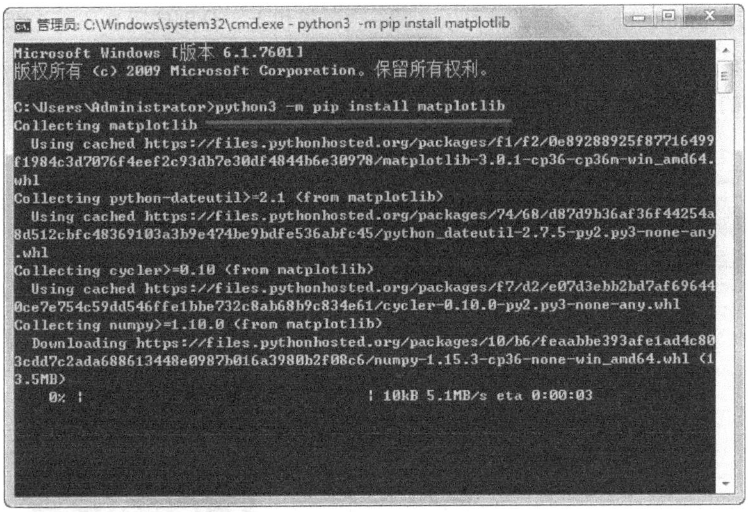

```
管理员: C:\Windows\system32\cmd.exe - python3 -m pip install matplotlib
Microsoft Windows [版本 6.1.7601]
版权所有 (c) 2009 Microsoft Corporation。保留所有权利。

C:\Users\Administrator>python3 -m pip install matplotlib
Collecting matplotlib
  Using cached https://files.pythonhosted.org/packages/f1/f2/0e89288925f87716499
f1984c3d7076f4eef2c93db7e30df4844b6e30978/matplotlib-3.0.1-cp36-cp36m-win_amd64.
whl
Collecting python-dateutil>=2.1 (from matplotlib)
  Using cached https://files.pythonhosted.org/packages/74/68/d87d9b36af36f44254a
8d512cbfc48369103a3b9e474be9bdfe536abfc45/python_dateutil-2.7.5-py2.py3-none-any
.whl
Collecting cycler>=0.10 (from matplotlib)
  Using cached https://files.pythonhosted.org/packages/f7/d2/e07d3ebb2bd7af69644
0ce7e754c59dd546ffe1bbe732c8ab68b9c834e61/cycler-0.10.0-py2.py3-none-any.whl
Collecting numpy>=1.10.0 (from matplotlib)
  Downloading https://files.pythonhosted.org/packages/10/b6/feaabbe393afe1ad4c80
3cdd7c2ada688613448e0987b016a3980b2f08c6/numpy-1.15.3-cp36-none-win_amd64.whl (1
3.5MB)
    0% |                                | 10kB 5.1MB/s eta 0:00:03
```

图 D-10

（5）在安装完 matplotlib 库之后，会同时安装 numpy 和 mpl_toolkits 包，所以读者就不必再单独安装 numpy 和 mpl_toolkits 包了。需要强调的是，mpl_toolkits 包中没有安装 basemap 包，也就是无法完成绘制地图的任务。如果需要使用 mpl_toolkits 包绘制地图，则还需要单独安装 basemap 包。有关 basemap 包的安装方法，读者可以参考附录 C 中有关 basemap 包的下载和安装介绍部分。需要补充的是，读者可以按照步骤（4）中介绍的方法，完成其他来自 PyPI（https://pypi.org）的包的安装。在安装完 matplotlib 库之后，实际安装结果如图 D-11 所示。

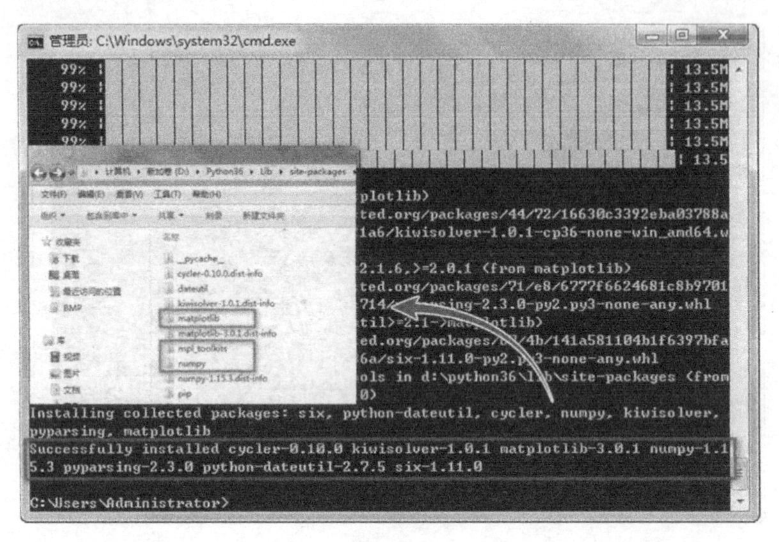

图 D-11

（6）在安装完 matplotlib 库之后，就可以在同一台计算机上，分别使用 Python 2.7 和 Python 3.6 执行绘制图形的任务。接下来，我们在 Windows PowerShell 客户端上，分别使用 Python 3 和 Python 2，演示 3D 散点图的可视化效果，如图 D-12 和图 D-13 所示。

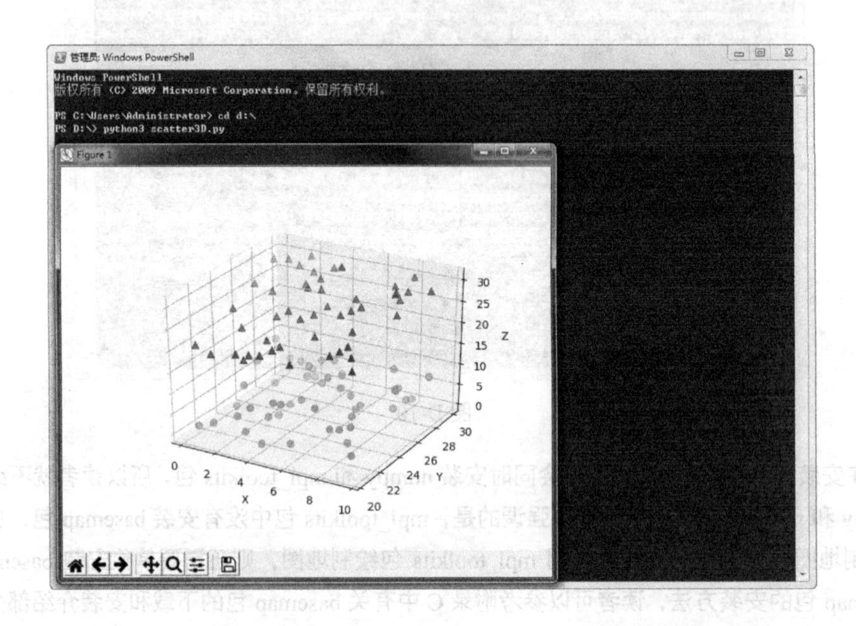

图 D-12

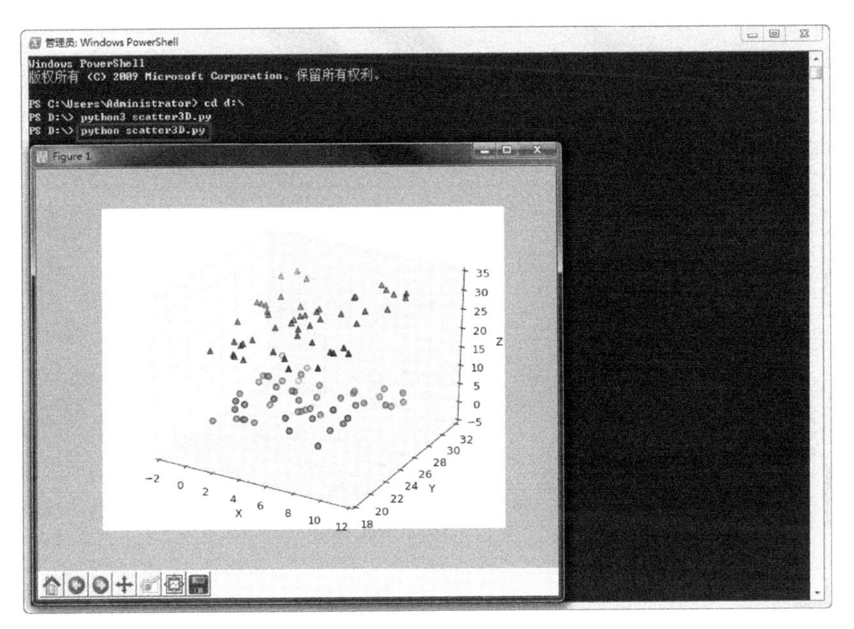

图 D-13

（7）由于在步骤（3）、步骤（4）或步骤（6）的情形中，都需要输入“python3”，所以，在执行完具体的脚本或代码后，如果还需要使用“开始”界面下的“程序”中的“Python 3.6”的其他功能，例如，“Python 3.6 Module Docs (64-bit)”和“IDLE(Python 3.6 64-bit)”，则需要将文件夹 Python36 中的文件“python3.exe”和“pythonw3.exe”分别改成原来的文件名称“python.exe”和“pythonw.exe”。

后记

从实践到精进，是人们技能提升的有力支撑。在实践的过程中，我们会对原有的知识和技能产生一个新的认识，这个认识既包括理解程度的深化也包括应用视野的拓宽。然而，事物的发展过程又是曲折前进的，这就需要有精进的做事态度，才能克服困难和突破瓶颈，继续学习和深入实践是有效的实现手段，从而实现认知和技能的蜕变，从而完成精进的过程。以上，就是我在编写完《Python数据可视化之 matplotlib 实践》之后，又决定编写《Python 数据可视化之 matplotlib 精进》的初衷和想法。

《Python 数据可视化之 matplotlib 实践》主要是面向 matplotlib 的入门读者，读者通过学习可以掌握 matplotlib 的基本概念和基本操作方法，满足 Python 数据可视化的初级应用需求。《Python 数据可视化之 matplotlib 精进》主要帮助读者提高对 matplotlib 的理解程度和操作技能，从而满足 Python 数据可视化的中高级应用需求。因此，可以将这两本书理解成是关于 matplotlib 的系列图书，如果读者能将这两本书结合起来阅读，一定可以对 matplotlib 有一个全面而深刻的理解，从而完成对 matplotlib 的立体式学习。

从实践到精进，也诠释了匠人精神的深刻要义。希望读者在阅读和学习的过程中，动手实践，精益求精，培养自己的匠人精神，努力成为更好的自己。

作者